南京水利科学研究院出版基金资助

水工高性能复合结构服役韧性特性研究

主　　编◎喻　江　陆　俊　徐　菲

参编人员◎卫聪杰　张召广　许毅成　孙岳阳
　　　　　黄逸群　张卫云　张海丽

河海大学出版社
HOHAI UNIVERSITY PRESS
·南京·

图书在版编目(CIP)数据

水工高性能复合结构服役韧性特性研究 / 喻江, 陆俊, 徐菲主编. -- 南京：河海大学出版社, 2023.4
　ISBN 978-7-5630-8212-4

Ⅰ. ①水… Ⅱ. ①喻… ②陆… ③徐… Ⅲ. ①水工结构-钢筋混凝土结构-韧性-研究 Ⅳ. ①TV332

中国国家版本馆 CIP 数据核字(2023)第 058587 号

书　　　名	水工高性能复合结构服役韧性特性研究 SHUIGONG GAOXINGNENG FUHE JIEGOU FUYI RENXING TEXING YANJIU
书　　　号	ISBN 978-7-5630-8212-4
责任编辑	王　敏
特约校对	何荣珍
封面设计	徐娟娟
出版发行	河海大学出版社
地　　　址	南京市西康路 1 号(邮编：210098)
电　　　话	(025)83737852(总编室)　(025)83722833(营销部)
经　　　销	江苏省新华发行集团有限公司
排　　　版	南京布克文化发展有限公司
印　　　刷	苏州市古得堡数码印刷有限公司
开　　　本	787 毫米×1092 毫米　1/16
印　　　张	14.5
字　　　数	329 千字
版　　　次	2023 年 4 月第 1 版
印　　　次	2023 年 4 月第 1 次印刷
定　　　价	82.00 元

前言

PREFACE

为了深入贯彻落实习近平总书记兴水治水和科技创新重要讲话指示精神，我们需要学习领会党中央"十四五"规划建议和"十四五"水利发展规划体系布局，对标水利新发展阶段、贯彻水利新发展理念、构建水利新发展格局、推动水利高质量发展。对于大型水利工程，尤其是穿越与跨越式水工结构，直接面临着单跨跨度大、结构自身负载重、运行环境复杂、服役周期长等多重安全隐患，服役运行过程中一旦出现故障，不仅会造成不可预估的安全事故和严重的经济损失，而且水利民生保障也难以为继。因此，为满足水利工程主体结构服役安全大跨度、大宽度、大体型、大荷载、高要求、高标准，以及多性能技术的新时代发展需求，亟须研究并开发承载能力高、跨越能力大、环境适应性好、安全保障完备的水工新兴结构，以便形成水利风险防控与保障国家水利安全的重要技术，有效弥补国家重大水利工程韧性提升建设与发展短板。

本书依托国家重点研发计划项目"沿海交通水工建筑物韧性提升关键技术（2021YFB2600700）"、国家自然科学基金青年科学基金项目"U型高性能输调水组合结构激励响应智能预警研究"、"水工结构服役安全与性能提升创新团队（Y417015）"、中央级公益性科研院所基本科研业务费专项资金项目（重点）"水电站厂房组合框架结构体系研究（Y417012）"、中央级公益性科研院所基本科研业务费专项资金项目（青年）"水电站厂房组合楼板激励响应振动特性研究（Y419009）"等国家级、省部级科研项目，有幸得到清华大学聂建国教授（中国工程院院士）和郑州大学胡少伟教授（教育部长江学者特聘教授）的指导，开展水工钢混（钢管混凝土）复合结构韧性性能相关研究工作。在研究过程中，围绕提出的水工高性能复合结构模型，本书作者开展了水工钢混复合柱韧性性能试验研究与机理分析、水工钢混复合楼板韧性性能试验与理论分析、水工钢混复合节点韧性性能与安全承载分析、水工钢混复合框架结构抗冲击服役韧性研究，以及水工钢混复合框架结构服役韧性提升应用研究，通过以上研究实现了"材料结构一体化"与"多目标优化组合"为韧性性能提升契机的综合韧性提升目标。本书是水工钢混复合结构受力韧性性能分析与系统研究的学术专著。

本书主要内容包括：第1章 绪论，主要介绍了复合结构在水利工程中的研究现状、工程运用情况以及存在的主要问题；第2章 水工钢混复合柱韧性性能试验研究与机理分析,提出了水工钢混复合柱模型,开展了水工钢混复合短柱轴压韧性试验与轴压韧性极限承载能力分析,基于水轮机特征频率的水工钢混复合长柱振动韧性,以及水工钢混复合长柱韧性声发射传播特性与源定位识别三个方面的研究内容;第 3 章 水工钢混复合节点韧性性能与安全承载分析,主要开展了水工 STI 节点三维非线性承载韧性分析和水工复合柱—复合梁—复合节点服役韧性试验;第 4 章 水工钢混复合楼板韧性性能试验与理论分析,介绍了水工高性能钢混复合面板靶向激励韧性试验与机理研究,水工钢混复合楼板韧性特征声发射特性试验与时频分析,水工钢混复合楼板抗冲击服役韧性试验研究,以及水工钢混复合楼板抗冲击韧性分布特征研究;第 5 章 水工钢混复合框架结构服役韧性提升应用研究,通过以水工钢混复合框架塔楼结构服役韧性性态响应谱分析和水工钢混复合办公楼韧性特性优化与安全评估分析为典型工程案例,完成了水工钢混复合框架结构服役韧性提升应用研究。

  本书书稿编写过程中,由水利部交通运输部国家能源局南京水利科学研究院、Missouri University of Science and Technology(密苏里科技大学)、苏州科技大学、福建工程学院、南京市水利规划设计院股份有限公司、同济大学建筑设计研究院(集团)有限公司、中车智能交通工程技术有限公司、兴安盟河海供水有限公司等单位共同参与完成。水利部交通运输部国家能源局南京水利科学研究院陆俊教授负责完成了水工复合结构研究规划工作,成果纳入第 1 章。中车智能交通工程技术有限公司张召广负责完成了水工钢混复合短柱轴压韧性试验与轴压韧性极限承载能力分析,Missouri University of Science and Technology 卫聪杰和同济大学建筑设计研究院(集团)有限公司许毅成共同完成了基于水轮机特征频率的水工钢混复合长柱振动韧性试验和水工钢混复合长柱韧性声发射传播特性与源定位识别研究,成果纳入第 2 章。苏州科技大学孙岳阳和福建工程学院黄逸群负责完成了水工钢混复合节点韧性性能与安全承载分析,成果纳入第 3 章。水利部交通运输部国家能源局南京水利科学研究院喻江、Missouri University of Science and Technology 卫聪杰和同济大学建筑设计研究院(集团)有限公司许毅成共同完成了水工钢混复合楼板韧性性能试验与理论分析,成果纳入第 4 章。水利部交通运输部国家能源局南京水利科学研究院喻江和徐菲、南京市水利规划设计院股份有限公司张卫云和兴安盟河海供水有限公司张海丽负责对国内外钢混复合结构研究文献的收集整理和总结归纳,并参与完成了水工钢混复合框架结构服役韧性提升应用研究,成果纳入第 1 章和第 5 章。在此对上述人员表示衷心感谢!

  历时 6 年,数易其稿,完成本书。限于作者水平,不当之处在所难免,敬请读者不吝赐教!感谢国家自然科学基金委员会、科学技术部和南京水利科学研究院专著出版基金的资助。

2023 年 01 月

目录

CONTENTS

第1章 绪论 …… 001
  1.1 引言 …… 001
  1.2 水工复合结构研究现状 …… 002
    1.2.1 高性能材料与复合结构研究概况 …… 002
    1.2.2 水工钢混复合柱研究现状 …… 003
    1.2.3 水工钢混复合节点研究现状 …… 004
    1.2.4 水工钢混复合楼板研究现状 …… 005
  1.3 存在的主要问题 …… 007
  1.4 研究总体思路与主要内容 …… 007
  参考文献 …… 008

第2章 水工钢混复合柱韧性性能试验研究与机理分析 …… 013
  2.1 概况 …… 013
  2.2 水工钢混复合短柱轴压韧性试验研究 …… 013
    2.2.1 试验概况 …… 013
    2.2.2 水化热及温度场分析 …… 015
    2.2.3 膨胀模式及限制膨胀率影响研究 …… 016
    2.2.4 自应力影响分析 …… 016
    2.2.5 韧性极限承载力分析 …… 018
    2.2.6 声发射参数分析 …… 020
  2.3 水工钢混复合短柱轴压韧性极限承载能力分析 …… 024
    2.3.1 水工圆形钢混复合短柱轴压韧性极限承载力分析 …… 024
    2.3.2 水工矩形及方形钢混复合短柱轴压韧性极限承载力分析 …… 029
    2.3.3 水工钢混复合短柱轴压韧性极限承载力验算 …… 032
  2.4 基于水轮机特征频率的水工钢混复合长柱振动韧性研究 …… 033
    2.4.1 模态分析 …… 033

2.4.2　基于水轮机特征频率的共振校核 ……………………………… 035
　　　2.4.3　振动韧性试验研究 …………………………………………… 037
　2.5　水工钢混复合长柱韧性声发射传播特性与源定位识别研究 …………… 041
　　　2.5.1　试验概况 ……………………………………………………… 041
　　　2.5.2　基于特征参数传播的韧性性能分析 ………………………… 042
　　　2.5.3　声发射信号衰减特征韧性性能分析 ………………………… 047
　　　2.5.4　声发射信号源定位服役韧性研究 …………………………… 049
　　　2.5.5　服役韧性声发射源定位识别复核分析 ……………………… 052
　2.6　本章小结 …………………………………………………………………… 053
　参考文献 …………………………………………………………………………… 054

第3章　水工钢混复合节点韧性性能与安全承载分析 ……………………… 057
　3.1　概况 ………………………………………………………………………… 057
　3.2　水工STI节点三维非线性承载韧性分析 ………………………………… 057
　　　3.2.1　水工STI节点有限元模型建立 ……………………………… 057
　　　3.2.2　水工STI节点韧性机理分析 ………………………………… 058
　　　3.2.3　水工STI节点非线性有限元滞回性能分析 ………………… 062
　3.3　水工复合柱-复合梁-复合节点服役韧性试验研究 ……………………… 064
　　　3.3.1　水工复合柱-复合梁-复合节点模型建立 …………………… 064
　　　3.3.2　服役韧性试验测点布置与加载 ……………………………… 066
　　　3.3.3　复合服役韧性试验结果分析 ………………………………… 067
　3.4　本章小结 …………………………………………………………………… 072
　参考文献 …………………………………………………………………………… 073

第4章　水工钢混复合楼板韧性性能试验与理论分析 ……………………… 075
　4.1　概况 ………………………………………………………………………… 075
　4.2　水工高性能钢混复合面板靶向激励韧性试验与机理研究 ……………… 075
　　　4.2.1　靶向激励机理 ………………………………………………… 076
　　　4.2.2　靶向激励动力特性试验 ……………………………………… 079
　　　4.2.3　靶向激励下空间分布特征研究 ……………………………… 083
　4.3　水工钢混复合楼板韧性特征声发射特性试验与时频分析 ……………… 085
　　　4.3.1　试验概况 ……………………………………………………… 085
　　　4.3.2　拉拔全过程韧性机理声发射参数分析 ……………………… 087
　　　4.3.3　韧性机理声发射源定位分析 ………………………………… 088
　　　4.3.4　韧性机理声发射传播特性分析 ……………………………… 093
　4.4　水工钢混复合楼板抗冲击服役韧性试验研究 …………………………… 103

4.4.1　试验概况 ……………………………………………………… 103
　　　4.4.2　抗冲击服役韧性试验位移特征分析 ………………………… 108
　　　4.4.3　抗冲击服役韧性试验应变特征分析 ………………………… 111
　4.5　水工钢混复合楼板抗冲击韧性分布特征研究 ……………………… 114
　　　4.5.1　抗冲击韧性相关性分析 ………………………………………… 114
　　　4.5.2　冲击频率及能量变化分析 ……………………………………… 122
　4.6　本章小结 …………………………………………………………… 126
　参考文献 …………………………………………………………………… 126

第 5 章　水工钢混复合框架结构服役韧性提升应用研究 …………… 128
　5.1　概况 ………………………………………………………………… 128
　5.2　水工钢混复合框架塔楼结构服役韧性性态响应谱分析 …………… 128
　　　5.2.1　钢混复合框架柱优化设计 ……………………………………… 128
　　　5.2.2　服役韧性性态响应谱参数研究 ………………………………… 131
　　　5.2.3　服役韧性性态响应谱分析 ……………………………………… 138
　5.3　水工钢混复合办公楼韧性特性优化与安全评估分析 ……………… 150
　　　5.3.1　水工钢混复合柱优化设计 ……………………………………… 150
　　　5.3.2　韧性特性优化与安全评估分析 ………………………………… 169
　5.4　本章小结 …………………………………………………………… 222
　参考文献 …………………………………………………………………… 223

第1章

绪论

1.1 引言

水工高性能复合结构服役韧性性能提升是高烈度地震区水工混凝土结构安全运行及评估领域研究的热点和难点。目前,水工高性能复合框架全结构设计条款未建立,复合性能未充分利用,水工高性能复合框架体系性能分析理论还没有建立,不同类型复合柱复合服役过程计算分析模型尚没有建立,复合楼板的分析理论还不完善,尤其是复合节点分析模型缺乏,许多问题有待进一步研究,影响了水利工程结构服役韧性提升。为了满足水利工程主体结构向大跨度、大宽度以及多性能技术方向发展的需求,适应规范规程高要求、高标准的发展理念,真实反映结构静动力特性,精确评估结构整体性能,弥补设计规范的不足,对结构进行韧性提升。

随着国民经济的快速发展和现代化建设的日新月异,尤其在工程领域,对水工结构设计的要求越来越高。水工复合结构综合了钢筋混凝土结构和钢结构的优点,可以运用传统的施工方法和简单的施工工艺得到优良的结构性能,并取得显著的技术经济效应和社会经济效应,非常适合我国的基本国情。该种新型水工复合结构不仅继承了传统复合结构的优点,又具有自身的特点,能够充分发挥钢材抗拉、混凝土抗压的优势,具有外形美观、施工简便、运行良好等诸多优点。水工高性能复合结构具有的承载力强、刚度大、纵向抗剪能力高、延性大等优势,目前已经成为水工结构工程领域近年来发展的一个新方向。通过对水工高性能复合结构服役韧性性能研究与安全保障分析及工程实践,能够大大促进各类复合结构在水利建设中的综合性能提升,在水利水电、交通、建筑等领域推广应用前景巨大。因此,基于当前我国水利工程主体结构所采用的结构构件状态及现有研究与应用不足之处,本书围绕水工高性能复合结构,从材料韧性性能和结构韧性性能双重角度出发,以"材料结构一体化"与"多目标优化组合"为韧性性能提升契机,进一步增强水工结构全周期服役使命感,开展一系列水工钢混复合柱、水工钢混复合节点、水工钢混复合楼板以及水工钢混复合框架结构服役韧性提升应用的静动力服役综合韧性研究。

1.2 水工复合结构研究现状

1.2.1 高性能材料与复合结构研究概况

随着我国现代化基础设施建设的不断完善,以发展高性能材料和复合结构体系为总体目标的"材料结构一体化""多材料优化组合"为关键科学技术,实现"材料高性能"和"结构高性能"的跨越,将成为中国未来经济社会发展的重要引擎,并为我国综合国力跻身国际前列提供前所未有的契机[1]。

目前,工程中使用的常规混凝土材料消耗量大、利用率低,从材料微观层面看,其内部存在胶凝孔隙与毛细孔,从力学性能角度出发,该材料为非均匀多相体系,抗压与抗拉强度相差大,在一定程度上限制了其工程运用。由于高性能材料优异的物理力学性能和适用耐久性能(HPC为一种新型高性能混凝土,典型HPC材料模型如图1.1所示),在国际上的高层建筑、跨海大桥、核电工程及特种结构中均有应用[2-3]。据不完全统计,已超过500座桥梁部分或全部采用了该种具有高韧度、耐疲劳、超抗弯等优良性能的高性能材料[4-6]。

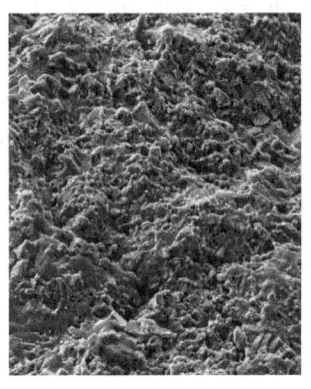

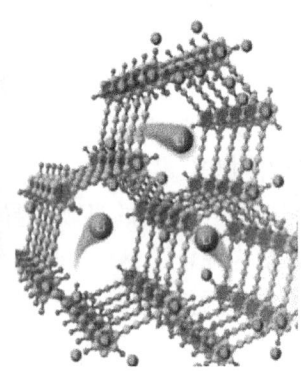

图 1.1 典型 HPC 材料模型

复合结构最早出现于20世纪20年代,作为一种复合式结构,指由两种及以上的建筑材料通过相互咬合在一起形成更加合理并且能够共同承担作用抗力的构件整体(典型代表性钢混复合结构模型如图1.2所示)。目前,工程中两种最常用的建筑材料分别是混凝土和钢材,而这两种材料在力学性能上有着各自的优点和缺点。如果仅用其中一种建筑材料,结构性能往往受材料性能的制约而不能充分发挥作用。通过合理布局,由钢结构部件与钢筋混凝土结构部件通过剪力连接件组合而成的复合结构,具有跨越能力大、结构自重轻、抗弯刚度大、承载水平高、服役能力强、经济效应好等诸多优点,能更加充分地发挥复合结构在各个工程领域的优越特性[7-10]。

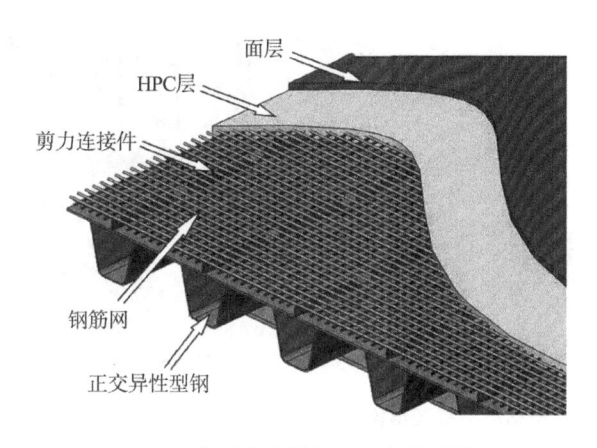

图 1.2　典型代表性钢混复合结构模型

1.2.2　水工钢混复合柱研究现状

钢管混凝土复合结构在工业与民用建筑中得到了广泛应用,其主要优点是作为承重构件承载力大、施工方便、节省工期、抗震等方面的性能及经济性优越[11-12]。钢混复合柱结构在国内水利工程上的研究起步较晚,经验也不多,缺乏工程实际经验。据统计,当前我国大多数水电站厂房结构还采用传统的钢筋混凝土结构,钢管混凝土复合结构在我国首个水电站厂房中的运用是 2004 年底建成的乌江洪家渡水电站厂房排架结构[13-14]。四川甘孜州泸定水电站厂房设计采用了钢管混凝土复合柱排架形式,新疆柳树沟水电站上部厂房采用了钢管混凝土复合柱,如图 1.3～图 1.5 所示。

2005 年,卢羽平等[15]借助 ANSYS 软件,对洪家渡水电站厂房钢-混凝土叠合排架柱进行了模态分析和共振校核。2011 年,覃丽钠等[16]进行了矩形钢管混凝土柱在水电站厂房中的应用研究。2013 年,张冬等[17]根据钢管混凝土组合排架柱中钢管和核心混凝土的受力特点和损伤规律,进行了三维有限元静、动力仿真分析,研究了静力、动力条件下钢管、混凝土的塑性损伤规律。吴军等[18]采用有限元软件 ADINA 进行了空心钢管混凝土组合柱抗震性能研究,结果表明,矩形空心钢管混凝土组合柱比实心钢管混凝土组合柱的抗震性能更好。周烨[19]进行了钢管混凝土柱在水电站厂房结构中的应用研究。接着,方鹏飞[20]以某水电站厂房钢管混凝土新型组合结构为研究对象,研究了钢管混凝土排架结构动力特性。2018 年,文献[21]提出水电站厂房三榀钢-混凝土组合排架模型,通过设计以矩形钢管混凝土柱、圆形钢管混凝土柱、空心矩形钢管柱和空心圆形钢管柱为承载柱单元,研究了该种组合排架结构的耗能机理,实现了由构件层次上升到结构体系、由单元节点提升到框架整体的突破,为水电站厂房三榀钢-混凝土组合排架的推广运用提供了技术支撑。

图 1.3　乌江洪家渡水电站厂房排架结构 　　　图 1.4　四川甘孜州泸定水电站厂房排架结构

图 1.5　新疆柳树沟水电站厂房排架结构

1.2.3　水工钢混复合节点研究现状

复合框架结构中诸多组成构件、复合节点的受力性能直接影响着整个结构的受力性能，很大程度上限制了该类结构的工程运用及推广。

早在20世纪70年代，美国率先开创了混凝土柱-钢梁（RCS）组合框架体系的概念，随后专家、学者们开展了一系列试验研究。到了80年代，美国工程界开始使用这种RCS组合框架，参见文献[22]。到了80年代末，日本学者开始认识到这种RCS组合框架的优越性，Shiekh等[23-24]开始对其进行深入研究。随后，到了90年代，美国和日本开展了一项为期7年的国际合作项目，主要针对RCS组合框架的节点构造、缩尺框架及其抗震性能进行了联合研究。Deierlein等[25-26]主要针对钢梁节点构造措施、破坏形式，以及抗剪承载力进行了探究。Elnashai等[27]通过建立焊接组合节点模型，进行了非线性分析。为了能够在高烈度区推广这种RCS组合框架，Kanno等[28-29]对RCS框架梁柱节点的失效模式进行了探讨，得出经过合理设计的RCS组合框架可用于设防在烈度较高的地区的结论。李惠等[30]开展了钢管高强混凝土叠合节点试验，研究了其核心部分的破坏特征。

到了2000年，Parra-Montesions等[31]采用循环荷载作用对RCS组合框架中间层边节点进行了试验。蔡健等[32]对钢管混凝土柱节点的受力特性,以及破坏过程和形态进行了试验研究。接着,Parra-Montesinos等[33]提出了自己的设计模型,并确定了中柱、边柱节点抗剪承载力公式。2004年,密执安大学围绕4个空间节点、2个中节点、2个边节点进行了试验[34]。同年,Kuramoto等[35]开展了3个"柱贯通型梁柱节点"试验。而美国和中国台湾合作完成的平面RCS框架试验,目的是为了证明该种结构体系在高设防烈度区运用的可行性[36-38]。Noguchi等[39]对两榀RCS框架进行了三维非线性有限元分析。文献[40]对RCS框架体系进行了非弹性动力模拟,探究了节点变形和不同节点设计方法对框架整体性能的影响。

我国对RCS组合框架梁柱复合节点的研究刚刚起步。杨建江等[41]通过低周反复试验手段对RCS框架节点进行了调查。李学平等[42]通过开展联结面试件在反复荷载作用下的摩擦试验,对方钢管混凝土柱外置式环梁节点进行了测试,试验表明,这种联结面传力方式可用于工程实践。张莉若等[43]借助商业软件ANSYS对套筒式钢管混凝土梁柱节点进行了模拟分析,同时开展低周反复荷载试验进行测试。文献[44]提到了用螺栓端板连接的RCS组合节点,同样对其进行了低周反复试验。黄俊等[45]采用低周反复试验和有限元分析对"柱贯通型"RCS节点进行了研究。申红侠等[46]借助ANSYS分析软件,对贯通式RCS节点进行了三维非线性有限元分析。赵媛媛等[47]通过概括国内外灌浆套管节点发展历程,详细介绍了该种节点的生产及应用进展。李龙仲等[48]基于某水电站厂房钢管混凝土排架结构,利用ADINA进行了节点对排架结构受力性能的影响研究。郭子雄等[49]研究了混凝土柱-钢梁框架节点的受力性能及混凝土柱-钢梁框架单元的抗震性能。余琼等[50]进行了钢梁与混凝土柱节点中梁贯穿节点低周反复对比试验,重点分析了节点开裂、极限荷载、位移、刚度、耗能能力等性能。任宏伟等[51]对单卡槽和双卡槽连接节点进行了试验测试,测试表明,该种节点装置连接可靠,具有较好的受力性能。刘坚等[52]对钢框架梁柱节点、钢梁-混凝土剪力墙半刚性节点的滞回性能进行了对比研究。樊健生等[53]对空间钢-混凝土组合节点抗震性能进行研究。门进杰等[54]对钢筋混凝土柱-钢梁组合节点恢复力模型进行研究。陈茜等[55]对异形钢管混凝土节点进行了试验,对节点破坏模式和滞回曲线进行了详细分析。熊礼全等[56-57]对钢筋混凝土柱-钢梁空间组合节点进行了有限元研究,研究表明,通过合理设置参数,ABAQUS有限元软件能够模拟RCS梁柱节点在静力荷载作用下的性能。同时,熊礼全等根据RCS组合节点破坏模式,研究了节点的受力机理。

1.2.4 水工钢混复合楼板研究现状

复合楼板最早研制时间为20世纪30年代,主要用于高层建筑结构中。50年代,在欧洲,由装配式钢梁支撑波形钢板,波形钢板上再浇筑混凝土的复合板首次成功研制。60年代中期,燕尾式截面的波形钢板首次从美国引进欧洲,并进入瑞士市场。80年代以来,作为一种快速施工方法,复合楼板迅速用于钢结构设计,随着施工技术的发展,不仅用于钢框架结构,而且也用于混凝土、预应力混凝土以及木结构中[58]。

随着建筑体系的变革、施工工艺的革新,以及轻质、高强、耐久材料的研发,建筑结构逐渐向低阻尼、大跨径方向发展,其结构体系变得更加轻柔、内部空间变得更加开阔。然而,由于受到不同机械设备的扰动、风雪等不利因素的干扰以及人们的日常活动等影响,楼板振动问题逐渐暴露出来,轻则导致其发生振动,严重则导致更大规模灾难的发生[59-61]。

我国《钢-混凝土组合楼盖结构设计与施工规程》(YB 9238—92)、《组合楼板设计与施工规范》(CECS 273:2010)、《高层民用建筑钢结构技术规程》(JGJ 99—2015)等明确对楼板结构的自振频率进行了限制。对于组合楼盖,在正常住宅、办公、商场、餐饮等环境使用时,其自振频率应大于或等于 4 Hz,而小于 8 Hz;当超过正常环境使用时,即自振频率大于 8 Hz 时,应作专门研究论证[62-64]。

以往对钢筋混凝土楼板的设计从安全性能角度加以考虑,同时验算其裂缝宽度和最大挠度,而对楼板振动问题的考虑尚不太完善。当组合楼板系统受到周期性激励时,其激励响应特性分布规律取决于激励扰力的频率与该种结构自然频率的比值。当激励扰力频率显著低于组合楼板的自然频率时,其激励响应分布特性如图 1.6(a)所示,这就是显著的瞬态响应分布特性;一旦激励扰力频率趋近于组合楼板的自然频率,其激励响应将从零逐渐趋于平稳,此时激励响应分布特性如图 1.6(b)所示,这种情况称为稳态响应分布,也称为共振反应。

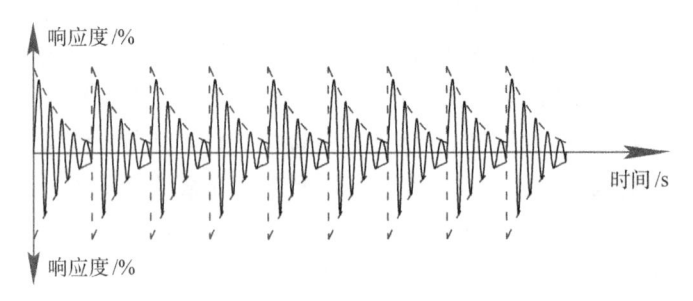

(a) 瞬态响应分布特性

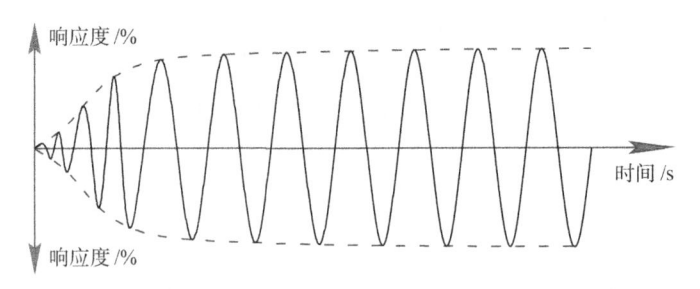

(b) 稳态响应分布特性

图 1.6 复合楼板激励响应分布

建筑事业日趋完善,人们对工作环境、工作质量、工作品质愈美愈善的追求更加强烈,工作场地舒适度研究成为近年来备受瞩目的话题。就水工结构而言,由水力机械运行过程中电磁振动、机械振动、水力振动 3 个方面导致的振动问题不可避免,直接影响工作人员作业,严重的会导致工作人员出现身心健康受损等病症[65-67]。因此,伴随着当前我国水利事业的蓬勃兴旺以及国际化趋势,水工建筑品质工作备受关注。

1.3 存在的主要问题

水利工程中的复合结构是由混凝土、钢筋混凝土、钢材材料所组成的复合构件,自身力学性能比较复杂。目前,国内外学者对其进行了静动力结构分析、抗震性能研究、数值模拟等,但是仍存在许多问题,也缺少相应的技术标准与规程规范,严重影响了该类复合结构在水利工程中的发展与工程运用。其存在的主要问题如下:

(1) 水利工程涉及的复合结构由不同材料组成,钢管材与混凝土之间由混凝土收缩膨胀导致的力学作用机理、组合作用贡献目前没有较完善的理论支撑,待进一步研究,以便更加精确地评估该类复合结构的综合服役韧性特性。

(2) 钢混复合梁柱节点的力学韧性特性和优化设计是该类复合结构运用于水利工程中的又一核心问题,其受力机理、抗震性能、节点设计均值需要进一步研究。

(3) 当前大多研究从数值模拟手段出发,如何结合现场试验的测试结果加以反演整个钢混复合结构的力学特性等服役韧性指标值得深入探讨。

(4) 由水利工程机械电器运行过程中电磁振动、机械振动、水力振动 3 个方面导致的振动问题不可避免,而且直接影响到工作人员作业,结构振动引起的激励响应服役韧性动力特性待进一步研究。

1.4 研究总体思路与主要内容

为满足水利工程主体结构服役安全大跨度、大宽度、大体型、大荷载、高要求、高标准,以及多性能技术的新时代发展需求,有效解决直接面临的单跨跨度大、结构自身负载重、运行环境复杂、服役周期长等多重安全隐患问题,以发展高性能材料和复合结构体系为总体目标的"材料结构一体化""多材料优化组合"为关键科学技术,实现"材料高性能"和"结构高性能"的有机合成,充分利用钢材料优越的抗拉性能,以及混凝土材料所具有的独特抗压特性,将二者进行更加合理、更加有效的组合,形成共同承担外部作用的受力整体,并以结构的安全性能、使用性能、舒适性能为理念,提出"水工高性能复合结构",对其进行结构服役韧性特性方面的研究。

依托国家重点研发计划项目"沿海交通水工建筑物韧性提升关键技术(2021YFB2600700)"、国家自然科学基金青年科学基金项目"U 型高性能输调水组合结构激励响应智能预警研究"、"水工结构服役安全与性能提升创新团队(Y417015)"、中央级公益性科研院所基本科研业务费专项资金项目(重点)"水电站厂房组合框架结构体系研究(Y417012)"、中央级公益性科研院所基本科研业务费专项资金项目(青年)"水电站厂房组合楼板激励响应振动特性研究（Y419009）"等科研项目，围绕水工高性能复合结构模型，开展水工钢混复合柱韧性性能试验研究与机理分析、水工钢混复合节点韧性性能与安全承载分析、水工钢混复合楼板韧性性能试验与理论分析，以及水工钢混复合框架结构服役韧性提升应用研究。

通过对水工高性能复合结构模型体系的研究，旨在真实反映水工结构的静动力服役韧性特性，精确评估结构性能，弥补设计规范不足，对水工结构进行进一步韧性性能提升，为该类组合结构运用于水电站厂房的设计、建造、维修、加固提供理论依托和借鉴。

参考文献

[1] HÁJEK P, FIALA C, LUPISEK A. High performance concrete for environmentally efficient building structures[J]. Key Engineering Materials, 2016(691): 272-284.

[2] NGUYEN H T, CHU Q T, KIM S E. Fatigue analysis of a pre-fabricated orthotropic steel deck for light-weight vehicles[J]. Journal of Constructional Steel Research, 2011, 67(4): 647-655.

[3] NGUYEN D L, RYU G S, KOH K T, et al. Size and geometry dependent tensile behavior of ultra-high-performance fiber-reinforced concrete[J]. Composites Part B: Engineering, 2014, 58: 279-292.

[4] SIM H B, UANG C M. Stress analyses and parametric study on full-scale fatigue tests of rib-to-deck welded joints in steel orthotropic decks[J]. Journal of Bridge Engineering, 2012, 17(5): 765-773.

[5] WILLE K, PARRA-MONTESINOS G J. Effect of beam size, casting method, and support conditions on flexural behavior of ultra-high-performance fiber-reinforced concrete [J]. ACI Materials Journal, 2012, 109(3): 379-388.

[6] DIENG L, MARCHAND P, GOMES F, et al. Use of UHPFRC overlay to reduce stresses in orthotropic steel decks[J]. Journal of Constructional Steel Research, 2013, 89: 30-41.

[7] 聂建国. 我国结构工程的未来——高性能结构工程[J]. 土木工程学报, 2016, 49(9): 1-8.

[8] 陶慕轩, 聂建国, 樊健生, 等. 中国土木结构工程科技2035发展趋势与路径研究[J]. 中国工程科学, 2017, 19(1): 73-79.

[9] KIM Y J, CHIN W J, JEON S J. Interface shear strength at joints of ultra-high performance concrete structures[J]. International Journal of Concrete Structures and Materials, 2018, 12(6): 767-780.

[10] XU C, SUGIURA K, SU Q. Fatigue behavior of the group stud shear connectors

in steel-concrete composite bridges[J]. Journal of Bridge Engineering,2018,23(8):4018055.1-4018055.13.

[11] 韩林海. 钢管混凝土结构[M]. 北京:科学技术出版社,2000.

[12] 王晓洁,刘未,马震岳. 水电站主厂房钢-混凝土组合框架结构的可行性研究[J]. 水电能源科学,2003(4):28-30.

[13] 慕洪友,吴基昌. 洪家渡水电站地面厂房设计[J]. 贵州水力发电,2002,16(3):30-32.

[14] 陈本龙,慕洪友,李清石,等. 洪家渡水电站发电厂房设计回顾[J]. 贵州水力发电,2006,20(2):27-29.

[15] 卢羽平,张燎军,冉懋鸽. 洪家渡水电站厂房矩形钢管混凝土叠合柱抗震分析[J]. 华北水利水电学院学报,2005,26(1):35-38.

[16] 覃丽钠,李明卫. 矩形钢管混凝土柱在水电站厂房中的应用[J]. 贵州水力发电,2011,25(6):12-16.

[17] 张冬,张燎军,吴军中. 某水电站厂房空心钢管混凝土排架柱动力损伤情况分析[J]. 水电能源科学,2013,31(12):102-105+146.

[18] 吴军中,张燎军,张晓莉. 空心钢管混凝土组合柱抗震性能研究[J]. 水电能源科学,2013,31(2):116-119.

[19] 周烨. 钢管混凝土柱在水电站厂房结构中的应用[D]. 长沙:长沙理工大学,2013.

[20] 方鹏飞. 水电站厂房钢管混凝土排架结构对抗震性能的影响研究[J]. 技术与市场,2015,22(5):84-85.

[21] 胡少伟,喻江,许毅成,等. 水电站厂房三榀钢-混凝土组合排架组合特性试验研究[J]. 水电能源科学,2018,36(12):92-96.

[22] GRIFFIS L. Some design considerations for composite-frame structures[J]. AISC Engineering Journal,1986,23(2):59-64.

[23] SHIEKH T M. Moment connections between steel beams and concrete columns[D]. Austin:The University of Texas,1987.

[24] SHEIKH T M,DEIERLEIN G G,YURA J A,et al. Beam-column moment connections for composite frames:Part 1[J]. Journal of Structural Engineering,1989,115(11):2858-2875.

[25] DEIERLEIN G G. Design of moment connections for composite framed structures[D]. Austin:The University of Texas,1988.

[26] DEIERLEIN G G,SHEIKH T M,YURA J A,et al. Beam-column moment connections for composite frames:Part 2[J]. Journal of Structural Engineering,1989,115(11):2877-2896.

[27] ELNASHAI A S,ARITENANG W. Nonlinear modeling of weld-beaded composite tubular connections[J]. Engineering Structures,1991,13(1):34-42.

[28] KANNO R. Strength,deformation and seismic resistance of joints between steel beams and reinforced concrete columns[D]. New York:Cornell University,1993.

[29] KANNO R,DEIERLEIN G G. Seismic behavior of composite(RCS) beam-column joint subassemblies[C]//Composite Construction in Steel and Concrete Ⅲ,Proceedings of an Engineering Foundation Conference,Irsee,Germany,2010.

[30] 李惠,吴波,张洪涛,等. 钢管高强混凝土叠合节点中核心部分的静力承载力研究[J]. 哈尔滨建筑大学学报,1998,31(2):1-6.

[31] PARRA-MONTESIONS G,WEIGHT J K. Seismic response of exterior RC column-to-steel beam connections[J]. Journal of Structural Engineering,2000,126(10):1113-1121.

[32] 蔡健,杨春,苏恒强,等. 对穿暗牛腿式钢管混凝土柱节点试验研究[J]. 华南理工大学学报(自然科学版),2000,28(5):105-109.

[33] PARRA-MONTESINOS G,WEIGHT J K. Modeling shear behavior of hybrid RCS beam-column connections[J]. Journal of Structural Engineering,2001,127(1):3-11.

[34] LIANG X M,PRAAR-MONIESINOS G J. Seismic behavior of reinforced concrete column-steel beam subassemblies and frame systems[J]. Journal of Structural Engineering,2004,130(2):310-319.

[35] KURAMOTO H,NISHIYAMA I. Seismic performance and stress transferring mechanism of through-column-type joints for composite reinforced concrete and steel frames [J]. Journal of Structural Engineering,2004,130(2):352-360.

[36] CHEN C H,LAI W C,CORDOVA P,et al. Pseudo-dynamic test of full-scale RCS frame:Part Ⅰ-Design,construction,testing[C]. Structures Congress,2004.

[37] CORDOVA P,CHEN C H,LAI W C,et al. Pseudo-dynamic test of full-scale RCS frame:Part Ⅱ-Analysis and design implications[C]. Structures Congress,2004.

[38] CHENG C T,CHEN C C. Seismic behavior of steel beam and reinforced concrete column connections[J]. Journal of constructional steel research,2005,61(3):587-606.

[39] NOGUCHI H,UCHIDA K. Finite element method analysis of hybrid structural frames with reinforced concrete columns and steel beams[J]. Journal of Structural Engineering,2004,130(2):328-335.

[40] AIJ Composite RCS Structure Sub-Committee. AIJ design guidelines for composite RCS joints[S]. 1994.

[41] 杨建江,郝志军. 钢梁-钢筋混凝土柱节点在低周反复荷载作用下受力性能的试验研究[J]. 建筑结构,2001,31(7):35-38+42.

[42] 李学平,吕西林. 方钢管混凝土柱外置式环梁节点的联结面抗剪研究[J]. 同济大学

学报(自然科学版),2002,30(1):11-17.

[43] 张莉若,汤中发,王明贵. 套筒式钢管混凝土梁柱节点试验研究[J]. 建筑结构,2005,35(8):73-75+84.

[44] 李贤,肖岩,毛炜烽,等. 钢筋混凝土柱-钢梁节点的抗震性能研究[J]. 湖南大学学报(自然科学版),2007,34(2):1-5.

[45] 黄俊,徐礼华,戴绍斌. 混凝土柱-钢梁边节点的拟静力试验研究[J]. 地震工程与工程振动,2008,28(2):59-63.

[46] 申红侠,顾强. 钢梁-钢筋混凝土柱梁柱中节点非线性有限元模拟[J]. 工程力学,2009,26(1):37-42+48.

[47] 赵媛媛,蒋首超. 灌浆套管节点技术研究概况[J]. 工业建筑,2009(S1):514-517.

[48] 李龙仲,张燎军,张汉云,等. 节点连接方式对钢管混凝土结构性能的影响研究[J]. 水电能源科学,2012,30(1):165-169.

[49] 郭子雄,朱奇云,刘阳,等. 装配式钢筋混凝土柱-钢梁框架节点抗震性能试验研究[J]. 建筑结构学报,2012,33(7):98-105.

[50] 余琼,闻文,戴绍斌. 钢梁混凝土柱节点中梁贯穿与柱贯穿节点受力性能对比[J]. 四川建筑科学研究,2012,38(3):35-41.

[51] 任宏伟,陈建伟,苏幼坡,等. 钢管混凝土柱节点机械连接设计及其力学性能试验研究[J]. 世界地震工程,2013,29(4):119-125.

[52] 刘坚,潘澎,李东伦. 钢梁-混凝土剪力墙新型连接节点的抗震性能研究[J]. 土木工程学报,2014,47(S1):65-69.

[53] 樊健生,周慧,聂建国,等. 空间钢-混凝土组合节点抗震性能试验研究[J]. 土木工程学报,2014,47(4):47-55.

[54] 门进杰,李鹏,郭智峰. 钢筋混凝土柱-钢梁组合节点恢复力模型研究[J]. 工业建筑,2015,45(5):132-137.

[55] 陈茜,梁斌,刘小敏. 新型异形钢管混凝土节点破坏机理[J]. 河南科技大学学报(自然科学版),2016,37(1):58-63.

[56] 熊礼全,毛海涛,付亚男,等. 钢筋混凝土柱-钢梁(RCS)空间组合节点的有限元研究[J]. 结构工程师,2016,32(3):22-29.

[57] 熊礼全,王培培,郭正超,等. 钢筋混凝土柱-钢梁组合节点抗剪承载力分析[J]. 建筑结构,2016,46(13):80-85.

[58] 朱清江. 国外复合楼板的发展与构造[J]. 建筑技术开发,1996(5):52-53.

[59] XU L, TANGORRA F M. Experimental investigation of lightweight residential floors supported by cold-formed steel C-shape joists[J]. Journal of Constructional Steel Research,2007,63(3):422-35.

[60] PARNELL R, DAVIS B W, XU L. Vibration performance of lightweight cold-formed steel floors[J]. Journal of Structural Engineering,2010,136(6):645-653.

[61] ZHANG S G,XU L,QIN J W. Vibration of lightweight steel floor systems with Occupants:Modelling,formulation and dynamic properties[J]. Engineering Structures,2017,147:652-665.

[62] 冶金工业部建筑研究总院. 钢-混凝土组合楼盖结构设计与施工规程:YB 9238—92[S]. 北京:冶金工业出版社,1992.

[63] 中冶建筑研究总院有限公司. 组合楼板设计与施工规范:CECS 273：2010[S]. 北京:中国计划出版社,2010.

[64] 中华人民共和国住房和城乡建设部. 高层民用建筑钢结构技术规程:JGJ 99—2015[S]. 北京:中国建筑工业出版社,2015.

[65] 孙万泉,马震岳,赵凤遥. 抽水蓄能电站振源特性分析研究[J]. 水电能源科学,2003,21(4):78-80.

[66] 马震岳,董毓新. 水电站机组及厂房振动的研究和治理[M]. 北京:中国水利水电出版社,2004.

[67] 李炎. 当前我国水电站(混流式机组)厂房结构振动的主要问题和研究现状[J]. 水利水运工程学报,2006(1):74-77.

第 2 章

水工钢混复合柱韧性性能试验研究与机理分析

2.1 概况

水工钢混复合柱是在薄壁钢管内灌注混凝土而成,也称钢管混凝土柱,截面形式有圆形、方形和矩形。其工作特点是核心混凝土可以防止管壁丧失局部稳定性,防止钢管内表面锈蚀;钢管可以阻止核心混凝土在纵向压力作用下的侧向膨胀和酥松剥落,使其处于三向受压状态,从而提高其抗压强度和抗变形能力[1-3]。钢管本身既是模板,又是钢筋(兼有纵向钢筋和横向箍筋的作用),也是劲性承重骨架,施工时,可省去模板、钢筋和临时支撑的工序和材料。因此,钢管混凝土复合柱是一种高强度、轻质、性能优越、施工简便的组合结构材料,是能代替型钢和钢筋混凝土的受压杆件,可使传统的杆件结构体系的优点进一步发挥,尤其是在高层、大跨、重载和抗震的建筑中,能较好地满足设计和施工的一系列要求[4-5]。

本章基于水工钢混复合柱模型开展了水工钢混复合短柱轴压韧性试验、水工钢混复合短柱轴压韧性承载能力分析、基于水轮机特征频率的水工钢混复合长柱振动韧性研究,以及水工钢混复合长柱韧性机理声发射传播特性与源定位识别研究。

2.2 水工钢混复合短柱轴压韧性试验研究[6]

2.2.1 试验概况

依据《钢管混凝土结构技术规范》(GB 50936—2014)[7],共设计了圆形、方形以及矩形 3 种截面形式的水工钢混复合短柱模型,具体试件参数见表 2.1。

其中,a 为截面直径或长度;b 为截面宽度;h 为试件高度;f_s 为钢材屈服强度。浇筑前,在钢管底部焊上厚度为 6 mm 的钢板底板,混凝土采用搅拌机搅拌,从试件顶部灌入,并用振捣棒振捣密实,振捣完成后,需将混凝土表面抹平。同时,为研究膨胀混凝土的膨胀模式,本试验还浇筑了尺寸为 100 mm×100 mm×300 mm 的长方体试模,在其 24 h 拆模后用混凝土收缩膨胀仪每天测量其膨胀率变化。

表 2.1 试件设计参数表

试件编号	截面形状	截面尺寸($a \times b \times h$)/mm	钢管壁厚/mm	f_s/MPa	钢材型号
C-ECFST	圆形	$\varphi 140 \times 300$	3	215	Q235-B
S-ECFST	方形	$150 \times 150 \times 300$	3	215	Q235-B
R-ECFST	矩形	$200 \times 100 \times 300$	3	215	Q235-B

为了测量钢管膨胀混凝土复合短柱的膨胀变形,对于圆形试件,在其钢管表面 1/2、1/4 高度处沿其轴向以及环向粘贴规格为 3 mm×5 mm 的应变片,环绕钢管间隔 90°布置一圈,共 4 组,以便在试件养护期以及轴压过程中,采用静态应变采集仪测取其应变值变化。此外,在钢管内部核心混凝土中间截面处还埋入温度传感器,测定其在养护过程中温度场的变化,而对于方形以及矩形试件,由于其在管壁中间和角部处约束效应的不同,因此它们的应变片布置方位与圆形试件会有所差异,具体的布置方式如图 2.1 所示。

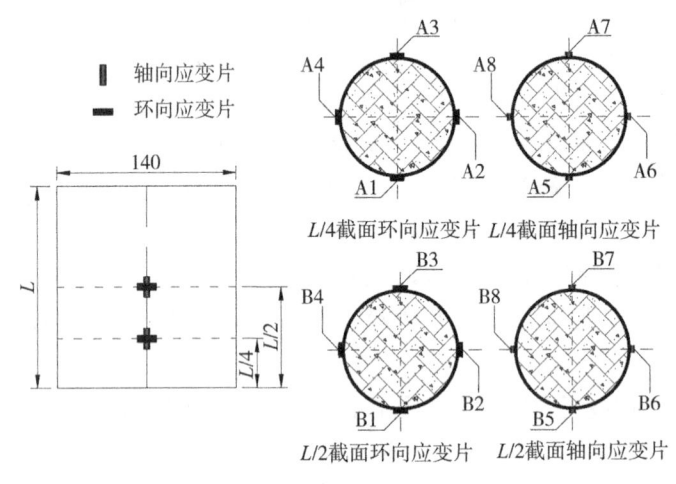

(a) 圆形截面应变片布置

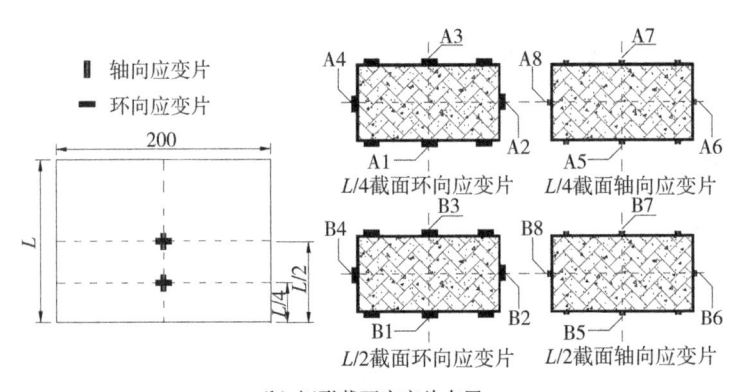

(b) 矩形截面应变片布置

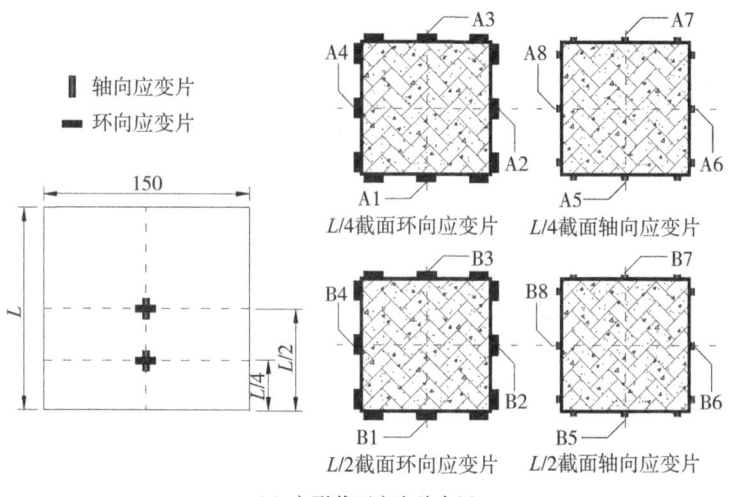

(c）方形截面应变片布置

图 2.1　三种截面形式钢混复合短柱应变片测点布置图

28 d 养护期结束后,对水工钢混复合短柱试件进行轴压韧性试验,为了使钢管与核心混凝土同时受压,先将钢管顶部膨胀混凝土磨平。本次轴压试验在南京水利科学研究院 2000T 轴压试验机上进行,轴压试验装置如图 2.2 所示。此外,试验采用的声发射设备为美国 PAC 公司最新研制的 Sensor Highway Ⅱ型声发射测试系统,4 个采集探头分 2 组交错对称布设在钢管外壁 1/4 以及 3/4 截面处,如图 2.3 所示。为保证传感器探头与试件的耦合效果,在二者接触部位涂抹医用凡士林作为耦合剂,并用胶带固定绷紧,其采集参数则参照试件材料以及实验室环境设置如下:信号门槛值为 45 dB,前置放大器和主放大器增益均设为 40 dB,采样频率为 0.5 MHz。

图 2.2　轴压加载装置图 　　**图 2.3　声发射采集布置图**

2.2.2　水化热及温度场分析

通过内埋温度传感器测得的养护期内水工钢混复合短柱核心膨胀混凝土的温度随时间变化曲线如图 2.4 所示。

由图 2.4 中实测结果分析可知,在钢管浇筑膨胀混凝土初期,水化热温度较高,并呈现明显的上升趋势,其最高温度出现在浇注后 36 h 左右,温度达到了 23.9 ℃;达到峰值后,由于钢管导热性良好,热量会借由钢管外壁逐渐散失,大约在浇筑后 50 h,水化热放热基本结束,核心膨胀混凝土温度接近室温,之后变化趋势也与室温基本保持一致。此外,从整体温差变化来看,核心膨胀混凝土的内部温差还是相对偏弱,水化放热并不剧烈。分

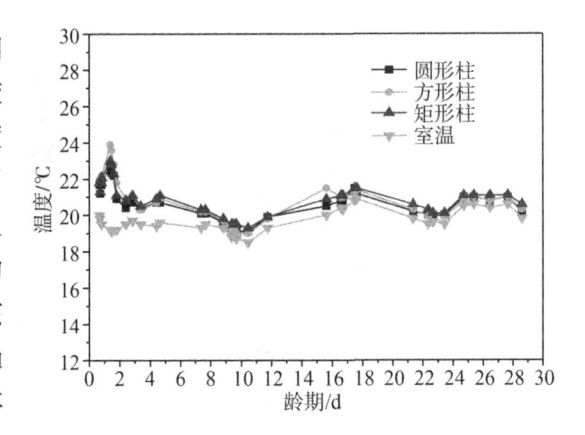

图 2.4 核心混凝土温度-时间关系曲线

析其原因可能是一方面养护龄期内核心混凝土水化热会通过钢管不断向环境散失,而且骨料的存在对水化热的释放也起到了一定的稀释作用;另一方面由于钢管试件尺寸较小,温度应力的影响并不明显。对比图 2.4 中各曲线还可发现,试件截面形式虽然存在着差异,但核心膨胀混凝土内部温度变化趋势却基本保持一致,这主要是因为试件内掺膨胀剂的类型和掺量一致,膨胀能基本相同。

2.2.3 膨胀模式及限制膨胀率影响研究

水工钢混复合短柱单向限制膨胀率随养护龄期的变化关系曲线如图 2.5 所示。

由图 2.5 中试验结果可知,水化初期混凝土膨胀率增长迅速,随后速度逐渐放缓,达到峰值后曲线接近水平,保持稳定。整个过程可被分为两个主要阶段:膨胀增长阶段和膨胀稳定阶段。膨胀增长阶段:在该阶段,膨胀剂的水化作用导致混凝土体积迅速膨胀,膨胀能完全释放,而此时收缩变形还相对偏弱,所以整体呈现体积快速膨胀的趋势;膨胀

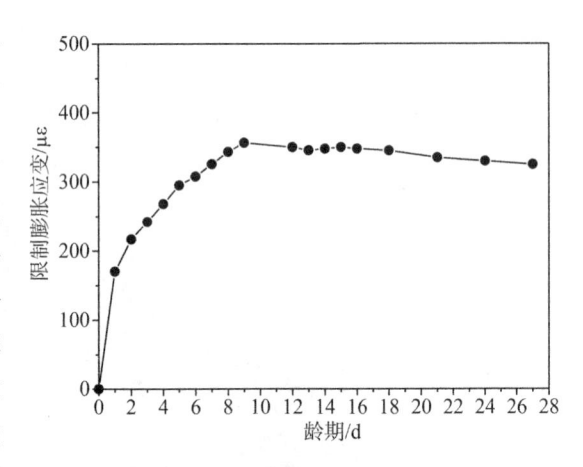

图 2.5 单向限制膨胀率-龄期关系曲线

稳定阶段:在养护后期,膨胀剂由于水化反应被逐渐消耗,膨胀能逐渐散失,而混凝土的收缩变形(主要为自收缩、塑性收缩与徐变收缩)反而愈趋活跃,此消彼长下,混凝土的收缩变形与散失后的膨胀能基本保持动态平衡,膨胀趋于稳定。

2.2.4 自应力影响分析

28 d 养护期内水工钢混复合短柱核心膨胀混凝土膨胀引起的钢管外壁应变-时间关

系曲线如图 2.6 和图 2.7 所示。

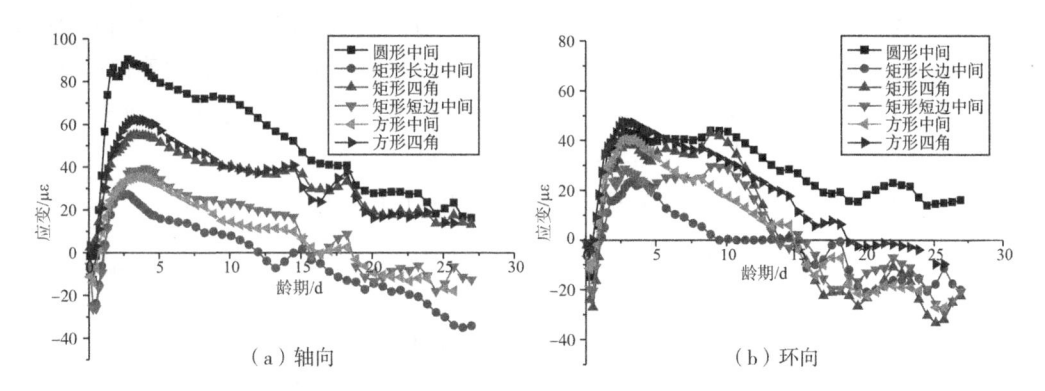

图 2.6　养护期钢管 $L/4$ 截面处应变-时间关系曲线

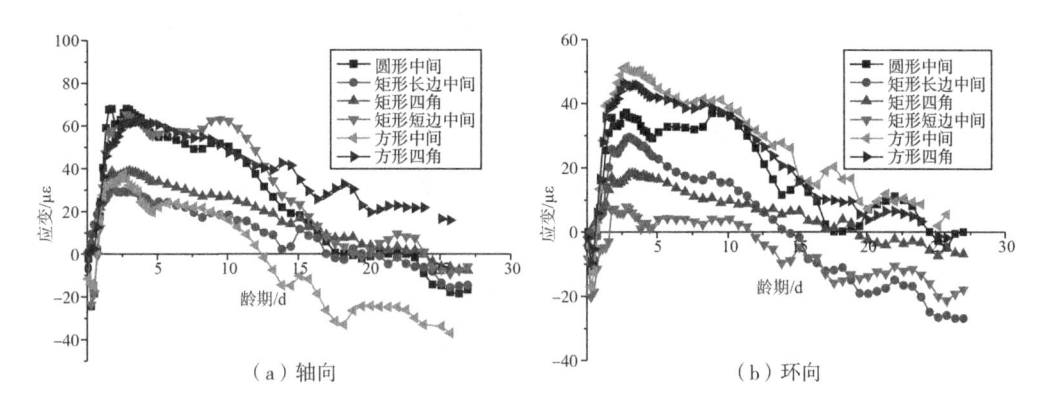

图 2.7　养护期钢管 $L/2$ 截面处应变-时间关系曲线

从图 2.6、图 2.7 可以看出，试件截面形式、测点布设位置以及测点应变方向，均不影响其应变-时间关系曲线的整体变化趋势：在养护初期，膨胀应变急速增长，经过 3 d 左右应变达到峰值，之后应变值随着龄期增长而出现衰减，最后趋于稳定，保持稳中有降的趋势。对此，结合试验现象，分析其原因主要为：结构的膨胀变形和收缩变形是密不可分的，试验所测钢管外壁应变值实为试件中钢管与核心混凝土两者整体变形的综合反映，测得的应变值主要受到水化热、混凝土膨胀、收缩变形这三方面因素的影响。在养护初期，混凝土的收缩变形并不活跃，试件主要承受水化热与混凝土膨胀变形的双重作用，因此钢管表面会先产生拉应变，并呈现明显的增长趋势，作用效果可分别参照图 2.4 的温度-时间关系曲线以及图 2.5 的限制膨胀率-龄期关系曲线。然而通过仔细对比却发现，上述两者虽共同作用，但图 2.4 中的温度最高点与图 2.6、图 2.7 中的应变峰值点并不同步，会呈现时间上的延缓。这主要是因为核心膨胀混凝土水化放热，在钢管与膨胀混凝土间会产生热膨胀，但鉴于膨胀混凝土的导热系数较小，与钢管相比存在较大的差异，便会使得大量水化热不易散发，从而在混凝土内部沿钢管外壁方向形成温差梯度，结果便造成钢管的膨胀应变值变化存在时间上的滞后。当应变达到峰值后，混凝土在膨胀剂的作用下会继续膨胀,但一方面由于水化热逐渐散失,热膨胀作用减弱,钢管外壁与内部膨胀混凝土逐渐降温收缩,另一方面,内部膨胀混凝土的收缩徐变作用开始逐渐凸显,活跃性增强,因此整体来看,钢管应变值会呈现逐渐下降的趋势。最终当发展到养护后期,混凝土的膨胀作用逐渐耗散,而其收缩变形持续活跃,收缩量和膨胀量会逐渐趋于动态平衡,此时曲线也将慢慢保持平稳,呈现稳中有降的趋势。

养护期水工钢混复合短柱轴向应变与环向应变对比图如图 2.8 所示。

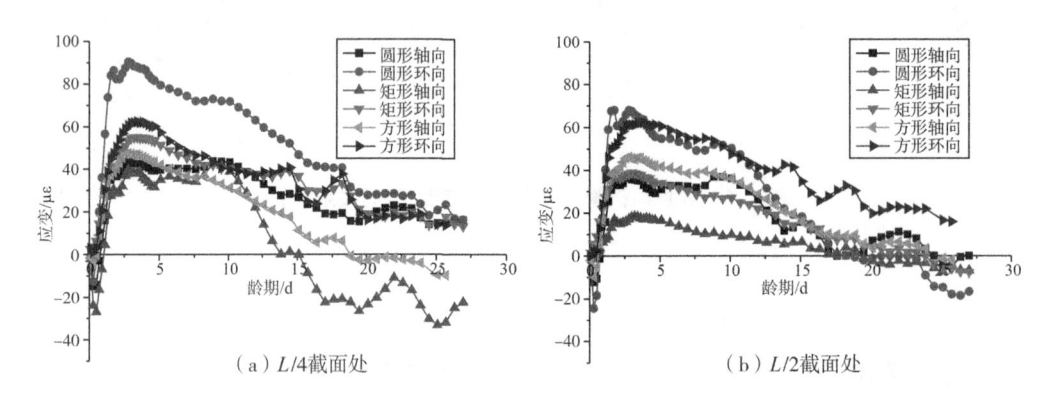

(a) L/4 截面处　　　　(b) L/2 截面处

图 2.8　轴向应变与环向应变对比图

由图 2.8 可见,模型试件轴向应变与相应环向应变相比数值偏小,偏差幅度则因截面位置而异。这表明在养护期内钢管的"套箍效应"主要体现为侧向约束,究其原因为钢管混凝土试件前期的主动紧箍力主要通过混凝土的侧向膨胀效应直接建立,而轴向应变的产生则得益于膨胀效应引起的核心混凝土与钢管的间接摩擦作用,再者钢管的侧向约束效应也明显强于轴向,因此对应变变形的影响也会明显偏弱,但从整体变形来看,两者变化趋势却也保持一致。

2.2.5　韧性极限承载力分析

3 种截面形式的水工钢混复合短柱破坏形态如图 2.9 所示。

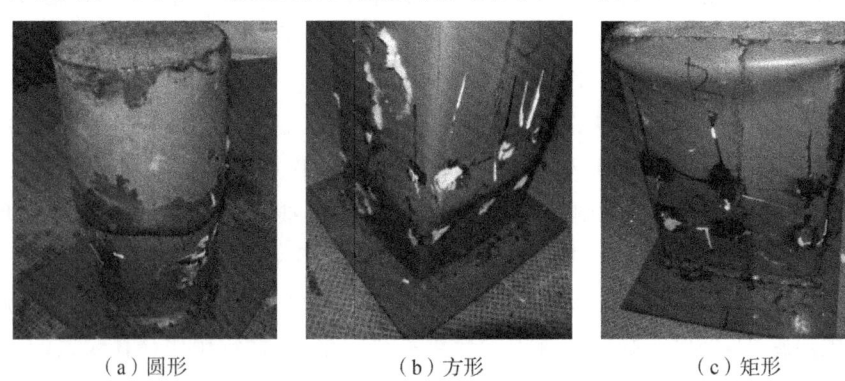

(a) 圆形　　　　(b) 方形　　　　(c) 矩形

图 2.9　试件轴压破坏形态

根据试验结果发现，3 种试件截面形式虽然各异，但其轴压破坏过程与破坏形态却极为相似，和普通钢管混凝土相比并无明显差异：在加载初期，轴压试件稳定，布置在试件表面的应变片的应变值基本以线性均匀变化，试件外观上亦未有明显变形，此时试件处于弹性阶段；随着轴压荷载的逐渐增加，钢管的应变增长速率明显加快，当试件临近极限荷载时，钢管表面开始出现铁锈皮脱落的现象，柱体体积也呈现明显增大趋势，不断鼓胀，但鼓而不曲；最终当轴压荷载达到承载力极限荷载值后，试件会发生明显的鼓曲变形，鼓曲位置则因截面形式的不同而有所差异，对于圆形与方形试件而言，主要集中在试件中部，而矩形试件则有所不同，主要发生在试件端部。

3 种类型模型各截面轴压荷载-应变关系曲线对比图如图 2.10 所示。

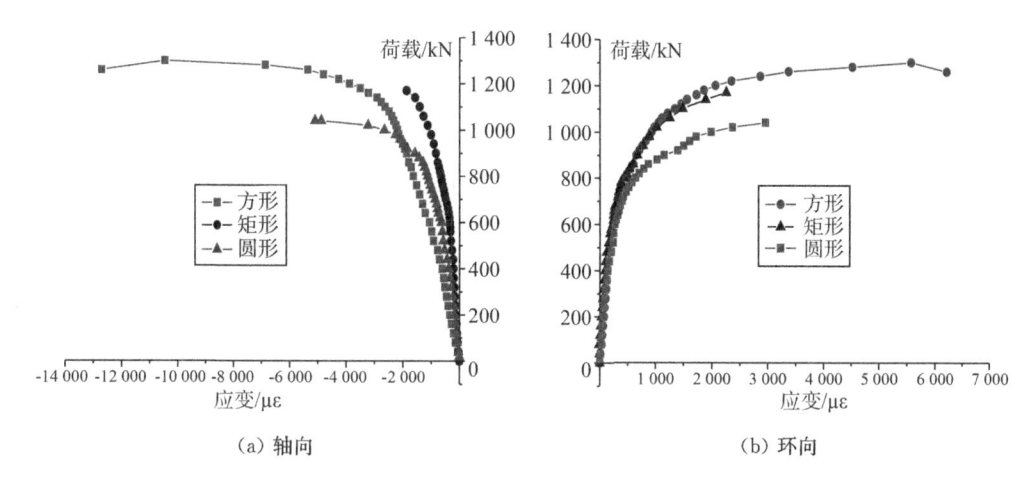

图 2.10　不同截面形式的钢管混凝土复合柱荷载-应变关系曲线对比图

由图 2.10 可发现，虽然试件截面形式存在差异，但其轴压荷载-应变曲线整体变化趋势基本保持一致，参照普通钢管混凝土短柱的轴压破坏过程，类比地将该试验破坏过程分为弹性阶段、弹塑性阶段、破坏阶段三阶段。弹性阶段：在此阶段，轴向、环向应变与荷载呈线弹性关系；弹性段荷载范围以及荷载占比的大小，则与截面形式以及约束效应存在一定相关性。对于圆形、方形以及矩形试件，其荷载范围分别为 0～620 kN、0～700 kN 以及 0～560 kN，荷载占比则依次达到相应承载力的 59.6%、53.8% 以及 47.3%。其中圆形试件约束效应最强，因此其占比最大，方形以及矩形试件依次次之。弹塑性阶段：随着轴压荷载的持续增加，外部钢管开始逐渐屈服，核心膨胀混凝土的内部微裂缝亦将不断扩展，相应的荷载-应变曲线开始偏离初始直线，呈现明显的非线性关系。破坏阶段：此阶段的轴向荷载达到极限值并保持不变，钢管部分均已屈服，而且随着变形的不断增加，荷载增量将完全由核心膨胀混凝土单独承担，导致混凝土轴向应力和应变骤增，内部混凝土的微裂缝进入不稳定扩展阶段，横向变形迅速增大，相应泊松比超过外部钢管，钢管与核心混凝土的相互作用加剧，最终导致钢管外壁的环向变形急速扩张，钢管出现局部屈曲现象而最终破坏。

2.2.6 声发射参数分析

声发射是指当材料受外力或内力作用时产生变形或断裂并以弹性波的形式释放应变能量的一种物理现象。声发射检测技术则是一种反映材料内部结构动态变化的无损检测技术,它通过材料内部局部应变能快速释放而产生的瞬时弹性波来评判结构或材料内部的损伤程度。本书选择能量、振铃计数以及累积能量等声发射参数来对钢管混凝土复合柱的轴压损伤特性进行研究,其中能量值、振铃计数值及其产生频率能很好地反映声发射信号的活性与强度。

图 2.11～图 2.13 分别为各截面形式钢管混凝土轴压短柱轴压加载过程中声发射荷载、能量以及振铃计数历程图。

(a) 声发射能量、荷载历程曲线

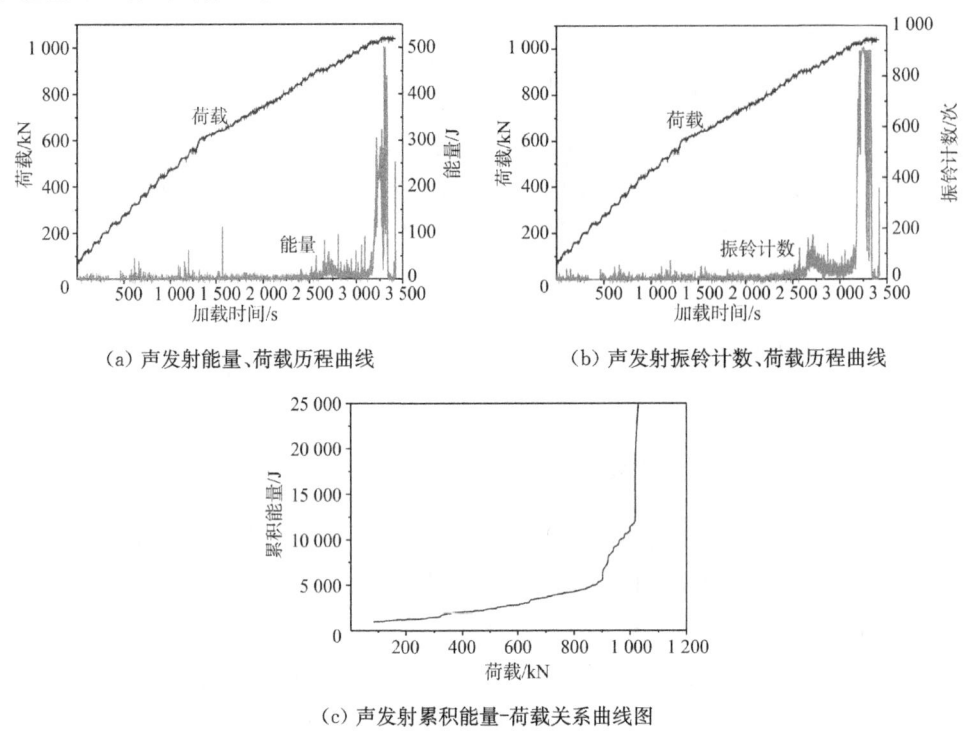

(b) 声发射振铃计数、荷载历程曲线

(c) 声发射累积能量-荷载关系曲线图

图 2.11 圆形截面声发射特征参数曲线图

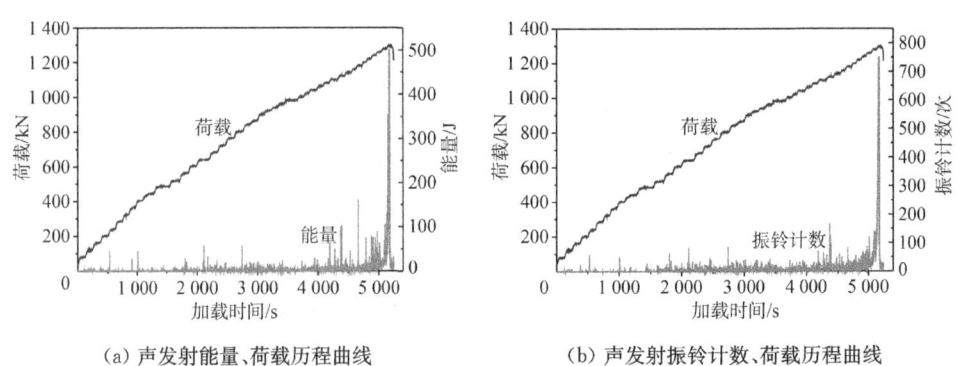

(a) 声发射能量、荷载历程曲线

(b) 声发射振铃计数、荷载历程曲线

(c) 声发射累积能量-荷载关系曲线图

图 2.12 方形截面声发射特征参数曲线图

(a) 声发射能量、荷载历程曲线

(b) 声发射振铃计数、荷载历程曲线

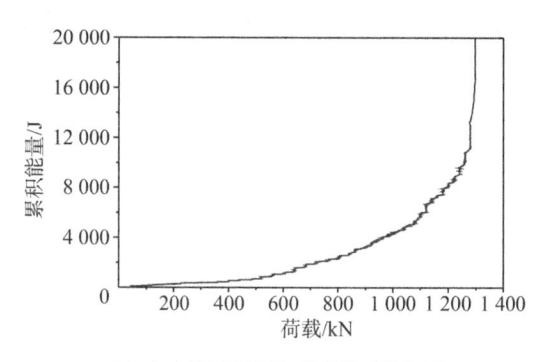

(c) 声发射累积能量-荷载关系曲线图

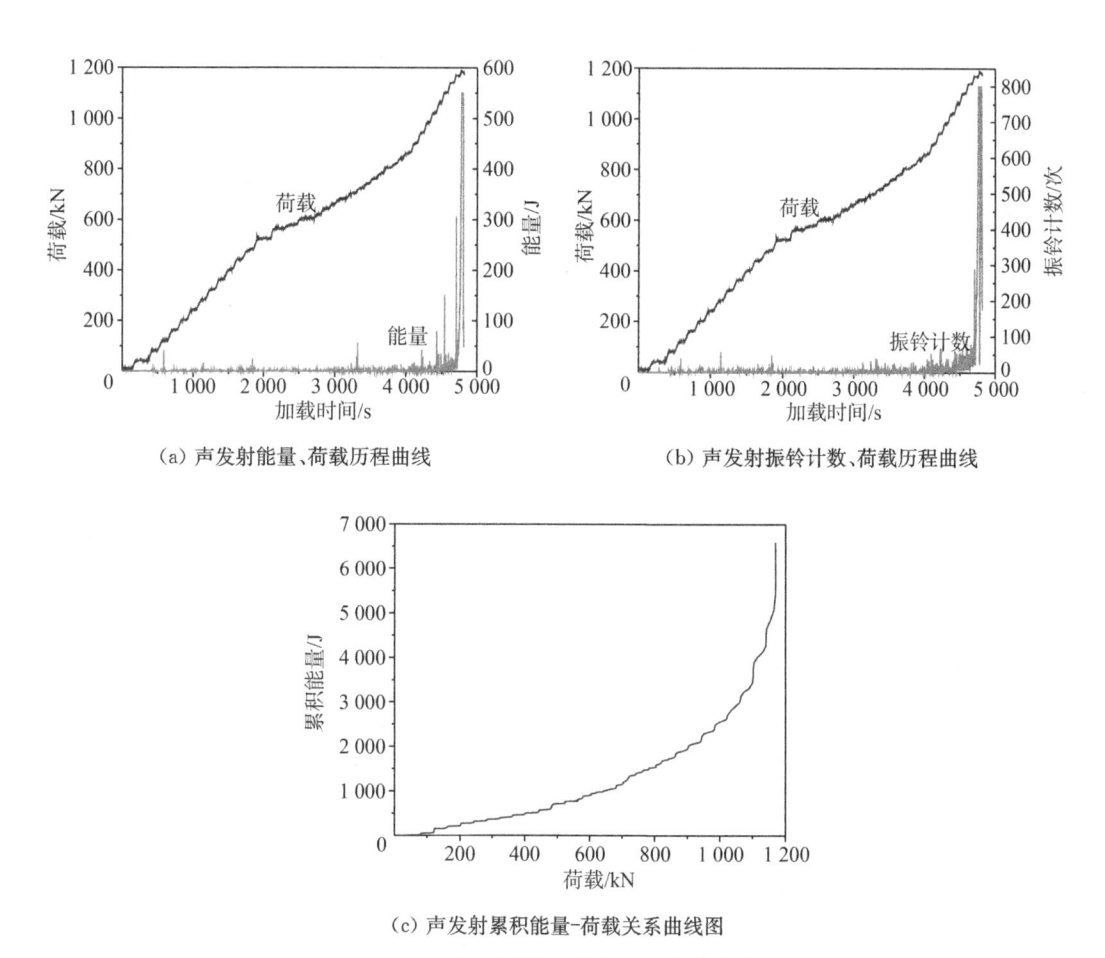

图 2.13 矩形截面声发射特征参数曲线

由图 2.11~图 2.13 可以看出,试件截面形式以及约束效应的差异并不影响其声发射特征参数的整体变化趋势,而且分析比较图中声发射特征参数以及累积能量-荷载关系曲线的变化趋势,并结合钢管混凝土复合柱的轴压破坏规律及其损伤信号产生机理,基于声发射信号特征,可将钢管混凝土复合柱的轴压过程分为四个阶段。具体声发射阶段对应时间与荷载特征参量见表2.2。

表2.2 声发射阶段划分表

试件类型	划分区间	第一阶段	第二阶段	第三阶段	第四阶段
圆形试件	时间区间/s	0~334	334~1 384	1 384~3 308	3 308~试验终止
	荷载范围/kN	0~207	207~608	608~1 020	1 020~1 040
	荷载占比/%	0~19.9	19.9~58.5	58.5~98.1	98.1~100
方形试件	时间区间/s	0~290	290~1 657	1 657~5 179	5 179~试验终止
	荷载范围/kN	0~160	160~680	680~1 280	1 280~1 300
	荷载占比/%	0~12.3	12.3~52.3	52.3~98.5	98.5~100
矩形试件	时间区间/s	0~521	521~2 126	2 126~4 798	4 798~试验终止
	荷载范围/kN	0~95	95~560	560~1 160	1 160~1 185
	荷载占比/%	0~8.0	8.0~47.3	47.3~97.9	97.9~100

第一阶段:在该阶段中,声发射参数特征主要体现为试件在加载后不久便有声发射信号的产生,但整体来看,声发射能量和振铃计数的产生频率以及数值均较小,声发射活动并不明显,累积能量与荷载基本呈线性增长关系。这表明在加载初期,钢管内部混凝土虽由于材料的先天缺陷有微裂纹的萌生,但仍处于稳定扩展阶段,原生裂缝也基本处于闭合状态,在钢管及界面处并无明显声发射信号的产生。分析原因主要为:在该荷载范围内,钢管处于线弹性阶段,应变能的释放相对微弱;而且对于核心混凝土部分,其虽会因应力集中而产生能量的累积释放进而导致裂纹扩展,但扩展部位仍主要集中于粗骨料与砂浆界面处。此外,由于钢管混凝土复合柱所具有的膨胀特性,钢管在加载前就已对核心混凝土建立起主动紧箍力,因而界面裂缝的开裂和扩展不可避免地受到抑制,部分裂缝在紧箍力作用下甚至闭合;其间虽因试件的先天缺陷会导致极少数裂缝破裂而偶有幅值较大的声发射事件产生,但这并不能影响其整体趋势。

第二阶段:随着应力的持续增加,钢管累积的应变能不断增强,但由于钢管仍处于弹性阶段,因此该阶段中信号源仍不活跃,基本不产生明显的声发射信号;而对于内部混凝土中的界面裂纹,其裂纹尖端的能量继续伴随着荷载的增加而不断累积释放,原先闭合的微裂纹也将逐渐重新开裂,初始阶段萌生的微裂纹在骨料与砂浆界面亦将不断扩展,并不断伴随有新的裂纹产生,但仍均主要集中于骨料与砂浆界面处。因此,在该阶段虽然声发射信号强度和活性均有较大增强,在图上体现为振铃计数值与能量值均有较大提高,产生的频率也更为密集,但相较相应参数的最终破坏值还是远远偏小,累积能量也仍随荷载保持线性增长。

第三阶段:由累积能量-荷载关系曲线可知,在这一阶段累积能量开始偏离初始线性曲线,呈非线性增长,这说明此时试件已进入弹塑性阶段,钢管开始逐渐屈服。此外,根据能量和振铃计数时间历程曲线图,还可将此过程进一步细分为两个时期——前期与后期。前期的能量、振铃计数在数值与频率上虽均有增加,但整体变化趋于平稳,突变增长点较少;但当发展到后期时,能量与振铃计数却开始突变,呈现急速增长趋势,尤其是临近钢管极限荷载时,突变信号点爆炸式密集产生。究其原因为,在前期,裂纹虽已由界面处扩展到砂浆内部,但整体上仍集中于界面处,相应参数值也较平稳;而发展到后期,由于钢管逐渐屈服,轴压刚度降低,导致套箍约束作用大为削弱,核心混凝土的横向变形快速增大,界面裂纹迅速扩展到砂浆内部,此时积累释放的能量将足够大,因此相应的声发射信号相比之前也有极大增强。尤其是当达到极限承载力,试件接近破坏时,由于扩展的裂纹逐渐集中,慢慢演化形成若干破碎带,内部裂缝逐渐贯通,声发射信号强度达到峰值。

第四阶段:在这一阶段,声发射能量与计数值从峰值开始逐渐回落,声发射的活性以及强度与上一阶段相比均有所下降;贯通的裂缝逐渐增多,此时核心膨胀混凝土已被压碎,发展到最后,试件鼓曲破坏,声发射信号逐渐消失,试验终止。这一阶段可被称为破坏阶段,从试验数据图来看,破坏阶段与前阶段之间并无明显的界限。

图 2.14 为水工钢混复合短柱轴压韧性全过程中声发射荷载-累积能量关系曲线与荷载-应变关系曲线的对比图。

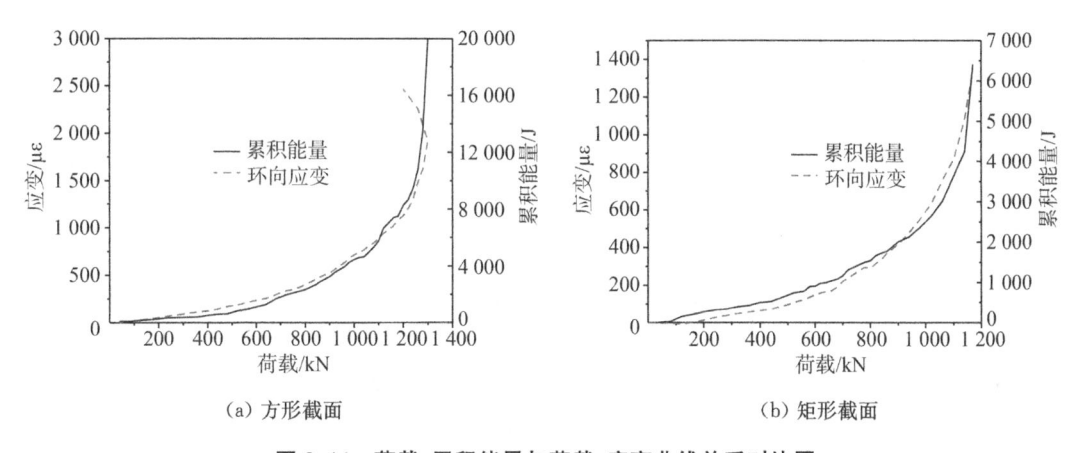

(a) 方形截面

(b) 矩形截面

图 2.14 荷载-累积能量与荷载-应变曲线关系对比图

从图 2.14 中我们可以看出,二者吻合度相当高,尤其是变化趋势基本保持一致,这表明声发射特征参数能替代荷载-应变曲线,很好地表征钢管混凝土复合柱的轴压破坏阶段。钢管混凝土复合柱作为一种新型复合结构,其声发射信号源复杂多样,而且不同信号源有着其特有的参数特性,所以试件在破坏的不同阶段,会存在对应的信号源及声发射特性。通过参考分析,钢管混凝土复合柱在轴压全过程中声发射信号源主要包含以下 5 种:①混凝土的塑性变形;②内部混凝土微裂纹的产生与扩展;③钢管与混凝土接触面上的黏结损伤破坏;④钢管的屈服变形;⑤内部混凝土裂缝的贯通与局部压碎。基于试验现象以及前述分析可判定,声发射信号前两个阶段均对应轴压破坏的弹性阶段,彼时钢管并未屈服,信号源主要来自内部膨胀混凝土的塑性变形以及微裂纹在骨料与砂浆界面处的萌生与扩展；而第三阶段、第四阶段则分别对应轴压破坏的弹塑性阶段和破坏阶段，在该过程中，钢管开始屈服，核心膨胀混凝土开裂贯通并逐渐压碎，声发射参数值增长突变，与荷载值呈现非线性变化关系。

2.3 水工钢混复合短柱轴压韧性极限承载能力分析

2.3.1 水工圆形钢混复合短柱轴压韧性极限承载力分析

为了简化分析，推导建立水工钢混复合短柱轴压韧性极限承载力的计算公式，推导分析过程作以下基本假定：

(1) 构件满足平截面假定；

(2) 钢管和核心膨胀混凝土之间无滑移，即纵向应变保持协调；

(3) 结构变形较小，屈服后不考虑截面几何尺寸的变化，构件在材料破坏之前不会发生失稳破坏；

(4) 钢管屈服、核心混凝土达到极限压应变后均为理想塑性材料，保持屈服应力不变，不考虑钢材的强化阶段；

(5) 徐变对紧箍力的影响很小，在公式推导过程中可忽略徐变对轴压承载力的影响。

1. 核心膨胀混凝土轴向抗压强度

在轴压荷载作用下，钢管与核心混凝土之间会产生相互作用，使核心混凝土处于三向受压应力状态，而且侧向压应力值相等。现假设其侧向压应力大小为 σ_{cr}，轴向压应力大小为 σ_{cx}，并规定 $\sigma_1 \geqslant \sigma_2 \geqslant \sigma_3$，则可知：$\sigma_1 = \sigma_2 = -\sigma_{cr} \leqslant 0, \sigma_3 = -\sigma_{cx}$（应力方向以受拉为正，受压为负）。由于核心混凝土的膨胀特性，在受压加载之前，混凝土浇筑期，钢管与混凝土间便已通过膨胀自应力产生了接触压力，假定其值大小为 p_e，该数值大小取决于试件的几何尺寸以及核心混凝土的膨胀率；而当钢管混凝土轴压加载后，由于核心混凝土的横向变形，钢管与核心混凝土接触面间的侧压力将会随着横向变形的挤压程度而不断变化。设由轴压引起的侧向压应力为 p_c，则核心混凝土总的紧箍力（即侧向压应力）$q = \sigma_{cr} = p_e + p_c$。现对核心膨胀混凝土部分采用双剪统一强度理论分析，并用混凝土凝聚力 C 和内摩擦角 φ 表示，计算公式如下：

$$F = \tau_{13} + b\tau_{12} + \sin\varphi(\sigma_{13} + b\sigma_{12}) = (1+b)C\cos\varphi \qquad F \geqslant F' \qquad (2.1a)$$

$$F' = \tau_{13} + b\tau_{23} + \sin\varphi(\sigma_{13} + b\sigma_{23}) = (1+b)C\cos\varphi \qquad F \leqslant F' \qquad (2.1b)$$

两者相减，可得：$F' - F = b(\tau_{23} - \tau_{12} + \sigma_{12}\sin\varphi - \sigma_{23}\sin\varphi)$，分别将参数 τ_{ij}、σ_{ij} 的表达式代入，则可得：$F' - F = \dfrac{b(\sigma_2 - \sigma_3)}{2}(1 - \sin\varphi) > 0$，满足公式(2.1b)的计算条件。最后将参数代入化简得：

$$\sigma_{cz} = \frac{2C\cos\varphi}{1-\sin\varphi} + \frac{1+\sin\varphi}{1-\sin\varphi}\sigma_{cr} = \frac{2C\cos\varphi}{1-\sin\varphi} + \frac{1+\sin\varphi}{1-\sin\varphi}(p_c + p_e) \quad (2.2)$$

式(2.2)中,若侧压力为零时,则可得 $\sigma_{cz} = \frac{2C\cos\varphi}{1-\sin\varphi} = f_c$,即为混凝土的单轴抗压强度。

令 $k = \frac{1+\sin\varphi}{1-\sin\varphi}$,则公式(2.2)可转化为:

$$\sigma_{cz} = f_c + k\sigma_{cr} = f_c + kq = f_c + k(p_c + p_e) \quad (2.3)$$

式(2.3)中,k 为侧压约束系数,与钢管的约束效应相关,根据文献[8]中的研究结果可知,对于普通钢管混凝土,k 一般取值为 1.0~3.0。但钢管混凝土由于核心膨胀混凝土的膨胀效应使得约束作用得到加强,k 的取值相应偏大,而且具体值与核心膨胀混凝土的膨胀率有关。随着膨胀率的提高,钢管对核心混凝土的约束效应会逐渐增强,承载力也会相应提高,但不是无限制的提高。研究发现侧压约束系数 k 与核心混凝土的膨胀剂掺量 η 的影响关系大致呈二次抛物线分布,存在一个约束峰值。具体表达式基于文献[9]中的试验结果回归分析得:

$$k = -78.57\eta^2 + 18.56\eta + 3 \quad (2.4)$$

水工钢管混凝土复合柱作为一种复合结构,其极限承载力由钢管与核心混凝土共同承担,因而影响核心混凝土材料性能的因素也将影响整体构件的承载力。文献[10]的研究结果表明,混凝土作为一种脆性材料,其材料性能存在着随材料几何尺寸变化的尺寸效应,尺寸影响结果如图 2.15 所示。现引入折减系数 γ_u 来表征混凝土的尺寸效应,具体表达式如下:

$$\gamma_u = 1.67 \times D^{-0.112} \quad (2.5)$$

式中,D 为钢管外径。将公式(2.5)代入公式(2.3)可得:

$$\sigma_{cz} = \gamma_u f_c + k\sigma_{cr} = \gamma_u f_c + kq = \gamma_u f_c + k(p_c + p_e) \quad (2.6)$$

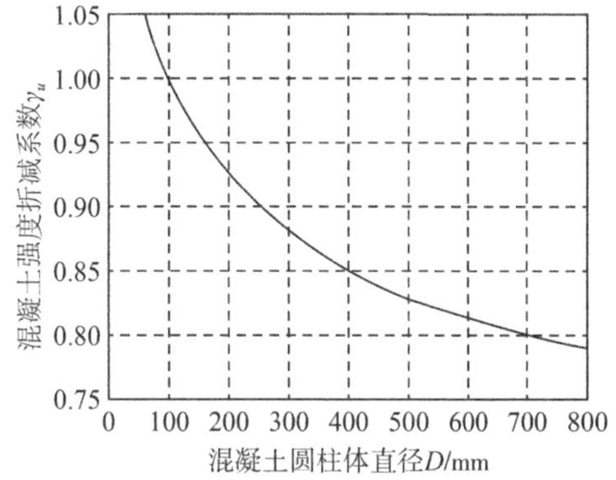

图 2.15 尺寸效应对钢管核心混凝土承载能力的影响

2. 圆形钢管混凝土复合短柱轴向抗压强度计算

在轴压荷载作用下,由于钢管与核心膨胀混凝土的协同约束作用,外壁钢管将处于环向受拉、径向以及轴向受压的三向应力状态。假定 $\sigma_{s\theta}$ 为其环向应力大小,σ_{sz} 为其轴向压应力大小,σ_{sr} 为其径向压应力大小,则在钢管与核心混凝土交界处,$\sigma_{sr} = \sigma_{cr} = q$。此外,通过应力分析,钢管在径向压应力 q 作用下处于轴对称应力状态,根据弹性力学知识,其应力函数可表示为:

$$\Phi(\rho) = A\ln\rho + B\rho^2\ln\rho + C\rho^2 + D \tag{2.7}$$

$$\begin{cases} \sigma_{sr} = -\dfrac{A}{\rho^2} + B(3+2\ln\rho) + 2C \\ \sigma_{s\theta} = \dfrac{A}{\rho^2} + B(1+2\ln\rho) + 2C \end{cases} \tag{2.8}$$

考虑边界条件 $\sigma_{sr}(\rho=r) = q$,$\sigma_{sr}(\rho=R) = 0$,求解得:

$$\begin{cases} \sigma_{sr} = \dfrac{-qr^2}{R^2-r^2}\left(1-\dfrac{R^2}{\rho^2}\right) \\ \sigma_{s\theta} = \dfrac{qr^2}{R^2-r^2}\left(1+\dfrac{R^2}{\rho^2}\right) \end{cases} \tag{2.9}$$

式中,r、R 分别为钢管的内外半径,ρ 为钢管径向距离,q 为混凝土总侧向压应力。由于钢管径厚比一般钢管偏大,属于薄壁钢管,因而钢管环向应力 $\sigma_{s\theta}$ 沿钢管厚度方向变化不大。为了简化计算,特选取其环向应力平均值 σ_{st} 来代替:

$$\sigma_{s\theta} = \sigma_{st} = \frac{\int_r^R \dfrac{qr^2}{R^2-r^2}\left(1+\dfrac{R^2}{\rho^2}\right)\mathrm{d}\rho}{R-r} = \frac{qr}{R-r} \tag{2.10}$$

令 $\beta = \dfrac{R-r}{r}$,表示钢管的厚径比大小,则 $q = \sigma_{sr} = \beta\sigma_{s\theta}$。因为 $\beta \ll 1$,则 $|\sigma_{s\theta}| > q$;此时,由于无法完全比较钢管应力值的大小,则需分多种情况进行考虑。

(1) 当 $|\sigma_{s\theta}| > |\sigma_{sz}| > q$,$\sigma_1 = \sigma_\theta$,$\sigma_2 = -q$,$\sigma_3 = -\sigma_{sz}$;

$\dfrac{\sigma_1+\alpha\sigma_3}{1+\alpha} - \sigma_2 = \dfrac{\sigma_{s\theta}-\alpha\sigma_{sz}}{1+\alpha} + \beta\sigma_{s\theta} \geqslant 0$,满足公式(2.1a)计算条件,代入化简得:

$$\sigma_{s\theta} + \frac{\alpha}{1+b}(b\beta\sigma_{s\theta} + \sigma_{sz}) = f_y \tag{2.11a}$$

(2) 当 $|\sigma_{sz}| > |\sigma_{s\theta}| > q$,$\sigma_1 = \sigma_\theta$,$\sigma_2 = -q$,$\sigma_3 = -\sigma_{sz}$;

$\dfrac{\sigma_1+\alpha\sigma_3}{1+\alpha} - \sigma_2 = \dfrac{\sigma_{s\theta}-\alpha\sigma_{sz}}{1+\alpha} + \beta\sigma_{s\theta} \leqslant 0$,则选用公式(2.1b),代入化简得:

$$\frac{(1-b\beta)}{1+b}\sigma_{s\theta} + \alpha\sigma_{sz} = f_y \tag{2.11b}$$

(3) 当 $|\sigma_{s\theta}|>q>|\sigma_{sz}|$，$\sigma_1=\sigma_\theta$，$\sigma_2=-\sigma_{sz}$，$\sigma_3=-q$；

$\dfrac{\sigma_1+\alpha\sigma_3}{1+\alpha}-\sigma_2=\dfrac{(1-\alpha\beta)\sigma_{s\theta}}{1+\alpha}+\sigma_{sz}\geqslant 0$，则选用公式(2.1a)，代入化简得：

$$\sigma_{s\theta}+\dfrac{\alpha}{1+b}(b\sigma_{sz}+\beta\sigma_{s\theta})=f_y \tag{2.11c}$$

综合上述公式以及钢管的受力机理对其进行分析可知，钢管混凝土中核心混凝土的紧箍力 q 值是不断被动变化的。前期未加载阶段，q 值主要受膨胀自应力的影响；轴压加载后，膨胀自应力值固定不变，q 值将主要受横向变形的影响，与核心混凝土以及钢管的泊松比的相对变化值有关；在加载后期，随着荷载的持续增大，核心混凝土的泊松比变化率将超过钢管泊松比的变化值，因而紧箍力将不断变化。所以对于钢管而言，轴向压应力 σ_{sz} 和侧向紧箍力 q 之间必然存在着某种函数关系，影响轴压承载力的变化。此外，钢管的环向应力 $\sigma_{s\theta}$ 与侧向紧箍力 q 也存在着一定函数关系，$q=\beta\sigma_{s\theta}$，所以相应的 σ_{sz} 与 $\sigma_{s\theta}$ 间也将同样存在着某种函数关系。现对公式(2.11a)两边同时求偏导，解得：

$$\dfrac{\partial\sigma_{sz}}{\partial\sigma_{s\theta}}=-\dfrac{\alpha}{1+b}-b\beta\leqslant 0 \tag{2.12}$$

同理，公式(2.11)中另外两种情况也类似，$\dfrac{\partial\sigma_{sz}}{\partial\sigma_{s\theta}}\leqslant 0$，因而可知，钢管的轴向应力 σ_{sz} 与其环向应力 $\sigma_{s\theta}$ 成反比关系，即随着环向应力的增大而单调递减。所以钢管混凝土在处于极限破坏状态下，由于核心膨胀混凝土横向变形的增大，钢管在其环向拉应力增大时，轴向提供的压力 σ_{sz} 必然减小，这样在钢管与核心混凝土之间将会产生纵向压应力的重分布。此时，一方面钢管承受的纵向压力减小，另一方面核心膨胀混凝土因受到增强的约束而具有更高的抗压强度。因此钢管将从主要承受纵向压应力转变为主要承受环向拉应力。当钢管和核心混凝土所能承受的纵向压应力之和最大时，钢管混凝土即达到极限状态。当钢管混凝土处于极限破坏状态时，钢管轴向压应力 $\sigma_{sz}=f_y$，其与钢管的实际受力情况也将存在相互矛盾。也就是说，轴压作用下钢管混凝土中的钢管，由开始的分担竖向荷载逐渐到极限状态下几乎不承担竖向力这种理想状态在实际工程中很难达到，因为当构件发生一定变形后，钢管就会发生屈曲褶皱现象，或此时的轴向应变已大大超出了我们研究的极限承载力状态，因此在复合柱达到极限状态时，钢管必然还会承担一定的竖向荷载。假设 β_f 为钢管在极限状态时的轴压应力强度折减系数，则钢管在极限状态下的轴向应力可表示为：

$$\sigma_{sz}=\beta_f f_y \tag{2.13}$$

式中，折减系数 β_f 一般通过试验获得，即根据试验测得钢管的轴向应变 ε_{sz} 和环向应变 $\varepsilon_{s\theta}$，基于塑性力学中的塑性全量理论，推导计算其表达式。但塑性全量理论有一定的适用范围，正确应用必须满足一定的条件。参考文献[11]，我们可知使用全量理论的充分条件即简单加载定理，具体表述如下：

(1) 小变形，即塑性变形和弹性变形属于同一量级；

(2) $v = \frac{1}{2}$，即材料为不可压缩体；

(3) 荷载（包括体力）按比例单调增长，变形体处于主动变形过程，即应力强度不断增加，在变形过程中不出现中间卸载的情况，如有位移边界条件只能是零位移边界条件；

(4) 材料的应力-应变曲线具有幂函数形式。

轴压加载为分级加载，基本满足其应用条件，因而可采用塑性全量理论中的 Hencky 应力-应变关系方程进行求解：

$$\begin{cases} \varepsilon_{s\theta} = \frac{1+\varphi}{2G}\left[\sigma_{s\theta} - \frac{\varphi + 3(m+1)^{-1}}{1+\varphi}\sigma_m\right] \\ \varepsilon_{sz} = \frac{1+\varphi}{2G}\left[\sigma_{sz} - \frac{\varphi + 3(m+1)^{-1}}{1+\varphi}\sigma_m\right] \end{cases} \quad (2.14)$$

式中，$m = \frac{1}{v}$，$G = \frac{E}{2(1+v)}$，$\sigma_m = \frac{1}{3}(\sigma_1 + \sigma_2 + \sigma_3)$，$\varphi$ 为非负的标量因子，因为根据基本假定，$v = 0.5$，所以 $m = 2$。又因为应变片一般粘贴在钢管壁外侧，可知 $\sigma_2 = \sigma_{sr} = 0$，代入后化简可得：

$$\begin{cases} \varepsilon_{s\theta} = \frac{1+\varphi}{6G}[2\sigma_{s\theta} - \sigma_{sz}] \\ \varepsilon_{sz} = \frac{1+\varphi}{6G}[2\sigma_{sz} - \sigma_{s\theta}] \end{cases} \quad (2.15)$$

将上面两式相除，可得：$\frac{\varepsilon_{sz}}{\varepsilon_{s\theta}} = \frac{2\sigma_{sz} - \sigma_{s\theta}}{2\sigma_{s\theta} - \sigma_{sz}}$。令 $\frac{\varepsilon_{sz}}{\varepsilon_{s\theta}} = u$，并联立公式(2.11)，可解得：

当 $|\sigma_{s\theta}| > |\sigma_{sz}| > q$ 时，

$$\begin{cases} \sigma_{s\theta} = \frac{(1+b)(u+2)}{\alpha b\beta(u+2) + \alpha(1+2u) + (1+b)(u+2)}f_y \\ \sigma_{sz} = \frac{(1+b)(1+2u)}{\alpha b\beta(u+2) + \alpha(1+2u) + (1+b)(u+2)}f_y \end{cases} \quad (2.16)$$

当 $|\sigma_{sz}| > |\sigma_{s\theta}| > q$ 时，

$$\begin{cases} \sigma_{s\theta} = \frac{(1+b)(u+2)}{(1-b\beta)(u+2) + \alpha(1+2u)(1+b)}f_y \\ \sigma_{sz} = \frac{(1+b)(1+2u)}{(1-b\beta)(u+2) + \alpha(1+2u)(1+b)}f_y \end{cases} \quad (2.17)$$

当 $|\sigma_{s\theta}| > q > |\sigma_{sz}|$ 时，

$$\begin{cases} \sigma_{s\theta} = \frac{(1+b)(u+2)}{\alpha\beta(u+2) + \alpha b(1+2u) + (1+b)(u+2)}f_y \\ \sigma_{sz} = \frac{(1+b)(1+2u)}{\alpha\beta(u+2) + \alpha b(1+2u) + (1+b)(u+2)}f_y \end{cases} \quad (2.18)$$

3. 圆形钢管混凝土复合短柱轴压承载力分析

根据极限平衡理论的叠加原则,轴心受压钢管混凝土短柱的极限承载力是由钢管的承载力和核心混凝土的承载力共同组成,即:

$$N_u = A_s \sigma_{sz} + A_c \sigma_{cz} \tag{2.19}$$

式中,A_s、A_c 分别为钢管以及核心膨胀混凝土的横截面面积,$A_s = \pi R^2 - \pi r^2$,$A_c = \pi r^2$;σ_{sz}、σ_{cz} 则分别为钢管以及核心膨胀混凝土的轴向抗压强度。对于钢管,其拉压强度相同,因而在应用双剪统一强度理论时,参数 $\alpha = 1$。将 σ_{sz}、σ_{cz} 的表达式代入公式(2.19)中并化简,可求得钢管混凝土短柱基于双剪统一强度理论下的轴压极限承载力的统一解,表达式如下:

$$N_u = \begin{cases} \dfrac{(1+b)f_y\left[(1+2u)A_s + k\beta(u+2)A_c\right]}{b\beta(u+2)+(1+2u)+(1+b)(u+2)} + \gamma_u f_c A_c & |\sigma_{s\theta}| > |\sigma_{sz}| \text{ 且 } |\sigma_{s\theta}| > q \\ \dfrac{(1+b)f_y\left[(1+2u)A_s + k\beta(u+2)A_c\right]}{(1-b\beta)(u+2)+(1+2u)(1+b)} + \gamma_u f_c A_c & |\sigma_{sz}| > |\sigma_{s\theta}| > q \end{cases} \tag{2.20}$$

2.3.2 水工矩形及方形钢混复合短柱轴压韧性极限承载力分析

与圆形截面相比,矩形以及方形水工钢混复合短柱中钢管对核心膨胀混凝土的约束作用稍微偏弱,而且其约束效应沿核心混凝土表面分布并不均匀。核心膨胀混凝土角部受到的约束效应最强,沿截面边长中间部位处的混凝土受到的约束效应偏弱,中间处约束比较均匀。此外,对于矩形试件,其截面长边与短边对核心混凝土的约束作用也存在差异,长边较短边更易发生局部屈曲,到达极限状态时的轴向抗压强度大小不相等。由上述分析可知,矩形以及方形钢管混凝土在轴压破坏形态以及受力机理方面与圆形钢管存在很大区别。因此,对于其轴压承载力的计算不能简单按照截面等效的方法将其等效为圆形试件,套用圆形钢管混凝土短柱的轴压承载力计算理论进行分析。矩形以及方形试件的轴压承载力需考虑长短边轴向抗压强度的差异以及核心混凝土中约束效应的不均匀性,基于其自身的破坏机理以及应力分布特性进行理论计算。

1. 核心膨胀混凝土的轴向抗压强度

与圆形钢管混凝土相似,矩形钢管混凝土在轴压荷载作用下,核心膨胀混凝土同样处于三向受压应力状态,但与圆形不同的是,其侧向压应力分布并不均匀。为简化计算,本书在考虑钢管长短边约束差异的前提下,假设混凝土侧向压应力在各自长边以及短边处均匀分布,分别用 σ_{cr1}、σ_{cr2} 表示。此外,针对矩形或方形钢管在截面角部、长边、短边处对核心混凝土约束效应不均匀的特性,采用文献[12]中建议的方法,通过有效约束系数 k_e 来考虑其影响。如图 2.16 所示,阴影部分的面积表示钢管有效约束区,约束效应较非约束区要强。假设矩形钢管核心混凝土的有效约束区的边界线为二次抛物线,约束界线边切角分别为 θ_1、θ_2。

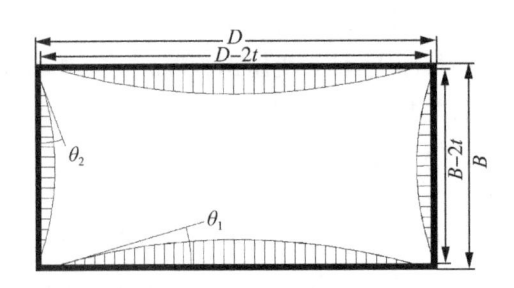

图 2.16 核心混凝土有效约束区

$$A_1 = 2 \times \frac{[0.9 \times (D-2t)]^2}{6}\tan\theta_1 + 2 \times \frac{[0.9 \times (B-2t)]^2}{6}\tan\theta_2 \qquad (2.21)$$

式中，D、B 分别表示钢管长边与短边的边长，t 为钢管壁厚，则有效约束系数 $k_e = \dfrac{A_c - A_1}{A_c}$。其中边界角 θ_2 与钢管宽厚比大小相关，具体计算公式如下：

$$\theta = -0.078\left(\frac{f_y}{D/t}\right)^2 + 4.8\left(\frac{f_y}{D/t}\right) - 22.6 \qquad (2.22)$$

依据"钢管混凝土统一理论"，截面形式的差异并不影响钢管混凝土工作性能的连续性、相关性和计算方法的统一性，据此将矩形水工钢混复合短柱中核心混凝土部分等效为面积相等的圆形截面，而矩形钢管的有效约束应力则相应等效为圆形混凝土的均匀侧压力 σ_{cr}。因此，基于材料力学相关理论可知：

$$\sigma_{cr} = \frac{2(\sigma_{cr1}D + \sigma_{cr2}B)}{2\pi\sqrt{DB/\pi}} = \frac{\sigma_{cr1}D + \sigma_{cr2}B}{\sqrt{\pi DB}} \qquad (2.23)$$

式中，σ_{cr1}、σ_{cr2} 分别表示钢管长边与短边对核心混凝土的侧向压应力；由圆形构件分析可知，其值由加载前核心混凝土膨胀自应力引起的接触应力 p_e 以及轴压加载后混凝土横向变形引起的挤压应力 p_c 两部分组成，且大小不断变化，但与钢管的径向压应力相等，$\sigma_{cr} = \sigma_{sr}$，因而可通过对钢管的应力分析求得。同样采用双剪统一强度对核心膨胀混凝土进行分析，代入相关参数并计算可得：

$$\sigma_{cz} = nf_c + kk_e\sigma_{cr} \qquad (2.24)$$

式中，n 为将矩形混凝土等效为圆形计算后，核心混凝土单轴抗压强度的折减系数，其取值参考文献[13]。

此外，由前面圆形构件受力性能分析可知，钢管混凝土短柱的轴压承载力存在尺寸效应影响，并且在计算中通过引入折减系数 γ_u 来表征该种特性；同理，该效应也必将存在于其他截面形式的构件中。但由于矩形以及方形钢管混凝土短柱中核心混凝土的边界条件以及受力状态与圆形截面相比存在较大差异，因而基于圆形构件试验拟合得到的表达式将不适用于矩形以及方形构件，需在原式基础上对其进行变形修正。本书选取文献[14]中建议的公式：

$$\gamma_u = 3.10 \times D^{-0.222} \tag{2.25}$$

式中，D 为钢管的边长，对于矩形钢管，则需通过面积等效原理将矩形转换为方形后，取等效边长值进行计算。综上可得，矩形钢管混凝土轴压短柱核心混凝土部分的轴向抗压强度为：

$$\sigma_{cz} = \gamma_u n f_c + k k_e \sigma_{cr} \tag{2.26}$$

2. 矩形以及方形钢管混凝土复合短柱轴向抗压强度分析

矩形以及方形钢管混凝土轴压短柱的受力性能以及破坏机理与圆形试件存在着明显差异。文献[15]通过试验研究表明，对于矩形及方形钢管混凝土，轴压破坏时，钢管外壁先出现屈曲，而核心膨胀混凝土此时并未达到极限抗压强度，外壁钢管的临界宽厚比才是决定其试件最终破坏模态的主要因素。根据文献[16]的研究结果，假设其临界宽厚比参数为 S，表达式如下：

$$S = \frac{D}{t} \sqrt{\frac{12(1-\nu^2)}{4\pi^2}} \sqrt{\frac{f_y}{E_s}} \tag{2.27}$$

式中，D 为外壁钢管边长，t 为钢管壁厚，ν 为钢管的泊松比，E_s 为钢管的弹性模量。若临界宽厚比参数 $S<0.85$，则根据研究结果可不考虑其局部屈曲对破坏形态的影响；而当 $S \geqslant 0.85$ 时，局部屈曲破坏将为钢管的最终破坏形态，钢管的轴压应力与钢管的局部屈曲强度相等，即 $\sigma_{sz} = f_b = m f_y$，$m$ 为轴压应力强度折减系数，具体关系式如下：

$$m = \begin{cases} \left(\dfrac{1.2}{S} - \dfrac{0.3}{S^2}\right) & S \geqslant 0.878 \\ 0.89 & S < 0.878 \end{cases} \tag{2.28}$$

钢管在轴压荷载作用下，与圆形钢管同样处于轴向受压、环向受拉、侧向受压的三向应力状态，假定 σ_{sz}、$\sigma_{s\theta}$、σ_{sr} 依次表示其应力大小。对于矩形钢管其长、短边应力状态不相同，则分别用下标 1、2 来表示其应力大小。比如 σ_{sz1}、σ_{sz2} 便分别表示矩形钢管长边与短边的轴压应力。根据应力平衡方程可求得：

$$\sigma_{sr} = \frac{2t}{D-2t} \sigma_{s\theta} = \delta \sigma_{s\theta} \tag{2.29}$$

又因为钢管处于三向应力状态，则根据双剪统一强度理论，将式(2.29)代入式(2.11)，可求解得：

$$\sigma_{s\theta} = \begin{cases} \dfrac{(1+b-\alpha m)}{1+b+\alpha b \delta} f_y & |\sigma_{s\theta}| \geqslant |\sigma_{sz}| \geqslant |\sigma_{sr}| \\ \dfrac{(1-\alpha m)(1+b)}{1-b\delta} f_y & |\sigma_{sz}| \geqslant |\sigma_{s\theta}| \geqslant |\sigma_{sr}| \\ \dfrac{(1+b-\alpha b m)}{1+b+\alpha \delta} f_y & |\sigma_{s\theta}| \geqslant |\sigma_{sr}| \geqslant |\sigma_{sz}| \end{cases} \tag{2.30}$$

3. 矩形以及方形钢管混凝土复合短柱轴压承载力分析

与圆形构件类似，根据极限平衡理论的叠加原则，矩形(方形)轴心受压钢管混凝土短柱的极限承载力是由钢管长边的承载力、短边的承载力以及核心混凝土的承载力共同组成，即：

$$N_u = \sigma_{sz1}A_{s1} + \sigma_{sz2}A_{s2} + \sigma_{cz}A_c \tag{2.31}$$

式中，A_{s1}、A_{s2} 分别为钢管长边与短边的截面面积，重叠处面积则平均分配。所以，$A_{s1} = 2Dt - 2t^2$，$A_{s2} = 2Bt - 2t^2$。

2.3.3 水工钢混复合短柱轴压韧性极限承载力验算

本书中，由于钢管拉压强度相同，则 $\alpha = 1$；加权参数 b 的取值范围为 $0 \sim 1$，本书参考文献[17]的试验结果，取 $b = 0.5$。将相关试件参数代入本书的承载力计算模型，并将其理论计算值与本书试验以及其他文献的试验结果值进行对比分析，见表2.3和表2.4。

表2.3 圆形钢混复合短柱轴压韧性承载力计算值与实验值比较

D/mm	t/mm	f_y/MPa	f_c/MPa	η/%	ε_{sz}/$\times 10^{-6}$	$\varepsilon_{s\theta}$/$\times 10^{-6}$	N_u/kN	N_{js}/kN	$\dfrac{N_{js}}{N_u}$	备注
140	3	215	45	10	5 106	2 953	1 040.0	1 089.8	1.047 9	本试验
150	0.8	223	57	6	1 770	476	1 137.0	1 071.3	0.942 2	
		223	57	6	1 420	354	1 113.0	1 070.8	0.962 1	
165	4	235	69.56	8	3 980	2 041	2 090.0	2 071.8	0.991 3	
		235	69.80	12	4 673	2 245	2 250.0	2 087.1	0.927 6	
		235	67.33	16	3 612	2 220	2 050.0	2 036.8	0.993 6	
		235	55.69	20	3 898	2 204	1 770.0	1 778.0	1.004 5	

表2.4 矩形及方形钢混复合短柱轴压韧性承载力计算值与实验值比较

试件形式	截面尺寸 $(D \times B \times t)$/mm	f_y/MPa	f_c/MPa	η/%	N_u/kN	N_{js}/kN	$\dfrac{N_{js}}{N_u}$	备注
矩形	200×100×3	215	45	10	1 185.0	1 193.7	1.007 3	本试验
方形	150×150×3	215	45	10	1 300.0	1 265.9	0.973 8	
方形	120×120×2.46	336	34	10	822.0	901.9	1.097 2	
		336	32	15	830.0	876.8	1.056 4	
		336	27	20	805.0	801	0.995 0	
		336	23	25	768.0	721.4	0.939 3	
	120×120×3.46	297	34	10	990.0	988.4	0.998 4	
		297	32	15	970.0	964.0	0.993 8	
		297	27	20	965.0	888.7	0.920 9	
		297	23	25	890.0	807.9	0.907 8	
	120×120×4.45	274	34	10	1176.0	1081.3	0.919 5	
		274	32	15	1 173.0	1 057.4	0.901 1	
	120×120×5.72	321	34	10	1 516.0	1 411.4	0.931 0	
		321	32	15	1 496.0	1 387.5	0.927 5	

通过表 2.3 和表 2.4 的对比分析可知,表 2.3 中圆形截面钢混复合短柱轴压韧性承载力理论计算值与试验值的比值在 0.927 6～1.047 9,相对误差小于 10%,平均值为 0.981 3,均方差为 0.001 4;表 2.4 中矩形以及方形截面钢混复合短柱轴压韧性承载力理论计算值与试验值的比值在 0.901 4～1.097 2,平均值为 0.969 2,均方差为 0.056 6,相对误差较小。由此可见,本书推导的水工钢混复合短柱轴压韧性承载力计算模型和试验值吻合良好,具有很好的适用性。

2.4　基于水轮机特征频率的水工钢混复合长柱振动韧性研究[18]

2.4.1　模态分析

水工钢混复合长柱模型分 4 种类型,方形截面钢管柱、圆形截面钢管柱、方形截面钢管混凝土复合长柱、圆形截面钢管混凝土复合长柱,长度(含混凝土基础)均为 4 m,插入基础深为 280 mm,与基础连接处做固结处理。钢管厚 3 mm,距离梁顶端 1 m 处设有牛腿。牛腿与悬臂钢板连接,钢板长 1 m。钢管边缘与圆柱钢垫块固结。用 CAD 建立的实体模型如图 2.17 所示,将 CAD 三维模型以 sat 格式导入 workbench[19]。

图 2.17　水工钢混复合长柱模型与试验现场

有限元网格的划分对于整个计算结果有着直接的影响,网格划分太疏影响计算精度,太密对于提高计算精度的作用不是很明显,同时又会增加大量的计算。因此,合理的网格划分对于整个有限元分析是至关重要的。采用六面体主导网格划分,大部分网格是六面体单元,少部分是金字塔单元和四面体单元。设置相关性中心为粗糙,单元尺寸为 10 mm,平滑度低,过渡快速,跨度中心角细化,单元最小边长 5 mm。将方形截面钢管柱共划分成 346 336 个节点、52 127 个单元[20]。其他类型复合长柱类似。

为了分析不同类型截面形式对水工钢混复合长柱动力学特性的影响,分别计算了空心圆钢管长柱、实心圆钢管长柱、空心方钢管长柱、实心方钢管长柱 4 种类型复合长柱的固有频率,并对计算结果进行比较。在对复合长柱进行模态分析之前,要对整个复合长柱的各部件进行材料定义(表2.5)。钢管、牛腿、悬臂钢板采用结构钢材料,混凝土柱采用混凝土材料。在复合长柱底端施加对地固定约束。

表2.5 水工钢混复合长柱模型各部件材料属性

部件	弹性模量/Pa	泊松比
混凝土柱	3×10^{10}	0.18
钢管柱	2×10^{11}	0.30
牛腿	2×10^{11}	0.30
悬臂钢板及垫块	2×10^{11}	0.30

通过 ANSYS Workbench 对水工钢混复合长柱进行模态分析,得出模态云图如图2.18所示(表中"空心"代表钢管柱,"实心"代表钢混复合柱),前10阶固有振动频率计算结果见表2.6[21]。

表2.6 水工钢混复合长柱固有频率特征值

单位:Hz

模态阶数	空心方柱	实心圆柱	空心圆柱	实心方柱
1	5.2	6.8	6.5	4.7
2	6.7	6.8	6.7	8.6
3	8.2	11.0	11.2	10.9
4	14.8	43.7	24.4	27.9
5	42.6	44.4	56.1	31.5
6	54.5	48.0	60.0	58.7
7	83.4	73.8	76.4	73.2
8	92.1	106.7	103.2	81.9
9	100.3	119.7	136.7	106.0
10	104.4	123.1	150.2	157.3

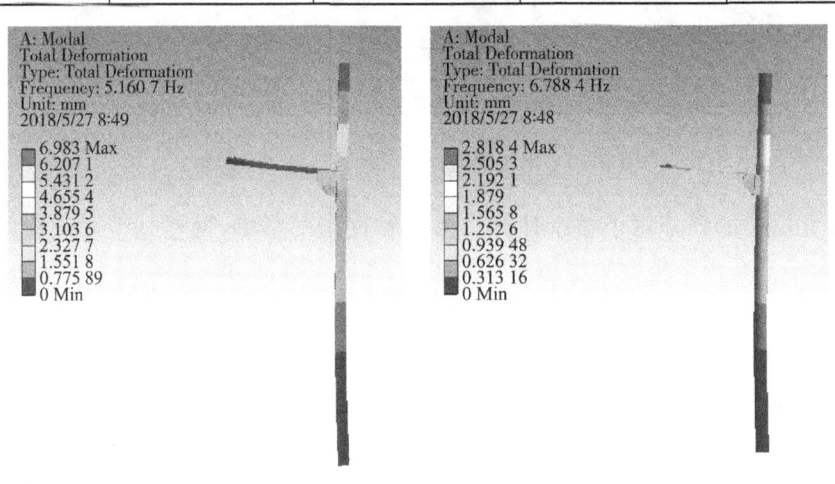

(a) 空心截面钢管方柱振型图　　(b) 实心截面钢管圆柱振型图

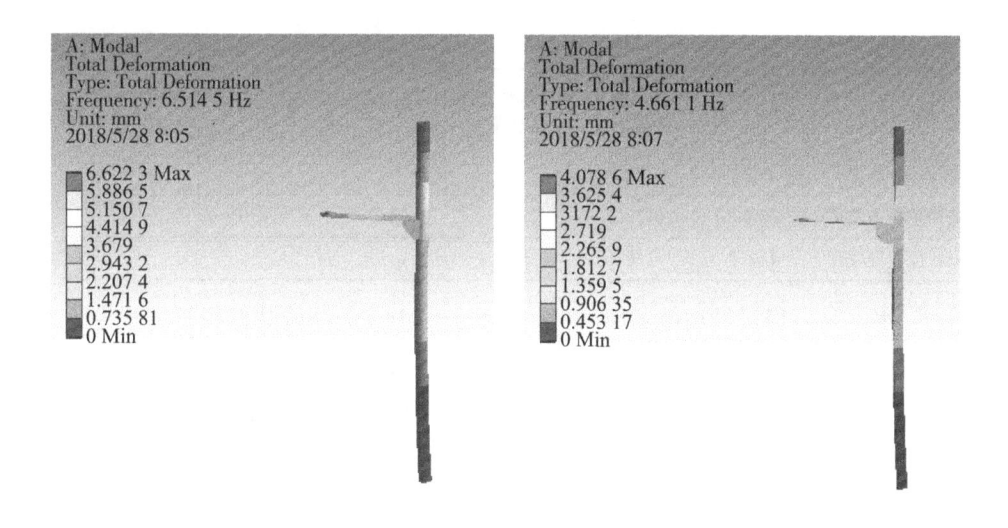

(c) 空心截面钢管圆柱振型图　　　　　(d) 实心截面钢管方柱振型图

图 2.18　水工钢混复合长柱模型模态分析云图

由表 2.6 可以看出,当与基础连接处固结,顶端无约束时,相对于方形截面钢管柱,圆形截面钢管柱的各阶固有频率明显上升,固有频率平均提高 25.4%。相对于方形截面钢混复合柱,圆形截面钢混复合柱的各阶频率平均提高 12.7%。相对于方形截面钢管柱,方形截面钢混复合柱的各阶频率明显上升,固有频率平均上升 15.6%。相对于圆形截面钢管柱,圆形截面钢混复合柱的各阶频率平均上升 1.3%。截面形式对自振频率影响较大。施工设计时选择钢混复合柱和圆形截面柱能提高结构整体刚度,对抗振有利。对前 6 阶固有振动频率进行分析,相对于圆形截面钢管柱,圆形截面钢混复合柱的各阶频率平均上升 7.3%,其他 3 种复合长柱的固有频率对比和上文分析结果相差不大。

2.4.2　基于水轮机特征频率的共振校核

引起水轮发电机组振动的振源很多,大致可分为机械、电磁和水力 3 种。本书选取 6 座抽水蓄能电站的主要振源频率特性,取平均值:转速频率 5.2 Hz 及其倍频 10.4 Hz,尾水管低频 1.09～1.66 Hz,转轮叶片数频率 52.8 Hz 及其倍频 105.5 Hz,导水叶片数频率 147.9 Hz[22-26]。抽水蓄能电站主要振源频率见表 2.7。

表 2.7　抽水蓄能电站主要振源频率

单位:Hz

振源	某大型抽水蓄能电站	宜兴抽水蓄能电站	白莲河抽水蓄能电站	十三陵	新疆某大型水电站地面厂房	阿海水电站厂房	平均值
转速频率	5.6	6.3	6.8	4.2	8.3	3.6	1.5	5.2
转速频率倍频	11.1	12.5	13.5	8.3	16.7	7.1	—	11.5
尾水管低频	1.11～1.85	1.25～2.08	1.04	1.04	1.39～2.78	0.71～1.19	—	1.09～1.66

续表

振源	某大型抽水蓄能电站	宜兴抽水蓄能电站	白莲河抽水蓄能电站	十三陵	新疆某大型水电站地面厂房	阿海水电站厂房	平均值
转轮叶片数频率	50.0	56.3	—	58.3	46.4	—	52.8
转轮叶片数频率倍频	100.0	112.5	—	116.6	92.9	—	105.5
导水叶片数频率	133.3	162.5	—	—	—	—	147.9

根据《水电站厂房设计规范》(SL 266—2014)[27]中有关结构共振校核的规定，对厂房结构是否发生共振进行了校核。校核标准为：结构自振频率和强迫振动频率之差与自振频率的比值应大于20%。这里拟对结构前10阶自振频率进行共振校核。

1. 方形截面钢混复合长柱

实心方柱低阶频率与各振源频率的错开度小于20%，存在共振可能性。第3阶频率与转速频率倍频的错开度小于20%，存在共振可能性。第6阶频率与转轮叶片数频率的错开度小于20%，存在共振可能性。第9阶频率与转轮叶片数频率的倍频的错开度小于20%，存在共振可能性。第10阶频率与导水叶片数频率的倍频的错开度小于20%，存在共振可能性。高频振动的能量较低，振型参与系数小，因此产生共振的危害性大大降低。矩形截面钢混复合长柱自振频率校核见表2.8。

表2.8 方形截面钢混复合长柱自振频率校核

实心方柱自振频率/Hz	机组可能振源频率与结构自振频率错开度/%				
	f_n	$2f_n$	f_1	$2f_1$	f_2
4.7	10.62%				
8.6					
10.9		5.49%			
27.9					
31.5					
58.7			10.21%		
73.2					
81.9					
106.0				0.48%	
157.3					5.98%

2. 圆形截面钢混复合长柱

实心圆柱低阶频率与各振源频率的错开度均较大，基本不存在共振的可能性。第3阶频率与转速频率倍频的错开度小于20%，存在共振可能性。第5、6阶频率与转轮叶片数频率的错开度小于20%，存在共振可能性。第8、9、10阶频率与转轮叶片数频率的倍频的错开度小于20%，存在共振可能性。高频振动的能量较低，振型参与系数小，因此产生共振的危害性大大降低。圆形截面钢混复合长柱自振频率校核见表2.9。

表2.9　圆形截面钢混复合长柱自振频率校核

实心圆柱自振频率/Hz	机组可能振源频率与结构自振频率错开度/%				
	f_n	$2f_n$	f_1	$2f_1$	f_2
6.8					
6.8					
11.0		4.58%			
43.7					
44.4			18.87%		
48.0			9.90%		
73.8					
106.7				1.15%	
119.7				11.84%	
123.1				14.28%	

综上所述，方柱与振源发生共振的可能性较大，厂房较强振动产生的原因最有可能是方柱的自振频率与转速频率错开度较小，产生共振。圆柱与振源发生共振的可能性较小，较强振动产生的原因最有可能是圆柱的自振频率与转速频率的倍频错开度较小，产生共振。

2.4.3　振动韧性试验研究

本试验共设计了4种类型的水工钢混复合长柱模型，分别为圆形截面钢管长柱、矩形截面钢管长柱、圆形截面钢混复合长柱、矩形截面钢混复合长柱，其中：a为截面直径或长度；b为截面宽度；h为试件高度；f_s为钢材屈服强度。试验所用钢管由南京光亚钢结构有限公司负责加工制作。同时为保证钢管两端截面平整，端部采用角磨机进行精细磨平处理。表2.10中"空心"表示该试件为钢管柱，否则为钢管混凝土复合长柱，混凝土为膨胀混凝土，采用向混凝土中添加膨胀剂的方式制备而成，膨胀剂类型为UEA型膨胀剂，混凝土设计强度为C50。在钢管距顶端1m处焊接牛腿，并在牛腿上固定长1m的悬臂钢板。钢管底端插入混凝土基础280mm。另外架设了用来布置传感器的钢管反力架，与基础卡死，反力架底部垫上布，减小与地面接触面的空隙。具体试件参数见表2.10。

表2.10　试件设计参数表

试件编号	截面形状	截面尺寸 $(a \times b \times h)$/mm	钢管壁厚/mm	f_s/Mpa	钢材型号	是否空心
1	矩形	200×100×4000	3	205	Q235-B	是
2	圆形	140×4000	3	205	Q335-B	否
3	矩形	200×100×4000	3	205	Q435-B	否
4	圆形	140×4000	3	205	Q136-B	是

为测量钢管柱和复合长柱的振动响应,对于圆形试件,在钢管表面每隔 1 m,在两面沿轴向分别粘贴应变传感器,共 4 组,其中底端的一组距离底端 280 mm。牛腿所在的面为背面。在距离底端 1 m 的高度处沿轴向在正面布置位移传感器和加速度传感器,然后每隔 1 m 布置一个位移传感器和加速度传感器,共布置 3 个位移传感器和 3 个加速度传感器。位移传感器固定在反力架上,确保振动时位移传感器的弹性体独立于传感器支座振动。对于矩形试件,传感器布置在正、背面的中线处。具体布置方式如图 2.19 所示。

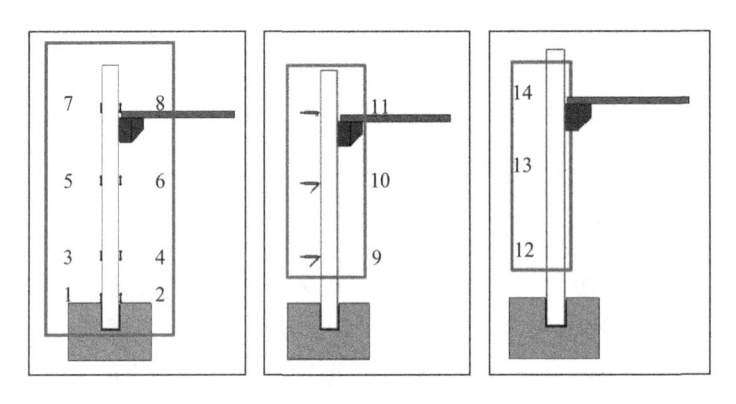

图 2.19 测点布置

本次振动试验采用频率为 10~25 Hz,力 2 300 N 的激励响应动力试验装置,如图 2.20 所示。将空气压缩机用橡胶气管连接到振动器上,振动器用螺栓固定在轮辐传感器上,轮辐传感器用螺栓通过连接件固定在悬臂钢板末端的钢垫块上,悬臂钢板的前端用螺栓固定在牛腿上。振动响应信号采集系统采用东华公司的 DHDAS 动态信号采集分析系统,采样频率 200 Hz,振动频率选择 20Hz。试验现场布置如图 2.21 所示。

图 2.20 激励响应动力试验装置　　**图 2.21 试验现场布置**

依据 4 种类型的水工钢混复合长柱模型的振动响应试验结果,将它们的振动响应列在表 2.11 中,位移和加速度时程曲线如图 2.22 和图 2.23 所示。

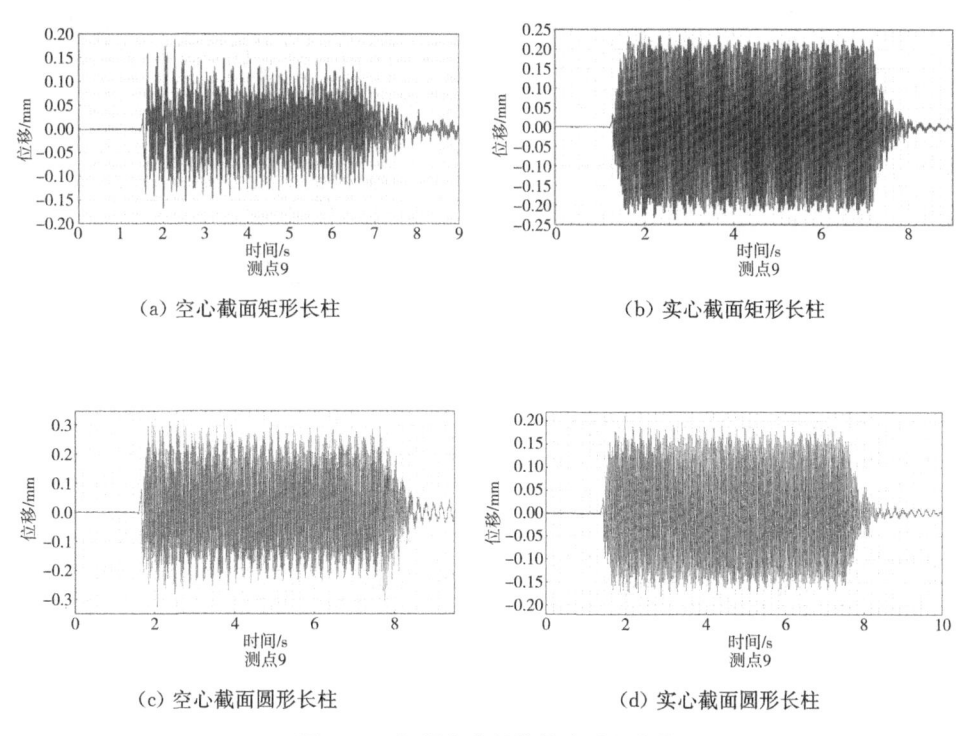

(a) 空心截面矩形长柱 (b) 实心截面矩形长柱

(c) 空心截面圆形长柱 (d) 实心截面圆形长柱

图 2.22　钢混复合长柱位移时程曲线

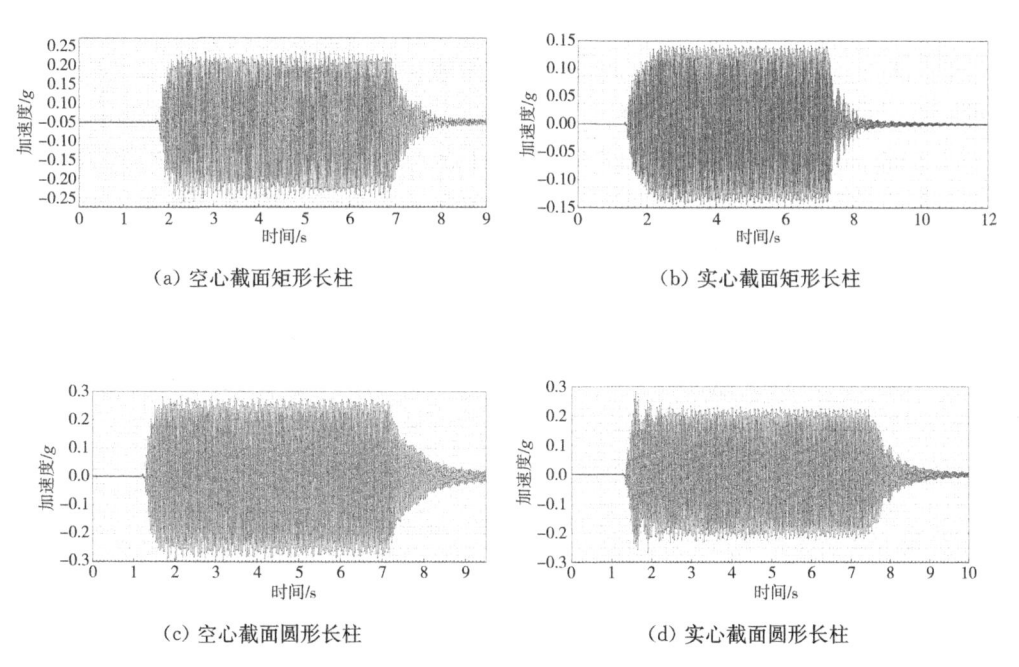

(a) 空心截面矩形长柱 (b) 实心截面矩形长柱

(c) 空心截面圆形长柱 (d) 实心截面圆形长柱

图 2.23　钢混复合长柱加速度时程曲线

表2.11 振动响应最大值

柱的种类	挠度位移/mm 9号测点	10号测点	11号测点	加速度/g 15号测点
钢管空心矩柱	0.189	0.576	0.816	0.260
钢管实心矩柱	0.241	0.262	0.305	0.144
钢管空心圆柱	0.326	0.615	0.703	0.297
钢管实心圆柱	0.211	0.447	0.412	0.281

表2.12 结构自振频率与20 Hz错开度

模态阶数	空心矩柱	实心圆柱	空心圆柱	实心矩柱
1	287.54%	194.62%	207.01%	329.08%
2	199.51%	192.41%	200.21%	132.85%
3	144.47%	81.24%	78.22%	82.83%
4	35.45%	54.24%	17.95%	28.30%
5	53.06%	54.93%	64.32%	36.59%
6	63.29%	58.33%	66.69%	65.96%
7	76.03%	72.89%	73.83%	72.67%
8	78.28%	81.26%	80.62%	75.58%
9	80.06%	83.29%	85.37%	81.13%
10	80.84%	83.75%	86.69%	87.29%

由表2.11可知,在20 Hz的振动频率下,相对于矩形截面钢管柱,矩形截面钢混复合柱的位移和加速度响应明显降低,位移响应平均降低了88.6%,加速度响应降低了80.6%。相对于圆形截面钢管柱,圆形截面钢混复合柱的位移和加速度响应明显降低,位移响应平均降低了54.2%,加速度响应降低了5.7%。表明钢混复合柱在20 Hz振动频率下的振动响应小于钢管柱。由表2.12分析可知,圆形截面钢管柱的第4阶固有频率与振源频率20 Hz的错开度小于20%,存在共振可能性。

在20 Hz的振动频率下,考虑复合长柱与20 Hz最接近的固有频率,模态分析得到的固有频率如表2.13所示。与矩形截面钢混复合柱相比,矩形截面钢管柱的固有频率较高,刚度较大,能量吸收能力较差,所以振动响应较大。与圆形截面钢混复合柱相比,圆形截面钢管柱的固有频率较高,刚度较大,能量吸收能力较差,所以振动响应较大。

表2.13 复合长柱与荷载频率最接近的固有频率

单位:Hz

空心矩形柱	实心圆柱	空心圆柱	实心矩形柱
14.8	11.0	24.4	10.9

在 20 Hz 的振动频率下，相对于圆形截面钢管柱，矩形截面钢管柱的位移和加速度响应明显降低，位移响应平均降低了 21.8%，加速度响应降低了 14.2%。相对于圆形截面钢混复合柱，矩形截面钢混复合柱的位移和加速度响应明显降低，位移响应平均降低了 31.1%，加速度响应降低了 95.1%。表明矩形截面柱在 20Hz 振动频率下的振动响应小于圆形截面柱。

表 2.13 表明，与矩形截面钢管柱相比，圆形截面钢管柱的固有频率较高，刚度较大，能量吸收能力较差，所以振动响应较大。与矩形截面钢混复合柱相比，圆形截面钢混复合长柱的固有频率较高，刚度较大，能量吸收能力较差，所以振动响应较大。

2.5 水工钢混复合长柱韧性声发射传播特性与源定位识别研究[28]

2.5.1 试验概况

声发射仪器采用 Sensor Highway Ⅱ型声发射采集系统，其参数设置见表 2.14。本试验所涉及结构为地圈梁与空心圆柱及圆形水工钢混复合长柱，1 号立柱为圆形截面水工钢混复合长柱，2 号立柱为空心截面钢柱。共设置 10 处探头进行信号采集，1~6 号探头布置在混凝土地圈梁上，接收混凝土传播信号，7~8 号探头布置在圆形水工钢混复合短柱上，9~10 号探头布置在圆形空心钢管柱上。声发射的模拟试验一般采用断铅实验方式进行，断铅实验在混凝土中所产生信号与混凝土断裂信号较为相似，但该方法所产生声发射信号能量较低，在长距离传输时衰减严重，本试验所涉及结构尺寸过大，尤其在有柱体干扰下无法采集到有效信号，故采用剪刀尖部在探头极近处进行敲击产生信号，研究声发射信号在复合结构体系中长距离传播及在复合结构体系中传播时的传播性能。敲击点距离声发射探头不大于 5 mm，敲击角度为 30°并保证每次力度相似。试验时，分别在 1~10 号探头处制造较为一致的声发射信号并进行采集，进行多次试验，选取理想信号，从能量值、到达时间、幅值等方面进行分析。

试验现场如图 2.24 所示，具体布置方式及尺寸见图 2.25。

表 2.14 测试参数设置

参数类型	参数值
采样频率/kHz	500
阈值/dB	30
前放增益/dB	40
预触发/μs	256

图 2.24　现场试验图

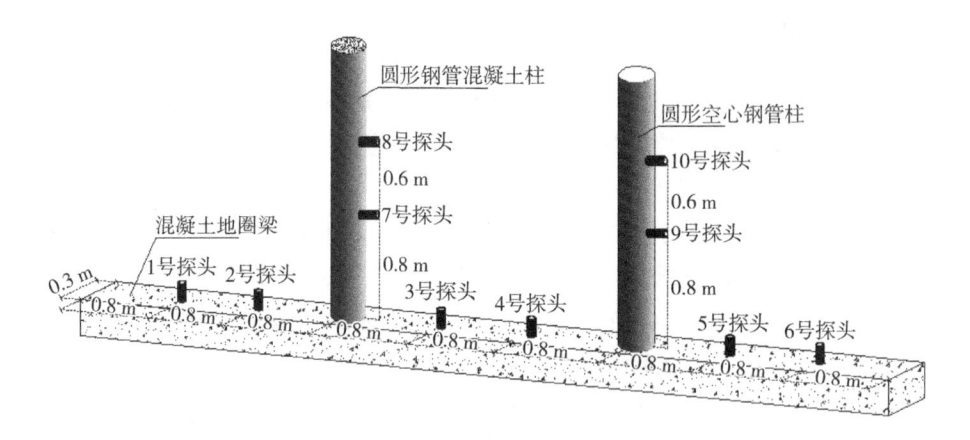

图 2.25　声发射探头布置

2.5.2　基于特征参数传播的韧性性能分析

本次试验研究声发射信号在混凝土内、混凝土与钢柱之间以及混凝土与圆形钢管混凝土柱之间 3 种传播模式,绘制代表信号的波形图及频谱图并对比分析,绘制频谱图并进行对比可以形象地表征不同频带内信号功率的变化情况[29-30]。

1. 混凝土结构韧性声发射信号传播特性

考虑声发射信号经过圆形钢管混凝土柱的传播,在 3 号探头处用剪刀进行敲击制造源信号,同时选取 2 号、3 号、4 号探头,提取各探头所接收该信号的特征并进行分析。其中,4 号探头与 3 号探头之间无柱体干扰,仅在混凝土内部传播,2 号探头与 3 号探头之间中心位置处为圆形钢管混凝土柱,所接收信号传播经过复合柱。3 号探头所接收信号(源信号定义为 3 号声发射信号)波形图如图 2.26(a)所示,3 号、4 号、2 号探头接收 3 号信号的功率谱如图 2.26(b)、图 2.26(c)、图 2.26(d)所示。图中所采用编号方法如下:以 4-3 功率谱为例,数字 4 代表接收信号处探头编号,数字 3 代表源信号产生处探头编号,

4-3频谱图代表4号探头所接收到的位于3号探头处所产生的源声发射信号。

考虑声发射信号经过圆形空心钢管柱的传播,以4号点探头处源声发射信号为研究对象(定义为4号声发射信号),对比3号探头(仅在混凝土内部传播)、5号探头(受圆形空心钢管柱干扰)所接收该信号的频谱图。其中,4号探头所接收4号声发射信号波形如图2.27(a)所示,4号、3号、5号探头所接收该信号频谱图分别如图2.27(b)、图2.27(c)、图2.27(d)所示。

剪刀敲击所产生信号主要分布在频率0~70 kHz频率段内,对比分析图2.26及图2.27可以看出,对于同一个声发射信号,在混凝土结构内直线传输时,较好地保持了源信号的频率分布特征。在经过柱体时产生不同程度的能量衰减:经过圆形钢管混凝土柱时,能量衰减率较大,对比图2.26中3-3、4-3、2-3频谱图可以看出,较低频率段(0~10 kHz)能量衰减较少,10~50 kHz频率段能量衰减相对较大。传播经过圆形空心钢管柱时,对比图2.27中4-4、3-4、5-4频谱图,能量衰减同样主要集中在10~50 kHz频率段,但整体衰减率低于经过圆形钢管混凝土柱的传播。

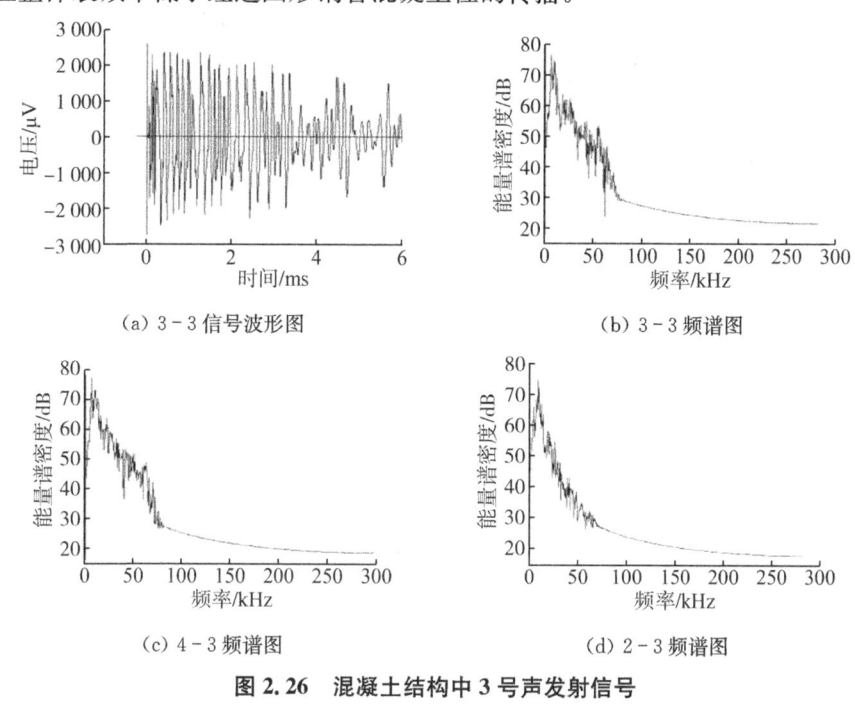

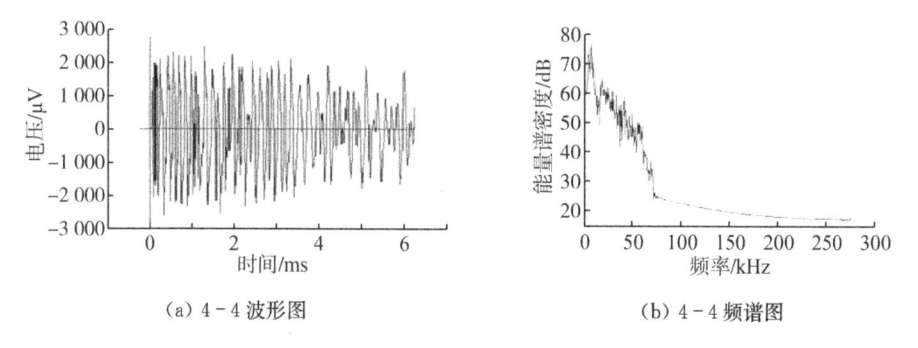

(a) 3-3信号波形图

(b) 3-3频谱图

(c) 4-3频谱图

(d) 2-3频谱图

图2.26　混凝土结构中3号声发射信号

(a) 4-4波形图

(b) 4-4频谱图

(c) 3-4 频谱图　　　　　　　　　(d) 5-4 频谱图

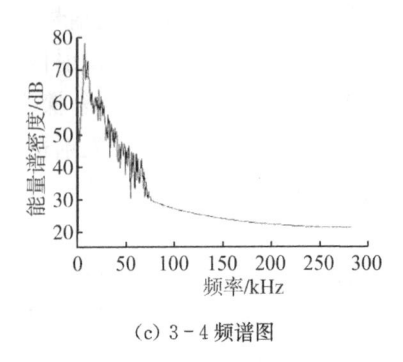

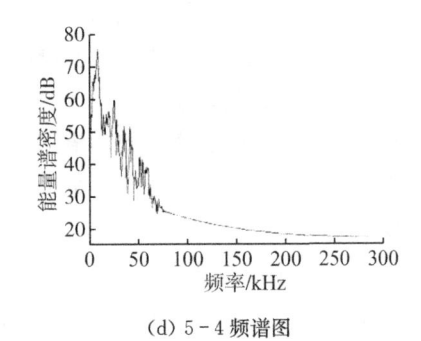

图 2.27　混凝土结构中 4 号声发射信号

以声发射信号产生处的探头作为基准探头,将该处探头所接收信号与所研究位置的探头所接收信号作对比,以信号能量作为研究参数进行分析,对于同一个信号,以接收探头所接收信号能量除以基准探头所接收能量,得出信号由基准探头传至接收探头的能量衰减率,所计算的不同探头处声发射信号能量衰减率特征值见表 2.15。

表 2.15　声发射信号能量衰减率特征值

基准探头	接收探头 1	能量衰减率	接收探头 2	能量衰减率	接收探头 3	能量衰减率
3 号	4 号	0.820	1 号	0.175	2 号	0.348
4 号	3 号	0.814	2 号	0.331	1 号	0.204
基准探头	接收探头 4	能量衰减率	接收探头 5	能量衰减率		
3 号	5 号	0.334	6 号	0.301		
4 号	5 号	0.468	6 号	0.406		

选取所接收信号能量作为衡量标准,选取 1、2、3、4 号探头作为研究对象,其中 1、2 和 3、4 号探头分别位于圆形钢管混凝土柱的两侧,3 号与 4 号探头之间相距 0.8 m,中间区域均为混凝土结构,信号的能量衰减率为 0.8 左右。

对比 3 号信号在 2 号探头的衰减率和 4 号信号在 5 号探头的衰减率可知,信号传播经过圆形钢管混凝土柱时能量衰减更大。原因解释如下,金属材料对声发射信号的传播性能强于混凝土结构,因采用膨胀混凝土,圆形钢管混凝土柱整体性较好,受内部混凝土影响,复合柱的声传播性能更接近于混凝土结构,弱于金属结构。

2. 复合结构体系韧性声发射信号传播特性

考虑探头布置在复合结构体系中的相对位置及距离等因素,选取 3 号及 4 号探头处源信号进行分析,选取 7 号探头研究声发射信号在圆形钢管混凝土柱中的传播,选取 9 号探头研究声发射信号在圆形空心钢管柱中的传播,各探头所接收信号的频谱图如图 2.28 和图 2.29 所示。

分析图 2.28 和图 2.29 并将其与图 2.26 和图 2.27 中的声发射信号在混凝土结构中的传播相比,可以看出,混凝土中的声发射信号经过转换界面传输至柱体后能量衰减程度大于在混凝土结构内部传播的能量衰减程度,低频段信号(0~10 kHz)的能量衰减要小于较高频段信号(10～50 kHz)。4号信号与5号信号在各探头处所接收信号的参数值比较如图2.30所示。

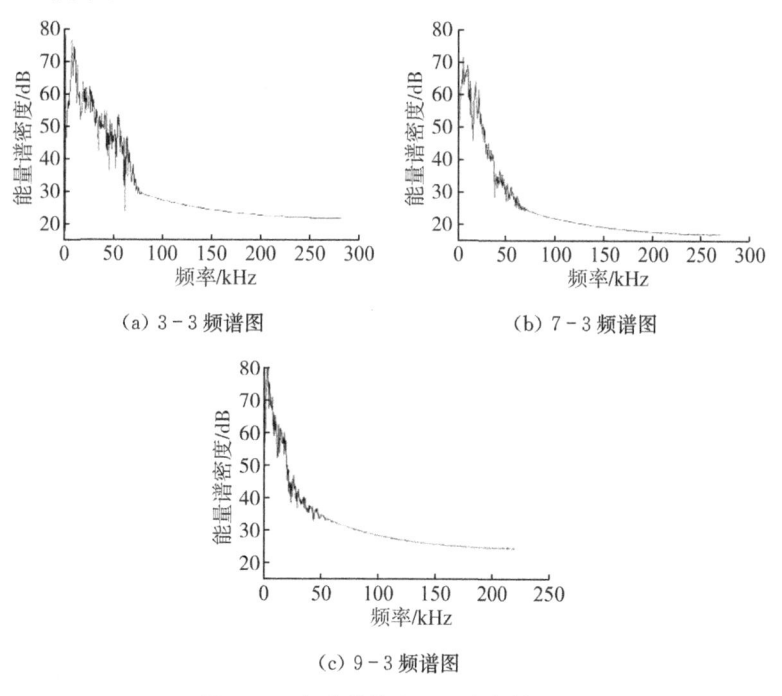

(a) 3-3 频谱图

(b) 7-3 频谱图

(c) 9-3 频谱图

图 2.28　复合结构中 3 号声发射信号

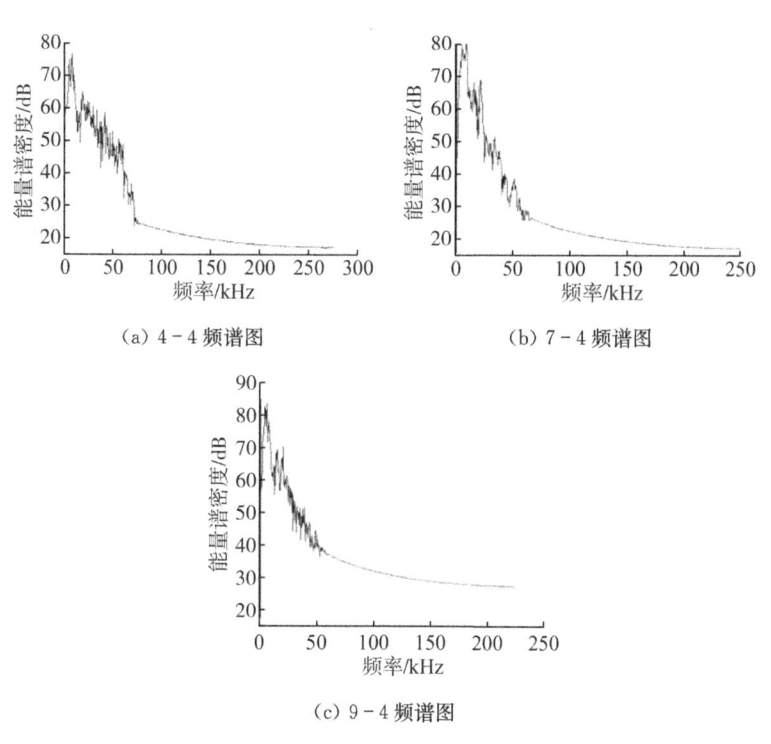

(a) 4-4 频谱图

(b) 7-4 频谱图

(c) 9-4 频谱图

图 2.29　复合结构中 4 号声发射信号

(a) 4号信号能量衰减/计数图

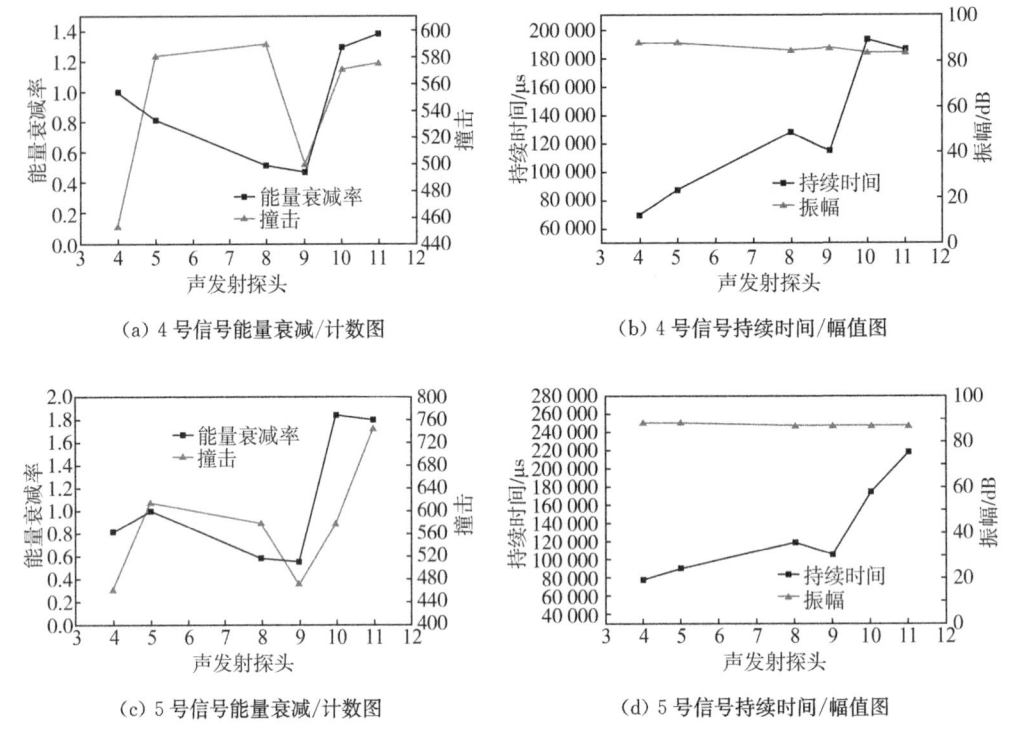

(b) 4号信号持续时间/幅值图

(c) 5号信号能量衰减/计数图

(d) 5号信号持续时间/幅值图

图 2.30 声发射参数值

从图 2.30 中可看出，声发射信号在混凝土中传播 0.7 m 的能量衰减率约为 0.8，当传播至圆形钢管混凝土柱中时，能量衰减为源信号的 50% 左右，对比 4 号及 5 号源信号能量衰减率，能量衰减随距离先减小后增加，计数及持续时间则持续增加。当传播至圆形空心钢管柱时，探头所接收能量大于源信号处探头所接收能量，需注意的是，声发射所接收信号能量定义不同于传统意义的能量，其数值与信号的幅值及幅值的分布有关[31]，当声发射信号由混凝土结构传播至金属结构时，幅值衰减较小而波长增加，故所收集信号能量大于源信号处能量，能量衰减率大于 1 并不代表声发射信号真实能量的增加；传播至钢管柱时声发射信号经过更多次反射、散射、折射等作用，信号较源信号处更为紊乱，计数及持续时间增加幅度大于圆形钢管混凝土柱中接收探头所接收的信号也证明了这一点。不同位置所接收信号幅值基本无变化。

3. 结构服役韧性等效传播速度分析

首先计算纯混凝土结构中声发射速度并作为基准研究复合结构体系中声发射信号的传播。所选取用于速度计算的探头布置于混凝土结构上，且探头之间无柱体或其他缺陷干扰。选取接收情况较好的几个信号进行分析，此处选取信号均为剪刀敲击所产生。声速的计算如表 2.16 所示。

第2章 水工钢混复合柱韧性性能试验研究与机理分析

表 2.16 混凝土内等效声速计算表

敲击点探头	到达时间/s	接收探头	到达时间/s	距离/m	速度/(m/s)
3号	7.339 819 8	4号	7.340 124 0	0.7	2 304.91
4号	10.203 091 5	3号	10.203 390 0	0.7	2 315.58
6号	19.963 014 0	5号	16.963 320 0	0.7	2 304.15

在混凝土结构中,由剪刀敲击所模拟信号的传播速度大约为 2 300 m/s。

根据圆形钢管混凝土柱两侧探头接收信号的到达时间计算得等效声速,以该等效声速为参数研究柱体对声信号传播的影响。复合结构体系中等效声速计算见表 2.17。

表 2.17 复合结构体系中等效声速计算表

敲击点探头	到达时间/s	接收探头	到达时间/s	距离/m	速度/(m/s)
1号	1.152 255 7	3号	1.153 198	2.3	2 441.61
1号	1.152 255 7	4号	1.153 562	3.0	2 297.44
2号	4.178 500 0	3号	4.179 306	1.6	1 985.60
2号	4.178 500 0	4号	4.179 684	2.3	1 943.39
3号	7.339 819 8	5号	7.340 902	2.3	2 125.89
3号	7.339 819 8	6号	7.341 296	3.0	2 032.245
4号	10.203 091 5	5号	10.203 68	1.6	2 710.945
4号	10.203 091 5	6号	10.204 12	2.3	2 227.603
5号	14.147 775 7	3号	14.148 8	2.3	2 250.269
5号	14.147 775 7	4号	14.148 35	1.6	2 808.003
6号	16.963 014	3号	16.964 55	3.0	1 958.48
6号	16.963 014	4号	16.964 11	2.3	2 095.672

2号与3号探头之间为圆形钢管混凝土柱,从表 2.17 可知,当信号源距离柱体较远时,柱后探头所接收信号所受影响较小,计算所得等效声速接近于混凝土内传播速度,即 2 300 m/s 左右;声发射源接近柱体时,声发射信号的传播受影响较大,计算所得等效声速小于混凝土内传播速度,即圆形钢管混凝土柱的存在在一定程度上减缓了信号的传播。3号、4号探头位于圆形空心钢管柱一侧,5号、6号探头位于圆形空心钢管柱另一侧,4号与5号探头正中为圆形空心钢管柱。与声发射信号在纯混凝土结构中的传播相比,经过圆形空心钢管柱的声发射信号受到了较大的影响。具体表现为:声发射信号发生处探头及接收处探头位于圆形空心钢管柱两侧且距离较近处,如上表中4、5号两处探头,根据到达时间计算所得速度明显大于混凝土中速度(约 2 300 m/s),为 2 700~2 800 m/s,而根据距圆形空心钢管柱较远探头接收所信号计算所得速度则略小于在混凝土中的传播速度,约为 2 000 m/s。

2.5.3 声发射信号衰减特征韧性性能分析

声发射信号在混凝土类结构中传播时,其衰减一般受三方面因素影响:声发射信号在结构中传播时,波前为球面,理想情况下声波能量平均分布于整个球面,此时单位体积内声波能量随传播距离增加而减少,此部分衰减称为几何衰减;声波的传播过程本质为能量传播过程中质点的震动,因材料本身存在的塑性、黏性等力学特征,一部分机械能转化为热能等其他能量,这部分属于材料吸收所造成的声发射信号的能量衰减;第三种为结构造成的声发射信号的能量衰减,包括材料本身的裂隙及其他缺陷,以及声发射信号在传播到结构外表面及分界面时发生的反射、折射等现象所造成的能量变化。

混凝土结构中产生的声发射信号一般认为是弹性波,不考虑衰减作用,声发射信号在弹性介质中的传播如式(2.32)所示:

$$\begin{cases} \rho \dfrac{\partial^2 \xi}{\partial^2 t^2} = (\lambda + \mu) \dfrac{\partial \Delta}{\partial x} + \mu \nabla^2 \xi \\ \rho \dfrac{\partial^2 \eta}{\partial^2 t^2} = (\lambda + \mu) \dfrac{\partial \Delta}{\partial y} + \mu \nabla^2 \eta \\ \rho \dfrac{\partial^2 \zeta}{\partial^2 t^2} = (\lambda + \mu) \dfrac{\partial \Delta}{\partial z} + \mu \nabla^2 \zeta \end{cases} \quad (2.32)$$

式中,λ 为拉梅常数,μ 为动剪切模量,ξ、η、ζ 为 x、y、z 向的质点位移。

$$\Delta = \dfrac{\partial \xi}{\partial x} + \dfrac{\partial \eta}{\partial y} + \dfrac{\partial \zeta}{\partial z} \quad (2.33)$$

$$\nabla^2 = \dfrac{\partial^2}{\partial x^2} + \dfrac{\partial^2}{\partial y^2} + \dfrac{\partial^2}{\partial z^2} \quad (2.34)$$

考虑有衰减的情况,假设材料均匀且材料衰减系数 φ 为常数,在传播过程中振幅随传播距离以指数衰减,可表示为:

$$U = U_0 \exp\left(\dfrac{-\pi \varphi f l}{v}\right) \quad (2.35)$$

式中,U 为振幅,U_0 为初始振幅,φ 为材料衰减系数,f 为声发射信号频率,l 为传播距离,v 为传播速度。

声发射在结构检测方面已经得到了极其广泛的应用,而对声发射的理论研究却并不与之相称。即使不考虑不同厂家所生产声发射信号采集系统的性能差别,收集自同一系列条件相同试验中不同试件的声发射信号在能量、振铃数等方面也存在极大的差异。其原因在于混凝土结构本身的随机性及声发射信号在结构中传播的复杂性。现有声发射信号传播性能及定位方面的研究主要集中于薄板或深厚板中声发射信号传播性能的研究,有较少研究涉及裂缝对声发射信号传播的影响[32-33],目前尚无基于复合结构体系的声发射信号的传播性能的研究。

声发射信号在纯混凝土中传播时,频谱特征保持了与源信号较好的一致性,传播经过柱体后有一定的能量衰减。由试验结果可以看出,本试验所采用声发射信号模拟方法所产生信号能量主要集中在 0~70 kHz 的频率段,能量衰减集中于 10~50 kHz 频率段,这点符合高频声信号更易衰减的特性;声发射信号传播经过圆形钢管混凝土柱的信号的能量衰减率大于经过圆形空心钢管柱的传播。

声发射信号由混凝土结构传播至柱体结构时,相较于较低频率部分(0～10 kHz)信号的传播,较高频率部分(10～50 kHz)能量衰减较大,传播至圆形空心钢管柱中的信号的能量散失程度低于传至圆形钢管混凝土柱中的信号。综上考虑,在复合结构体系中进行声发射检测,对信号进行细节分析及定位时,可选取低频段信号进行。

相较于在纯混凝土结构中的传播,声发射信号传播经过柱体时受到不同程度的影响,对于圆形钢管混凝土柱,声发射信号的等效传播速度低于混凝土结构中的传播速度。声发射信号经过圆形空心钢管柱的传播,当源信号发生位置及接收探头位置均靠近圆形空心钢管柱时,由到达时间计算所得的声发射信号的等效传播速度大于混凝土中的传播速度,当源信号发生位置及接收探头位置距柱体较远时,计算所得等效速度小于混凝土中传播速度。

2.5.4 声发射信号源定位服役韧性研究

在外部压拉力及内部应力等的作用下,固体材料中局部会产生错位,晶格会产生错动及裂开现象,此过程会激发能量释放并以声波形式在介质中传播,称为声发射(Acoustic Emission)现象。一般认为声发射信号以瞬态弹性波的形式在结构中传播,声音在结构中的传播本质为能量的传输过程中导致的质点的原位振动,信号在结构体内传播时,有两种形式的弹性波同时存在:纵波(质点振动方向与波传播方向一致,又称为P波)和横波(质点振动方向与波传播方向垂直,又称为S波)。信号在表面传播时,称为表面波。声发射信号在结构中的传播在遇到边界或孔洞、裂缝等缺陷时会产生反射、散射、透射等复杂交互作用,对于声发射信号的传播可利用弹性波的相关知识进行求解。

声发射信号在结构中的衰减作用受到诸多因素的影响。在理想情况下,晶体错动所产生声发射信号从源部位以球面形状向周围传播,声发射能量以近乎平均的方式分布在整个波前球面上,这种衰减可称为几何衰减,与传播介质属性无关,会受到结构形式的影响,这种衰减是以能量法定位中主要考虑的衰减。实际传播介质因其本身材料属性,尤其是混凝土及岩石类材料,即使在无外力作用历史时材料内部不无可避免地存在微裂缝等缺陷。声发射信号在介质中传播时,在微裂缝及结构界面处产生复杂的散射、衍射等现象,导致信号能量的耗散及衰减,这部分衰减与传播介质的结构、损伤程度、节理等的发展情况有关。此外,材料本身具有塑性、黏性、内摩擦等特性,声发射信号在传播时会有一部分机械能转化为热能等其他能量,本部分能量衰减属于材料属性所造成的。对于特定结构,从工程实用角度可近似认为介质为均质材料且损伤分布符合统计意义上的均匀分布,即信号传播的能量衰减率可近似认为为固定值,作为结构材料属性应用于声发射能量衰减的计算当中[34-36]。

使用能量法进行定位时,有以下假设,声发射信号传播的媒介对于声发射信号而言为均质材料,传播经过相同距离有同样的能量衰减率,相同距离下信号传播时的能量衰减率不因传播位置不同而不同。

由声学相关知识可知,声发射信号在单一各向同性材料中传播时,其能量衰减随距离的变化符合指数关系,如式(2.36)所示:

$$E = \alpha e^{\beta l} \tag{2.36}$$

式中,E 为能量,α、β 为衰减系数,l 为声发射信号传播距离。

以 A 探头位置为原点,A、B 探头为基准探头,它们之间距离为 l_{AB}。对于一未知位置的声发射信号 X,由 X 发出声发射信号并由 A、B 探头所接收信号能量分别表示为 E_{XA}、E_{XB},则有式(2.37)关系成立:

$$\begin{cases} E_{XA} = \psi_{XA} E_X \\ E_{XB} = \psi_{XB} E_X \end{cases} \tag{2.37}$$

式中,ψ_{XA}、ψ_{XB} 分别表示 X 信号传播到达 A 探头、B 探头位置的能量衰减率,又有:

$$\begin{cases} \psi_{XA} = \alpha e^{\beta l_{XA}} \\ \psi_{XB} = \alpha e^{\beta l_{XB}} \end{cases} \tag{2.38}$$

可得:

$$\frac{\psi_{XA}}{\psi_{XB}} = e^{\beta(l_{XA} - l_{XB})} = \frac{E_{XA}}{E_{XB}} \tag{2.39}$$

$$l_{XA} - l_{XB} = \frac{1}{\beta} \ln \frac{E_{XA}}{E_{XB}} \tag{2.40}$$

又有:

$$l_{XA} + l_{XB} = l_{AB} \tag{2.41}$$

可得:

$$l_{XA} = \frac{1}{2}\left(\frac{1}{\beta} \ln \frac{E_{XA}}{E_{XB}} + l_{AB}\right) \tag{2.42}$$

定义 C 为探头实际接收到的信号能量,E 为信号真实能量,定义探头 A 接受率 μ 如下:

$$\mu_A = \frac{C_A}{E_A} \tag{2.43}$$

在实际试验及工程中,因探头本身制造时的差异及使用中的耗损,接收能力会有不同程度的损失,考虑布置在结构上时耦合剂的厚薄、结构表面的粗糙程度等因素的影响,对于不同探头其能量接收率之间的差异更大,若将接收到信号能量直接使用势必造成误差甚至错误。以下介绍利用探头所接受能量来消除该影响的方法。

该方法有以下假设:

(1) 在一次试验中,同一探头的能量接收率保持不变;

(2) 声发射信号传播经过相同距离有同样的能量衰减率,相同距离下信号传播时的能量衰减率不因传播位置不同而不同。

在进行未知位置的声发射信号定位前,首先进行声发射信号的模拟,在已布置探头位置分别制造声发射信号并收集各探头所采集信号能量信息作为基准。有如下关系式:

$$\begin{cases} C_A = \mu_A E_A \\ C_B = \mu_B E_B \end{cases} \tag{2.44}$$

又有:

$$\begin{cases} C_{AB} = \mu_B E_{AB} \\ C_{BA} = \mu_A E_{BA} \end{cases} \tag{2.45}$$

根据衰减有:

$$\begin{cases} E_{AB} = \psi E_A \\ E_{BA} = \psi E_B \end{cases} \tag{2.46}$$

联立消去 ψ,并将式(2.44)、式(2.45)代入可得:

$$\frac{\mu_A}{\mu_B} = \sqrt{\frac{C_A C_{BA}}{C_{AB} C_B}} \tag{2.47}$$

代入式(2.42)可得:

$$l_{XA} = \frac{1}{2}\left[\frac{1}{\beta}\ln\left(\frac{C_{XA}}{C_{XB}}\sqrt{\frac{C_{AB}C_B}{C_A C_{BA}}}\right) + l_{AB}\right] \tag{2.48}$$

在式(2.48)基础上,引入新的探头 C 加入计算,C 布置于 A、B 探头之间,准备阶段在 C 处敲击模拟声发射信号并接收。对于 A、B 处探头有如下关系式成立:

$$\begin{cases} \psi_{CA} = \alpha \, e^{\beta l_{CA}} = \dfrac{E_{CA}}{E_{CC}} \\ \psi_{CB} = \alpha \, e^{\beta l_{CB}} = \dfrac{E_{CB}}{E_{CC}} \end{cases} \tag{2.49}$$

相除可得:

$$\beta = \frac{1}{l_{CA} - l_{CB}}\ln\frac{E_{CA}}{E_{CB}} = \frac{1}{l_{CA} - l_{CB}}\ln\left(\frac{C_{CA}}{C_{CB}} \cdot \sqrt{\frac{C_A C_{BA}}{C_{AB} C_B}}\right) \tag{2.50}$$

代入式(2.48)可得

$$l_{XA} = \frac{1}{2}\left[(l_{CA} - l_{CB})\frac{1}{\ln\left(\dfrac{C_{CA}}{C_{CB}} \cdot \sqrt{\dfrac{C_A C_{BA}}{C_{AB} C_B}}\right)}\ln\left(\frac{C_{XA}}{C_{XB}}\sqrt{\frac{C_{AB}C_B}{C_A C_{BA}}}\right) + l_{BA}\right] \tag{2.51}$$

2.5.5 服役韧性声发射源定位识别复核分析

本试验采用美国 PAC 公司生产型号为 Sensor Highway Ⅱ 型声发射采集系统,声发射系统参数设置如前文表 2.14 所示。

本试验基于复合框架试验进行,在混凝土地圈梁上共布置 6 处探头,均布置于横向截面的正中处。因断铅法所产生声发射信号能量值较低,在较长距离及有干扰下衰减率较高,无法采集到有效信号,故本次试验采用剪刀敲击法模拟声发射信号。试验时均以剪刀尖部以尽量近的距离在探头周围敲击,角度保证 30°左右,每次敲击保持相同力度,相邻两次敲击间隔 5s 以上。

共进行 7 次试验,统计能量信息并进行拟合,可得能量衰减关系曲线如图 2.31 所示。

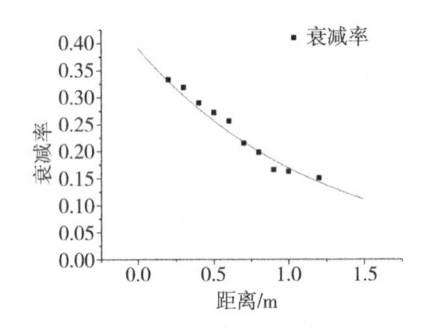

图 2.31 能量衰减

本次试验中,衰减系数 β 为 -0.8373,选取 3 个一组共 4 组探头接收声发射信号能量值。能量法源定位计算表见表 2.18。

表 2.18 能量法源定位计算表

A 传感器		B 传感器		X 传感器	A、B 距离/m	X—A 实际距离/m	X—A 计算值/m	实际值/计算值
传感器编号	2	传感器编号	6	3	1	0.2	0.204 752	0.977
接收 A 信号能量	611	接收 B 信号能量	1 223					
接收 B 信号能量	212	接收 A 信号能量	131					
接收 X 信号能量	143	接收 X 信号能量	97					
传感器编号	3	传感器编号	5	4	0.5	0.2	0.186 121	1.075
接收 A 信号能量	3 330	接收 B 信号能量	2 660					
接收 B 信号能量	1 265	接收 A 信号能量	1 044					
接收 X 信号能量	143	接收 X 信号能量	97					
传感器编号	1	传感器编号	6	3	1.2	0.4	0.430 401	0.929
接收 A 信号能量	1 684	接收 B 信号能量	2 568					
接收 B 信号能量	713	接收 A 信号能量	441					
接收 X 信号能量	647	接收 X 信号能量	473					

续表

A 传感器		B 传感器		X 传感器	A、B距离/m	X–A 实际距离/m	X–A 计算值/m	实际值/计算值
传感器编号	1	传感器编号	6	5	1.2	0.9	0.973 037	0.925
接收 A 信号能量	1 684	接收 B 信号能量	2 568					
接收 B 信号能量	713	接收 A 信号能量	441					
接收 X 信号能量	419	接收 X 信号能量	760					

注：能量单位为 J。

从表 2.18 可以看出，对于位于 A、B 探头之间的声发射信号，该算法有比较高的精度，误差在 10% 以内。声发射定位对于使用声发射对结构进行无损检测意义重大，但是声发射信号在结构中的传播是一个极其复杂的过程，受结构形式及传播介质本身特性影响，基于时延的声发射定位法的精确度受影响程度较大，基于能量法的声发射源定位无须进行到达时间及波速的测量，避免二次误差。基于能量法的声发射源定位方法适用于工程及相关定位的研究，该方法考虑了因探头本身参数的差异性、探头灵敏度及与结构耦合程度等因素所导致的接收率差异的影响，提出了仅依靠探头所接收能量值这一参数对声发射信号进行一维定位的方法。该方法计算结果与试验验证结果吻合程度较好。

2.6 本章小结

本章围绕水工钢混复合柱韧性性能试验研究与机理分析开展了水工钢混复合短柱轴压韧性试验与极限承载力分析、基于水轮机特征频率的水工钢混复合长柱振动韧性研究及水工钢混复合长柱韧性声发射传播特性与源定位识别研究，形成如下结论：

（1）通过对 3 组不同截面类型的水工钢混复合短柱进行膨胀性能和轴压韧性承载力试验，分析了膨胀自应力以及截面类型对钢管混凝土轴压短柱受力性能、破坏形态以及应力-应变关系曲线的影响，在轴压破坏的各阶段中均显现出明显的声发射参数特征，振铃计数以及能量等参数能直观地反映出试件从初期损伤到破坏整个加载过程中的损伤变化规律。

（2）基于双剪统一强度理论以及极限平衡理论，对不同截面形式的水工钢混复合短柱轴压韧性承载力进行了理论推导与破坏机理分析，将推导建立的轴压韧性承载力计算模型代入相关参数，并与试验及相关文献的试验结果进行对比，结果吻合良好，表明将双剪统一强度理论以及极限平衡理论运用于水工钢混复合短柱轴压韧性的承载力计算中是可行的，为工程设计提供了一定的理论依据。

（3）通过对 4 种类型的水工钢混复合长柱进行模态分析、共振校核及振动韧性试验研究表明：钢管混凝土复合长柱的固有频率明显大于钢管长柱，方形截面复合长柱的固有频率高出了 15.6%，圆截面复合长柱的固有频率高出了 7.3%；截面形式对复合长柱刚度影响较大，在 20 Hz 的机组特征频率下，圆截面复合长柱的顶端加速度响应高出矩形截面复合长柱,前者高出后者95.1%,圆截面复合长柱大部分位置的位移响应大于矩形截面复合长柱,前者高出后者31.1%。水工钢混复合长柱在施工速度快的同时保留了混凝土结构刚度大、造价低的优点,能显著改善水工结构的使用性能和抗震性能。

（4）通过水工钢混复合长柱韧性声发射试验和机理分析表明:声发射信号在柱体干扰下的传播及跨结构之间的传播均有一定的能量衰减,主要集中于10~50 kHz的频率段,因而在复合结构体系中进行声发射检测时可选取较低频段信号进行分析。不同柱体对声发射信号传播的扰动程度不同,相对于经过空心钢管柱的传播,经过钢管混凝土柱的信号传播存在更大程度的衰减。引入能量接收率的概念,建立了基于真实能量值的钢混复合结构中的声发射源定位方法,该方法可提高工程和试验中对结构内部断裂损伤进行声发射定位的准确性。

参考文献

[1] 陈志华,杜颜胜,吴辽,等. 矩形钢管混凝土结构研究综述[J]. 建筑结构,2015,45(16):40-46+76.

[2] 王思宇. 钢管混凝土短柱轴压性能研究现状综述[J]. 四川建材,2020,46(9):68-69+71.

[3] 张莉. 异形钢管混凝土柱研究综述[J]. 低温建筑技术,2018,40(9):67-70.

[4] 刘军,张志强. 钢管混凝土结构体系在超高层建筑中的应用研究与综述[J]. 江苏建筑,2015(4):18-22.

[5] 汤关祚,招炳泉,竺惠仙,等. 钢管混凝土基本力学性能的研究[J]. 建筑结构学报,1982,3(1):13-31.

[6] 张召广,胡少伟. 不同截面类型钢管膨胀混凝土复合柱受力性能对比试验研究[J]. 河南科学,2017,35(2):258-268.

[7] 中华人民共和国住房和城乡建设部. 钢管混凝土结构技术规范:GB 50936—2014[S]. 北京:中国建筑工业出版社,2014.

[8] MANDER J B, PRIESTLEY M J N, PARK R. Theoretical stress-strain model for confined concrete[J]. Journal of Structural Engineering, 1988, 114(8):1804-1826.

[9] 卢方伟. 新型钢管混凝土构件的理论和试验研究[D]. 上海:上海交通大学,2007.

[10] 尚作庆. 钢管自应力自密实混凝土柱力学性能研究[D]. 大连:大连理工大学,2007.

[11] 王仲仁,苑世剑,胡连喜. 弹性与塑性力学基础[M]. 哈尔滨:哈尔滨工业大学出版社,1997.

[12] 龙跃凌,蔡健,黄炎生. 矩形钢管混凝土短柱轴压承载力[J]. 工业建筑,2010,40(7):95-99.

[13] 陆新征,张万开,李易,等. 方钢管混凝土短柱轴压承载力尺寸效应[J]. 沈阳建筑大学学报(自然科学版),2012,28(6):974-980.

[14] 过镇海,时旭东. 钢筋混凝土原理和分析[M]. 北京:清华大学出版社,2003.

[15] SUZUKI T,MOTOYUI S,OHTA H. Buckling and post buckling behavior of concrete filled rectangular steel tubular stub columns under pure axial compression[J]. Journal of Structural & Construction Engineering,1996,61(486):143-151.

[16] MURSI M,UY B. Strength of concrete filled steel box columns incorporating interaction buckling[J]. Journal of Structural Engineering,2003,129(5):626-639.

[17] 肖海兵. 薄壁钢管轻骨料混凝土轴压短柱承载力研究[D]. 西安:长安大学,2010.

[18] 胡少伟,许毅成,张润,等. 基于水轮机特征频率的组合长柱振动特性研究[J]. 水利水运工程学报,2018(6):10-18.

[19] 浦广益. ANSYS Workbench 12 基础教程与实例详解[M]. 北京:中国水利水电出版社,2010.

[20] BAIS R S,GUPTA A K,NAKRA B C,et al. Studies in dynamic design of drilling machine using updated finite element models[J]. Mechanism and Machine Theory,2004,39(12):1307-1320.

[21] 杨俊哲. 基于 Workbench 多倾角型振动筛的模态分析[J]. 煤炭学报,2012(S1):240-244.

[22] 杜晓京. 地下厂房机组支撑结构振动观测与分析[J]. 水力发电,1999(2):27-30.

[23] 韩芳,蔡元奇,朱以文. 十三陵抽水蓄能电站地下厂房结构动力分析[J]. 武汉大学学报(工学版),2007,40(5):91-94.

[24] 申艳,伍鹤皋,熊卫亚,等. 白莲河抽水蓄能电站地下厂房内部结构动力分析[J]. 水力发电,2010,36(7):43-46+49.

[25] 曹连朋,赵兰浩,曹泽伟,等. 阿海水电站厂房结构抗振分析[C]//中国水力发电工程学会抗震防灾专业委员会,现代水利水电工程抗震防灾研究与进展(2011年). 北京:中国水利水电出版社,2011:428-431.

[26] 陈婧,王粉玲,马震岳. 大型抽水蓄能电站地下厂房结构振动响应分析[J]. 水利与建筑工程学报,2013,11(6):78-81.

[27] 中水北方勘测设计研究有限责任公司. 水电站厂房设计规范:SL 266—2014[S]. 北京:中国水利水电出版社,2014.

[28] 胡少伟,卫聪杰,明攀. 复杂结构体系中声发射传播与能量衰减特性试验研究[J]. 水利水电技术,2017,48(5):120-127.

[29] 欧阳利军,陆洲导,赵艳林,等. 混凝土结构声发射检测参数设置研究[J]. 重庆建筑大学学报,2008,30(5):37-41.

[30] 沈功田,耿荣生,刘时风. 声发射信号的参数分析方法[J]. 无损检测,2002,24

(2):72-77.

[31] 凌同华,张胜,易志强,等. 岩石声发射信号能量分布特征的 EMD 分析[J]. 振动与冲击,2012,31(11):26-31.

[32] LU C,DING P,CHEN Z H. Time-frequency analysis of acoustic emission signals generated by tension damage in CFRP[J]. Procedia Engineering,2011,23:210-215.

[33] 郭庆华,邰保平,李志伟,等. 混凝土声发射信号频率特征与强度参数的相关性试验研究[J]. 中南大学学报(自然科学版),2015,46(4):1482-1488.

[34] TRAORE O I, PANTERA L, FAVRETTO-CRISTINI N, et al. Structure analysis and denoising using Singular Spectrum Analysis:application to acoustic emission signals from nuclear safety experiments[J]. Measurement,2017(104):78-88.

[35] GONZALEZ-DE-LA-ROSA J J, AGUERA-PEREZ A, PALOMARES-SALAS J C, et al. Wavelets' filters and higher-order frequency analysis of acoustic emission signals from termite activity[J]. Measurement,2016(93):315-318.

[36] 廖传军. 基于声发射技术的滚动轴承故障诊断时频分析方法研究,[D]湘潭:湖南科技大学,2008.

第3章

水工钢混复合节点韧性性能与安全承载分析

3.1 概况

在钢管混凝土复合框架以及排架结构体系中,复合柱-复合梁复合节点作为结构构件间的传力枢纽,节点的构造形式以及受力性能直接关系到框架结构的工作性能和整个结构的安全性,在整个结构体系中占有十分重要的地位。而型钢节点作为一种最普遍的连接节点,因其构造简单、传力路径明确以及方便建筑效果处理等优势,现已作为梁柱简单节点被广泛应用于水电站以及工业厂房等建筑结构中。在实际工程中,节点通常被安装于钢管混凝土复合柱上,承受框架梁上传递来的荷载,并将其最终传递给钢管混凝土复合柱,在整个复合框架体系中起着重要的支撑传递作用。因而,节点的承载能力以及受力性能关系着整个结构框架的安全,需对其进行深入的试验与理论研究。但在现行的钢结构设计规范中,仅要求对设计荷载下节点的强度及稳定性进行简单验算,而对于节点在实际工况下的应力、应变分布状况以及传力机理方面并未做进一步要求。

基于此,本章设计制作了水工单边贯通壁柱节点(水工STI节点)和水工复合柱复合梁复合节点,分别对其力学服役韧性性能以及受力机理进行了对比分析与研究,这对于水工钢混复合节点在水利工程水工结构中的应用具有十分重要的研究意义。

3.2 水工STI节点三维非线性承载韧性分析

3.2.1 水工STI节点有限元模型建立

水工STI节点按实际尺寸建模,为了减少单元数量,节省机时,利用节点的对称性,沿试件中线取一半结构建模。对于方钢管混凝土柱,因方钢管对核心混凝土的约束作用使混凝土处于三向受压状态,节点域柱壁与核心混凝土之间的滑移很小。到目前为止,大多数研究者在分析钢管混凝土结构时都未考虑钢管与混凝土之间的滑移[1-4],少数研究者通过在钢单元与混凝土单元之间加入滑移单元(slip element)或间隙单元(gap element)考虑滑移,研究结果表明钢与混凝土之间的滑移对结构的性能影响很小[5-6],故本书未考虑方钢管壁与混凝土之间的黏结滑移。

划分有限元网格时,首先划分远离节点域部位的区域,即采用六面体单元的区域,然后划分节点域部位采用四面体单元的区域。实体单元划分完成后,再建立接触单元及施加高强螺栓的预拉力。节点的有限元模型如图3.1所示。

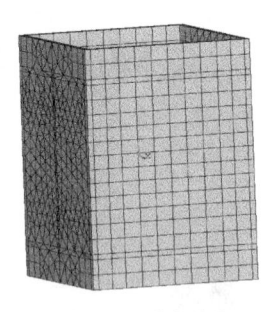

(a) 水工STI节点整体有限元模型　　(b) 水工STI节点域混凝土　　(c) 水工STI节点域柱壁

图3.1　水工STI节点有限元模型

节点模型的约束条件与试验一致。柱底施加x、y、z三个方向线约束以模拟柱铰的平面内转动。由于在柱底面中心线处施加线约束,为了避免柱底混凝土在很高的局部应力下被压碎,将柱底高度为100 mm的柱段设置为强度和刚度相对较大的刚性段(取$E=2.06\times10^8$ N/mm², $f_y=10\ 000$ N/mm²)。施加柱顶竖向轴力时,先在钢梁两端面施加平面内水平约束($UY=0$),以使计算模型保持稳定,同时节点域两侧钢梁中不产生内力;柱端水平荷载在有限元计算中以位移的形式施加,施加柱端水平位移时先将钢梁端面平面内水平约束($UY=0$)改为平面内竖向约束($UZ=0$)。

高强螺栓预拉力由预拉力单元Solid 179实现。ANSYS程序可以在已划分单元的实体中任意一个垂直于预拉力的截面上定义一个预拉力面。当实体单元网格不规则时,预拉力面可以为非平滑的面。本书所有高强螺栓均采用映射方式划分网格,故预拉力面为平面。在预拉力面上任意定义一个主节点,该节点上即可施加荷载或位移作为预拉力值。对于本书所采用的10.9级M24高强螺栓,根据《钢结构设计标准》(GB 50017—2017)[7]规定,预拉力取225 kN,预拉力以集中力的形式施加。ANSYS程序提供了多种有限元方程的求解器,根据本书分析问题的特点,水工STI节点的求解选用预条件共轭梯度迭代方程求解器(PCG)。非线性有限元的解法需采用增量迭代法,为减少弹塑性和接触非线性的耦合效应,ANSYS程序将接触迭代作为内层循环,而将弹塑性迭代作为外层循环,即每次塑性循环中都要进行若干次接触迭代。本书采用完全Newton-Raphson迭代法,并使用自适应下降或线性搜索。

3.2.2　水工STI节点韧性机理分析

1. 单调加载时的荷载-位移(P-Δ)曲线

水工STI节点单调加载时的柱顶水平荷载-位移曲线和水工STI节点试验骨架曲线

的比较如图 3.2 所示。

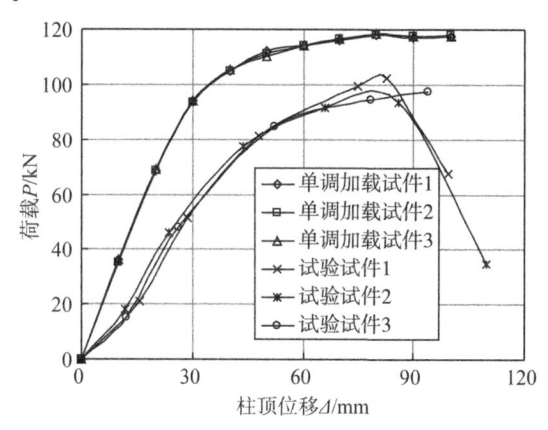

图 3.2　水工 STI 节点单调加载 P-Δ 计算曲线与试验比较

由图 3.2 可知，水工 STI 节点 3 个试件的有限元计算荷载-位移曲线基本重合，这与试验结果基本一致。由图 3.2 可知，水工 STI 节点 3 个试件的试验骨架曲线差别很小。比较试验得出的骨架曲线与单调加载的有限元计算曲线，总的情况是计算得出的节点刚度和承载力均大于试验值，但有限元分析得出的屈服位移小于试验值。这主要是由梁端反力装置存在间隙、试验系统不如理论计算的绝对理想所致。由于内隔板伸出端与钢梁翼缘连接焊缝质量不佳而过早破坏，节点试件承载力急剧下降，试验骨架曲线存在明显的荷载突降段。由于有限元计算中柱顶位移达到与试验值相同时梁端未发生明显屈曲，未形成塑性铰，故有限元计算曲线没有下降段。水工 STI 节点最终由于梁端屈服形成塑性铰而破坏，故计算得出的荷载-位移曲线形状与钢材本构关系曲线相似。而且梁端屈服时节点域未达到屈服，故轴压比对节点性能影响很小。

2. 节点域柱壁腹板韧性分析

通常梁、柱受到压力、弯矩和剪力的共同作用，梁、柱内力传到节点，取节点域方钢管作为隔离体，则其受力简图如图 3.3 所示。达到极限状态时，梁柱弯矩可近似等效为作用在翼缘重心处的一对力偶。有限元计算得出的节点域方钢管柱壁腹板的受力如图 3.4～图 3.9 所示。在梁柱翼缘拉力作用下，节点域方钢管柱腹板内形成以第一主应力为主的沿对角线方向的主拉应力场，同时，在梁柱翼缘压力作用下，形成以第三主应力为主的沿对角线方向的主压应力场。由节点域柱壁腹板主应力轨迹可以更加明显地看出节点域柱壁腹板内的拉、压应力场。由于节点域对角线方向混凝土"斜压短柱"的形成，能够传递部分压力，故节点域柱壁腹板内主压应力小于主拉应力。拉、压应力方向近似平行于节点域对角线。因柱内竖向压力的存在，节点域以外受压一侧柱壁腹板内存在较大的竖向主压应力，而受拉一侧的主拉应力很小。由于隔板贯通一侧梁端刚度相对较大，故梁端反力亦比隔板未贯通一侧大，由节点域柱壁 Von Mises 应力云图（图 3.7）可以看出隔板贯通一侧梁受压翼缘处柱壁腹板应力比隔板未贯通一侧对应部位大。节点域中部柱壁腹板内的剪应力 τ_{yz} 分布较为均匀。由图 3.7～图 3.9 可知，柱壁节点域腹板未进入屈服，基本处于弹性阶段。

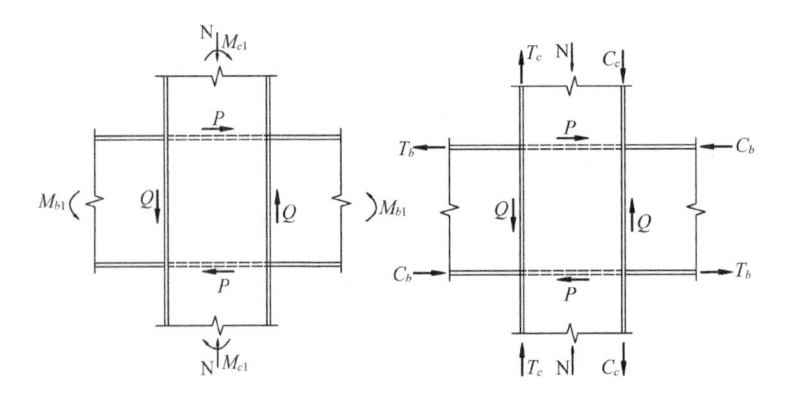

图 3.3 节点域柱壁作用力计算简图

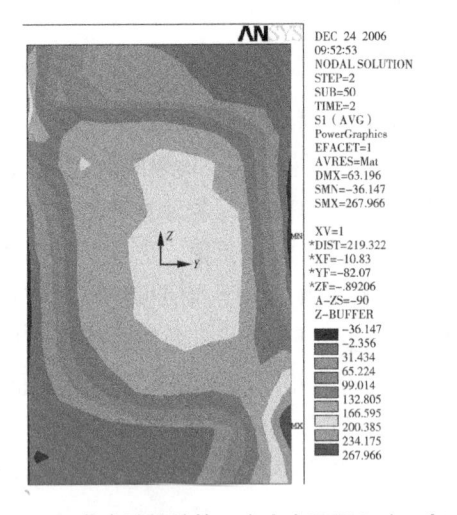

图 3.4 节点域柱壁第一主应力云图（N/mm²）

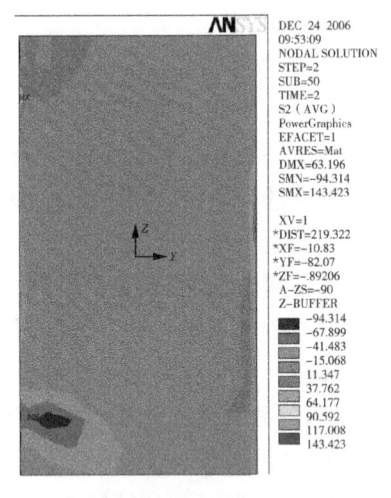

图 3.5 节点域柱壁第二主应力云图（N/mm²）

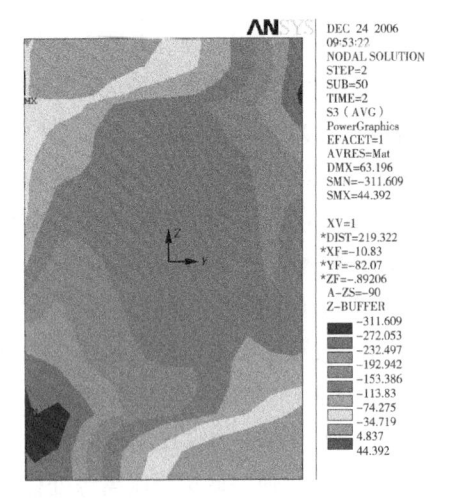

图 3.6 节点域柱壁第三主应力云图（N/mm²）

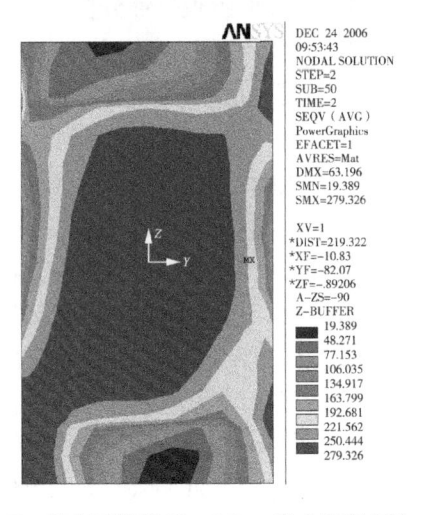

图 3.7 节点域柱壁 Von Mises 应力云图（N/mm²）

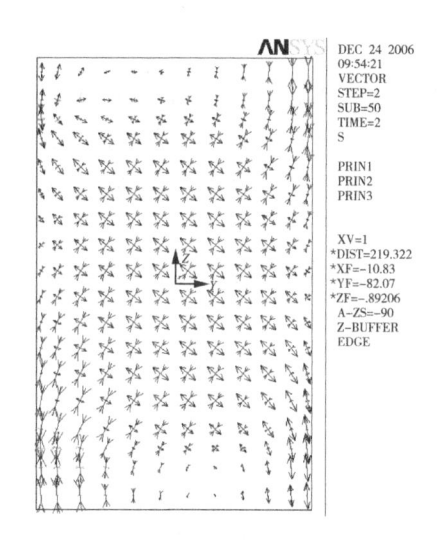

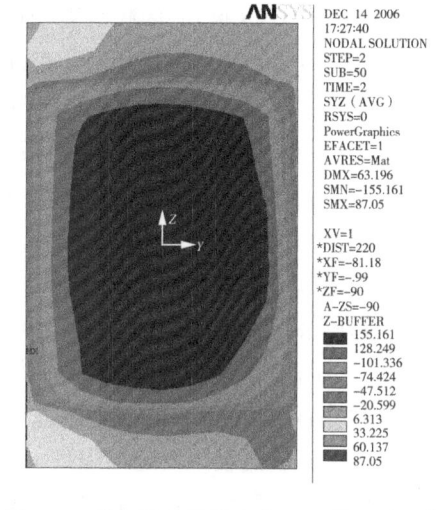

图 3.8　节点域柱壁腹板主应力轨迹　　图 3.9　节点域柱壁剪应力 τ_{yz} 云图（N/mm²）

3. 节点域内隔板和梁端韧性分析

图 3.10～图 3.13 为节点域内隔板、梁端及贯通隔板与钢梁翼缘相交处应力分布情况。

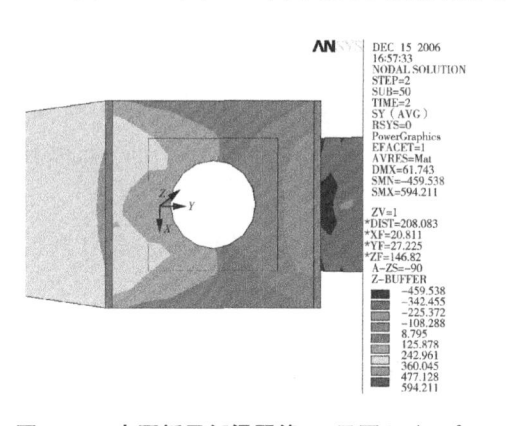

图 3.10　内隔板及钢梁翼缘 σ_y 云图（N/mm²）　　图 3.11　内隔板及梁翼缘 Von Mises 云图（N/mm²）

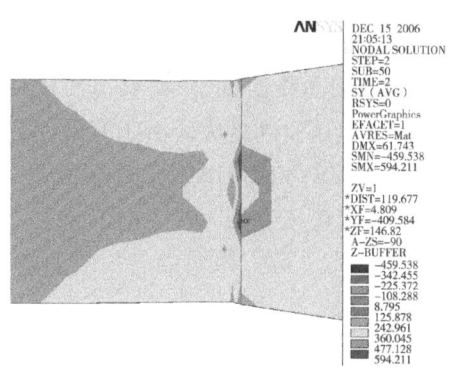

图 3.12　贯通内隔板与翼缘相交处
σ_y 云图（N/mm²）

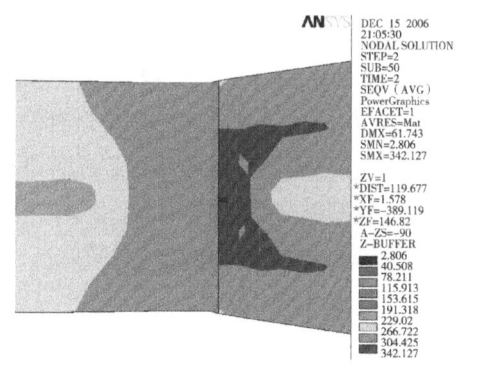

图 3.13　贯通隔板与翼缘相交处
Von Mises 云图（N/mm²）

由图 3.10～图 3.13 可知,内隔板沿梁翼缘方向应力 σ_y 从受压一侧的压应力逐渐变化为受拉一侧的拉应力,拉、压应力分界面(即隔板受力最小截面)并未在隔板开孔的最小截面处,而是在靠近受压翼缘一侧。分析其原因,节点域两侧梁端内力传递机制为:梁翼缘压力传递给柱壁,此压力主要由内隔板和混凝土斜压短柱承担,内隔板承担的压力小于梁翼缘压力,而节点域另一侧梁翼缘拉力完全由隔板承担。内隔板主要通过与柱壁腹板的纵向焊缝(即钢梁方向)及与节点域混凝土之间的摩擦、挤压传递此压力,而其中内隔板与柱壁腹板之间的焊缝以剪应力形式传力占主导地位。故内隔板拉、压应力分界面未在内隔板开孔的最小截面处,而是在靠近受压梁翼缘一侧。而且,由于内隔板贯通一侧梁端反力大于内隔板未贯通一侧,故内隔板中应力最大的部位位于受拉梁翼缘一侧。由于贯通内隔板与梁翼缘连接处截面的突变,此处存在明显的应力集中,在翼缘中部应力较大,故在试验过程中贯通内隔板与钢梁翼缘连接焊缝中部最先开裂并引发此处连接焊缝的断裂。为了避免贯通内隔板与翼缘连接焊缝破坏,应确保此处焊缝质量。由于内隔板贯通一侧梁端反力较大,故该侧钢梁翼缘与隔板连接处最先进入屈服,梁翼缘发生屈曲。

3.2.3 水工 STI 节点非线性有限元滞回性能分析

为了进一步考察水工 STI 节点的滞回性能,分别对水工 STI 共 3 个试验节点进行了循环往复荷载作用下的三维非线性有限元分析。理论计算条件与试验条件相同,前处理与单调加载相同,但为了便于在有限元计算中实现,理论计算中一直以位移控制加载。

水工 STI 节点试验得出的荷载-位移滞回曲线与有限元计算得到的荷载-位移滞回曲线如图 3.14 所示。

由图 3.14 可知,两种方法得到的滞回曲线在形状上都呈理想的梭形,表明节点具有很好的耗能性能。计算结果表明两种节点都发生了理想的梁端屈曲破坏。水工 STI 节点的计算滞回曲线形状和普通内隔板式节点的试验[8-11]及有限元分析结果相似,说明水工 STI 节点具有和普通内隔板式节点同样的耗能能力。水工 STI 节点由于贯通隔板与翼缘焊缝过早发生破坏,试验滞回曲线未得到理想的下降段。对两种滞回曲线进行比较可知,如前所述,由于试验装置间隙的不利影响,试验滞回曲线出现了"滑移",在位移零点附近存在明显的"滑移"平台,各试件计算得出的刚度比试验刚度大。由于有限元分析中未考虑几何缺陷、材料的累计损伤等非线性因素,ANSYS 分析得出的滞回曲线更为饱满。随着柱端循环位移的不断增大,节点域梁端翼缘逐渐进入屈服,发生屈曲,水工 STI 节点计算滞回曲线的荷载峰值不断降低。

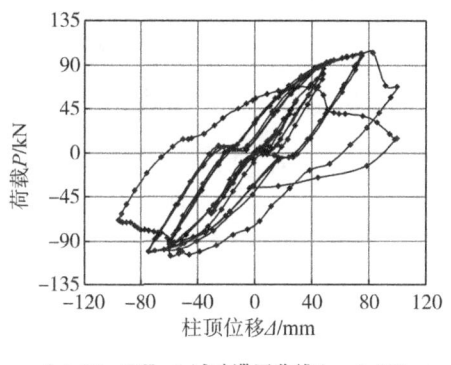

(a) SP-STI-1 试验滞回曲线（$n=0.20$）

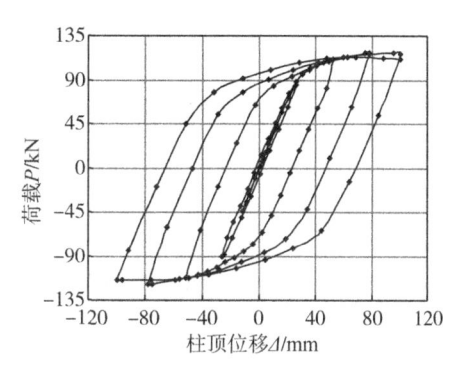

(b) SP-STI-1 计算滞回曲线（$n=0.20$）

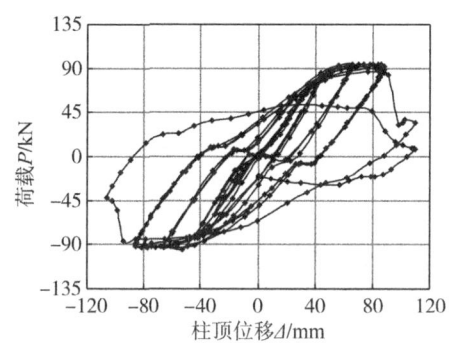

(c) SP-STI-2 试验滞回曲线（$n=0.25$）

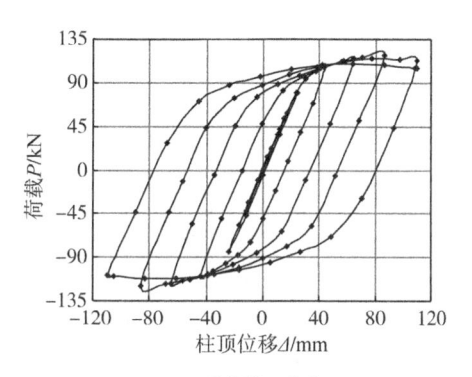

(d) SP-STI-2 计算滞回曲线（$n=0.25$）

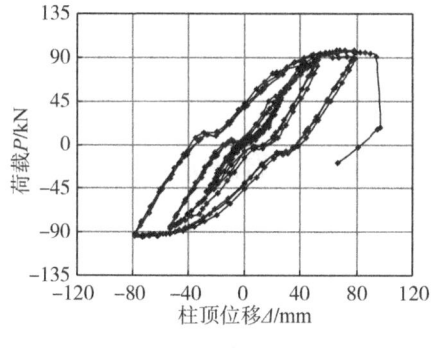

(e) SP-STI-3 试验滞回曲线（$n=0.30$）

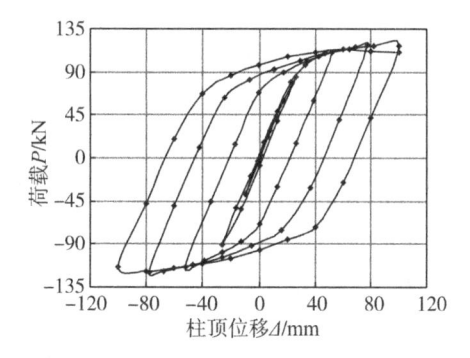

(f) SP-STI-3 计算滞回曲线（$n=0.30$）

图 3.14 STI 试件试验滞回曲线与有限元计算滞回曲线对比（n 为轴压比）

柱端荷载-位移骨架曲线（SP-STI-1e～SP-STI-3e）与试验骨架曲线（SP-STI-1～SP-STI-3）的比较如图3.15所示。

由图3.15可知，与单调加载的情况类似，由于受试验装置的间隙及各部件之间滑移等不利因素影响，计算骨架曲线的刚度、承载力大于试验值。这也说明，在减少施工误差，确保施工质量的条件下，两种节点将具有很好的承载能力和延性性能。

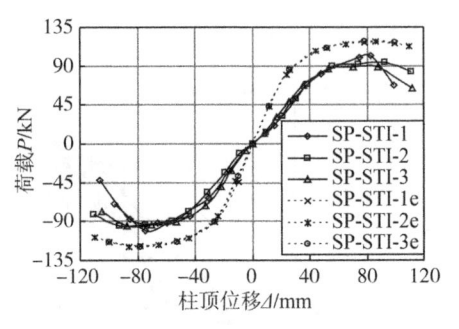

图3.15 水工STI节点计算骨架曲线与试验骨架曲线对比

由于理论计算中未能加载到节点完全破坏，承载力未明显下降，故在有限元计算中不能得到荷载下降至峰值荷载85%[12-13]的破坏点。为了便于试验耗能系数与计算耗能系数的比较，以各节点试件试验峰值荷载所对应的柱顶位移为基准点，计算理论滞回曲线在该位移时节点的耗能系数，如表3.1所示。

表3.1 各试件试验与理论计算耗能系数

试件编号	P_{max}/kN	Δ_{max}/mm	与Δ_{max}对应的计算荷载	试验耗能系数E_{ep}	计算耗能系数E_{tp}	E_{tp}/E_{ep}
SP-STI-1	102.2	82.67	116.88	1.141	2.046	1.793
SP-STI-2	93.76	85.91	118.44	1.502	2.120	1.411
SP-STI-3	97.35	78.39	118.02	1.460	1.995	1.366

注：P_{max}为试验峰值荷载，Δ_{max}为试验峰值荷载时对应的柱顶位移。

由表3.1可知，试验装置和试件的几何缺陷降低了节点的耗能能力，同时，理论计算中未考虑各种几何缺陷及材料非线性因素使节点耗能能力偏高。由于以上因素的影响，理论计算耗能系数均大于试验耗能系数，水工STI节点的计算耗能系数为试验耗能系数的1.366～1.793倍，所有试件试验峰值荷载时的位移所对应的理论计算荷载均高于试验荷载。

3.3 水工复合柱-复合梁-复合节点服役韧性试验研究[14]

3.3.1 水工复合柱-复合梁-复合节点模型建立

本试验共设计了3种类型水工复合柱-复合梁-复合节点模型，其具体数目及整体布局见表3.2。其中Ⅰ型复合节点由2块竖直腹板、1块水平顶板焊接而成。此外，为了增加钢复合节点的局部稳定性，便于传递竖向集中力，特在竖直腹板两侧加焊2块竖向加劲肋；Ⅰ型复合节点水平翼缘板与矩形钢柱的连接采用开坡口的全熔焊缝，竖直腹板与柱的连接则采用双面角焊缝。Ⅱ型复合节点由于焊接在圆形钢管柱上，为了增加焊接面积，特将复合节点水平顶板端部连接处切割成弧形；而且为了增加承载性能，在水平翼缘板下部增设一块竖直腹板支撑，加劲肋的设置与Ⅰ型复合节点相同。Ⅲ型复合节点则在Ⅰ型复合节点的基础上新增 2 块竖直连接板，连接板与钢管柱间通过双面角焊缝连接；至于钢板与复合节点间则通过高强螺栓群连接，代替加劲肋的作用，这是复合节点设计的一种新型式。复合节点试件的具体布置如图 3.16～图 3.18 所示。复合节点的整个加工与焊接过程均交由南京光亚钢结构有限公司负责完成。

表 3.2 复合节点类型表

复合节点类型	数目/个	布置位置
Ⅰ型复合节点	2	4#柱、8#柱
Ⅱ型复合节点	4	2#柱、3#柱、6#柱、7#柱
Ⅲ型复合节点	2	1#柱、5#柱

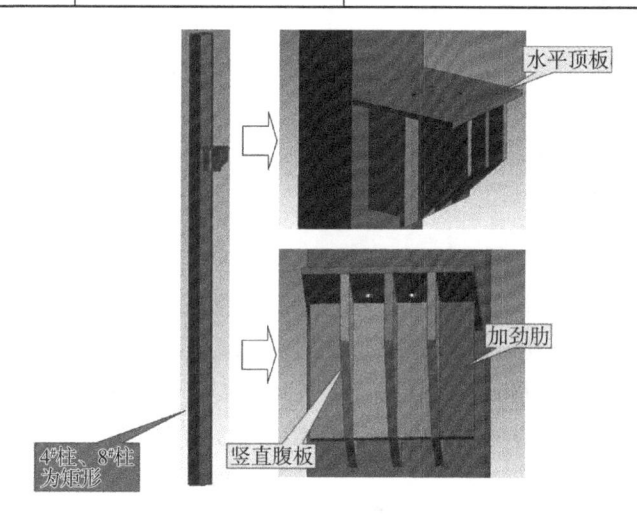

图 3.16 4#柱、8#柱中Ⅰ型复合节点布置三维图

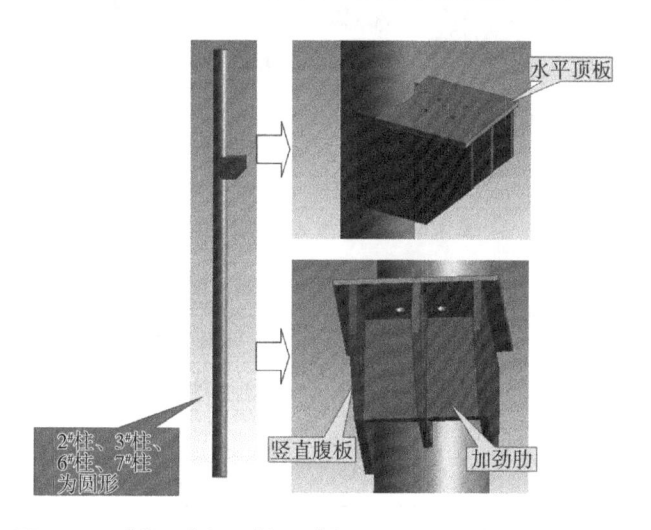

图 3.17 2#柱、3#柱、6#柱、7#柱中Ⅱ型复合节点布置三维图

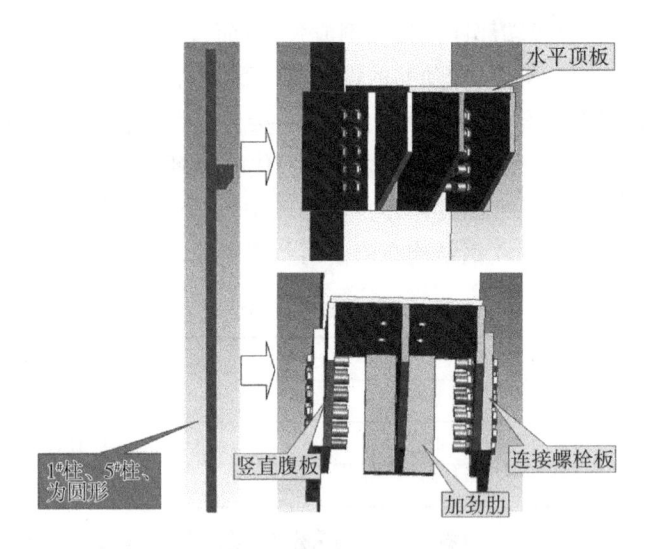

图 3.18　1#柱、5#柱中Ⅲ型复合节点布置三维图

3.3.2　服役韧性试验测点布置与加载

为了分析钢复合节点在 3 种荷载工况下的受力性能以及应变分布特征，本试验特在复合节点水平顶板以及两侧竖直腹板处对称地粘贴应变片，以便测量复合节点截面在加载全过程中的应变分布情况以及随荷载变化特征，借此来分析复合节点的受力工作性能。其中，在每个复合节点的水平顶板以及竖直腹板处分别布置 3 片应变片，共 9 片，各复合节点的应变片布置相同，现以 3# 复合节点的应变布置图来介绍其具体布置方位，如图 3.19 所示；各复合节点应变测点的编号则如表 3.3 所示。

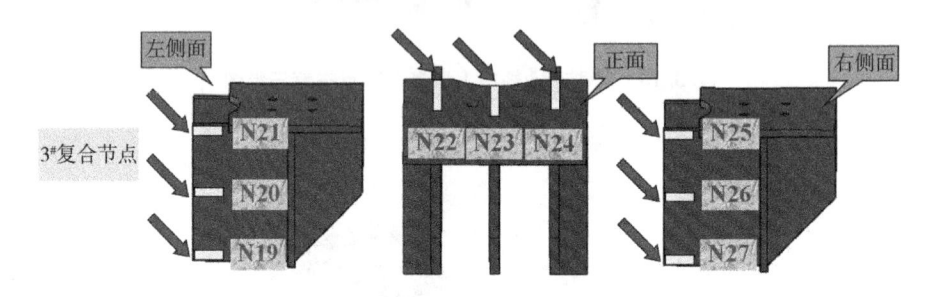

图 3.19　复合节点应变布置图

表 3.3　复合节点应变测点编号

复合节点编号	左侧面	顶面	右侧面
1# 复合节点	N1~N3	N4~N6	N7~N9
2# 复合节点	N10~N12	N13~N15	N16~N18
3# 复合节点	N19~N21	N22~N24	N25~N27

续表

复合节点编号	左侧面	顶面	右侧面
4#复合节点	N28～N30	N31～N33	N34～N36
5#复合节点	N37～N39	N40～N42	N43～N45
6#复合节点	N46～N48	N49～N51	N52～N54
7#复合节点	N55～N57	N58～N60	N61～N63
8#复合节点	N64～N66	N67～N69	N70～N72

钢复合节点在试验加载过程中，会发生水平偏移以及竖向挠曲，本试验为了测取复合节点在荷载作用下的挠度分布情况，特在复合节点翼缘顶板的水平及竖直方向处分别布设位移计，以便测量复合节点在多种荷载工况下的水平以及竖向位移变化，进而对其受力机理以及承载性能加以分析。

本试验为厂房复合框架模型试验的一部分，其加载方式采用加载梁对桁车梁进行多工况的静力分级加载，以便模拟厂房的桁车工况。本试验中的复合节点主要起着荷载的支承与传递作用，通过复合节点与连续钢框架梁的螺栓连接，借由螺栓将框架梁荷载传递给复合节点。

3.3.3 复合服役韧性试验结果分析

1. 应变复合服役韧性分析

本试验为能对比分析复合节点的应变分布特征，在复合节点表面布设了较多的应变片。但由于应变片粘贴放置时间较长，而且采取的保护措施并不完善，应变表面仅涂抹703粘合剂密封胶覆盖保护；此外，钢管混凝土柱在进行混凝土浇筑时，振动棒的振动搅拌可能导致部分应变片损毁。因而在正式试验测量时，部分应变数据离散波动性较大，数据杂乱无序。针对该情况，本书选取其中离散性较小，变化趋势较好的应变测点进行对比分析。

图3.20给出了在模拟桁车荷载工况下，部分位于复合节点竖直腹板处的应变沿腹板高度方向的分布图。图中，截面高度＝－100表示应变片布置于竖直腹板底部；截面高度＝100表示应变片布置于竖直腹板上部顶端。此外，由前面加载方案可知，曲线图中的荷载并非为直接作用于复合节点上的荷载值，而是在各工况下桁车梁跨中加载点处的集中荷载值，相应的P_u代表的则是各工况下桁车梁屈曲破坏时的极限荷载值。

从图3.20可以看出，位于复合节点竖直腹板截面处的应变，其应变值沿高度方向的变化趋势从加载初期开始便偏离平截面假定，而且偏离程度随着荷载的增大在加载后期愈趋明显。分析原因可能为复合节点主要支承传递竖向剪力，而且其宽高比$L/H=1$，构造以及受力机理类似于悬臂深梁，因而可参考悬臂深梁模型来分析。普通悬臂深梁在承受竖向集中力作用时，剪应力会在腹板深处扩散，使横截面发生翘曲，引起横向荷载而导致应变分布偏离。而对于复合节点，若按构件进行简化分析，则悬臂复合节点在水平翼缘顶板与连续钢框架梁接触面处承受梁传递来的竖向集中荷载以及支座负弯矩。根据深梁受力机理对复合节点进行进一步分析,则位于复合节点竖直腹板底部处的受压作用应强于腹板顶端,在腹板顶端可能还会受拉。但这一分析结果与图 3.20 中的试验曲线存在偏差,部分复合节点在竖直腹板顶端的应变值反而强于腹板底部。仔细分析,推测其原因可能与相连框架梁的受力性能有关。连续钢框架梁的最终破坏形态主要为弯扭屈曲破坏,其不仅产生侧向的弯扭变形,而且在复合节点支座处还产生明显的翘曲现象,而复合节点与框架梁通过螺栓连接。因而,根据框架梁翘曲程度的差别,复合节点通过螺栓可能会出现部分截面反向受力的情况,相应的应变分布则也可能反向变化。

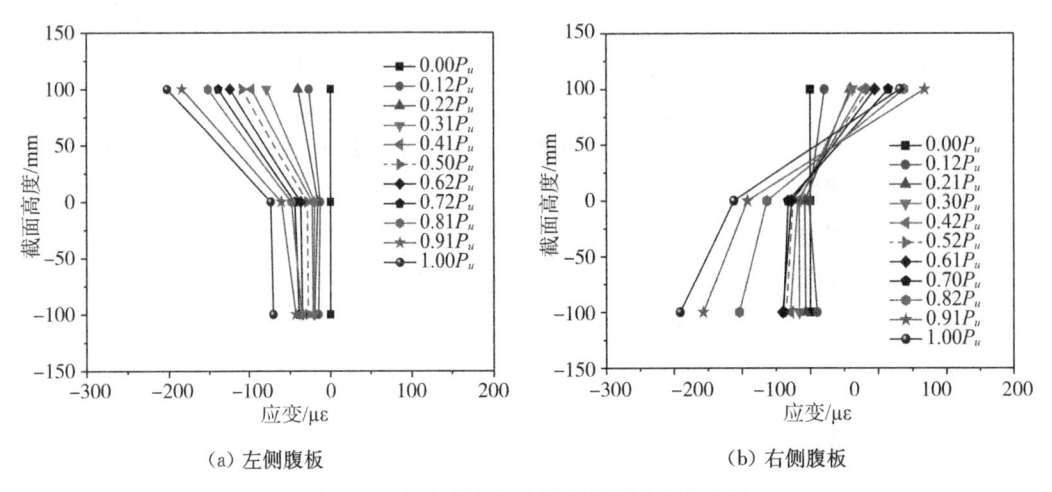

(a) 左侧腹板 (b) 右侧腹板

图 3.20　复合节点竖直腹板截面应变分布图

图 3.21～图 3.24 为模拟桁车荷载三种工况下各复合节点在工况一～工况三下对应点处的荷载-应变曲线图。其中,工况一荷载作用下 1# 复合节点、2# 复合节点、5# 复合节点和 6# 复合节点参与服役韧性试验分析,工况二荷载作用下 2# 复合节点、3# 复合节点、6# 复合节点和 7# 复合节点参与服役韧性试验分析,工况三荷载作用下 3# 复合节点、4# 复合节点、7# 复合节点和 8# 复合节点参与服役韧性试验分析。

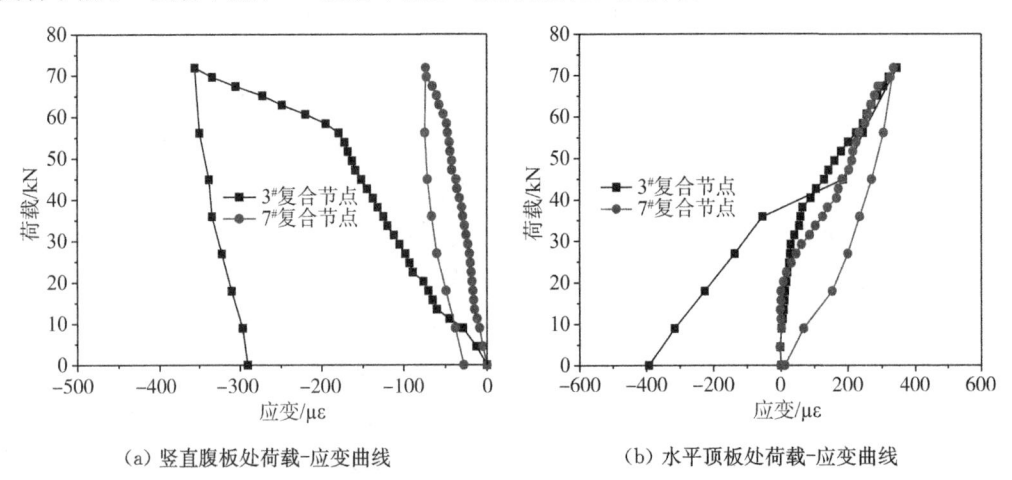

(a) 竖直腹板处荷载-应变曲线 (b) 水平顶板处荷载-应变曲线

图 3.21　工况三下 3# 复合节点与 7# 复合节点对比分析曲线图

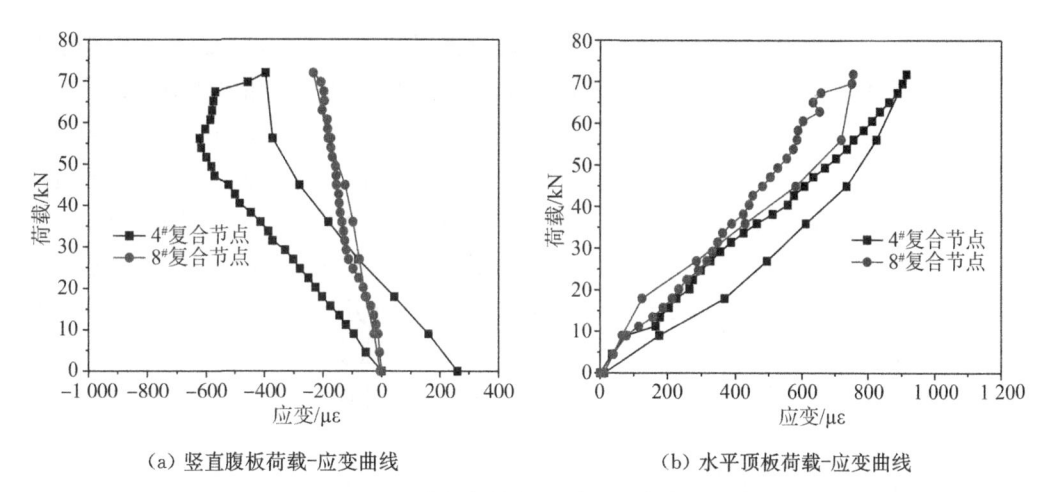

(a) 竖直腹板荷载-应变曲线　　　　　　　(b) 水平顶板荷载-应变曲线

图 3.22　工况三下 4# 复合节点与 8# 复合节点对比分析曲线图

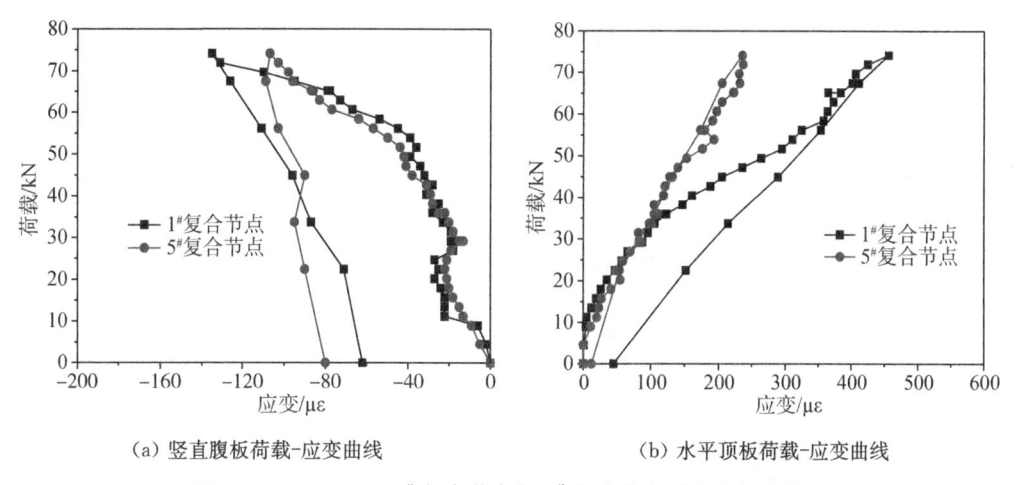

(a) 竖直腹板荷载-应变曲线　　　　　　　(b) 水平顶板荷载-应变曲线

图 3.23　工况一下 1# 复合节点与 5# 复合节点对比分析曲线图

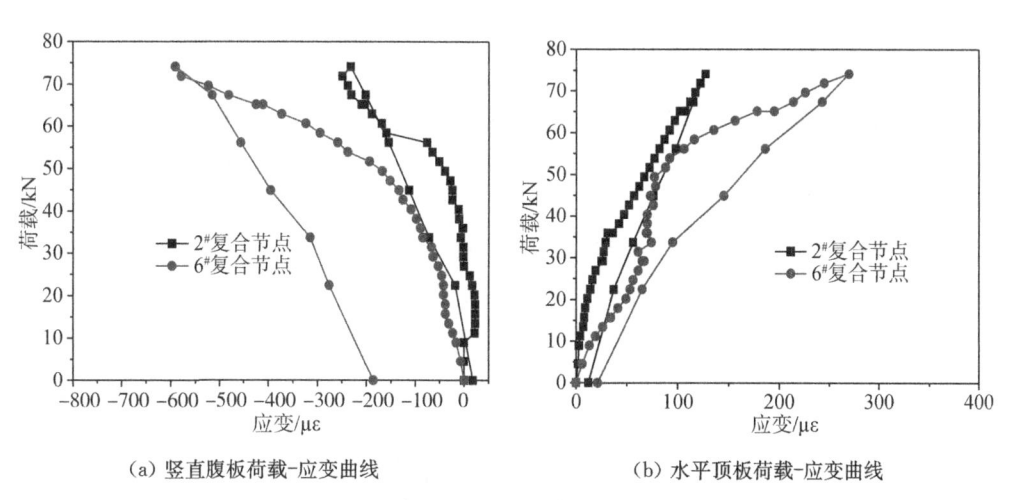

(a) 竖直腹板荷载-应变曲线　　　　　　　(b) 水平顶板荷载-应变曲线

图 3.24　工况一下 2# 复合节点与 6# 复合节点对比分析曲线图

从图中可以看出,复合节点类型、应变布设位置以及荷载工况,对复合节点的荷载-应变曲线的变化趋势影响较小,应变随荷载的整体变化趋势基本相似(不考虑应变数据的波动性)。在荷载初期,复合节点应变值增长缓慢,数值变化较小,部分复合节点的应变值随着荷载呈线性增长;之后随着荷载增加,应变值逐渐增大,应变增长速率明显加快,尤其是当接近破坏荷载时,应变值会有较大的突变增长与变化波动;部分复合节点的应变曲线开始偏离原始直线,表现出明显的非线性特征。但值得说明的是,复合节点应变曲线的非线性并非因为复合节点受力屈服而引起的。因为,本试验框架结构的设计严格遵照"强节点弱构件"的设计准则,节点的强度远远强于框架梁的承载强度,图中曲线的线性变化特征以及极限应变值的大小也证明了该结果的正确性。事实上,复合节点作为复合框架结构中的枢纽构件,其受力性能应不仅仅与复合节点本身的结构性能相关,若在结构层次上对其进行分析,还需考虑其与连接梁、柱的相互影响以及协同效应。从图3.21～图3.24可以看出,位于竖向腹板处的部分应变曲线在加载过程中会出现非线性变化或者应变波动分离现象;而且进一步对比框架梁的分析结果,我们还会发现复合节点出现该现象时所对应的荷载与框架梁弯扭屈曲的荷载区间基本重合。这表明复合节点的应变曲线受复合节点本身以及相连框架梁的双重作用的影响。由连续钢框架梁受力分析可知,在加载后期,连续钢框架梁会发生弯扭屈曲破坏,产生水平侧移,而且相邻复合节点支座处会出现翘曲现象;而试验的复合节点正是通过螺栓与钢梁相连来传递荷载,进而相应地也会导致复合节点应变曲线发生变化,出现非线性以及应变分离等现象。工况一中2#连续钢框架梁为竖向平面内弯曲破坏,未产生较大的侧向偏移,因而其应变曲线在加载过程中整体上一直呈线性变化。

除了相连的框架梁,连接柱的结构性能以及复合节点的侧向约束效应对复合节点的变形性能也会产生影响。如在图3.21中,位于3#复合节点与7#复合节点竖直腹板处的应变曲线从加载线性段就出现分离,3#复合节点的应变整体上大于7#复合节点。为分析其原因,探究产生该现象的主要根源,现采用排除法对其进行对比分析。首先,框架梁对复合节点性能的影响主要在其弯扭屈曲阶段,在加载线性段对复合节点的影响较小;其次3#复合节点与7#复合节点构造相同,均为Ⅱ型复合节点,其本身的受力性能不存在区别;而且试验采用加载梁对称加载,对称复合节点受荷相同。通过排除,最后可能的影响因素则只剩下复合节点连接柱以及侧向约束效应。试验中,与3#复合节点连接的柱子是钢管膨胀混凝土实心复合柱,整体刚度强于7#钢管空心柱,两者的结构性能存在差别;3#复合节点侧向无约束作用,7#复合节点柱右侧则存在复合楼板的约束作用。结果在两者的共同作用下,7#复合节点的应变值在加载初期就小于3#复合节点,这表明复合楼板的侧向约束效应对复合节点整体刚度的提高要强于复合柱。同样的,图3.22中,8#复合节点的变形刚度要远大于4#复合节点,相差幅度较3#复合节点与7#复合节点之间的差距更大,这主要因为8#复合节点有钢管膨胀混凝土柱的复合作用以及右侧复合楼板侧向约束的双重加成,变形刚度因而会得到更大提高。

此外,从图3.23以及图3.24对比还可以看出,工况一下复合节点的荷载-应变曲线相较工况三下的应变曲线光滑性较差,应变值波动明显。基于之前对连续钢框架梁的分析,推测其原因可能为,工况一中的框架梁在工况三的作用下已产生局部损伤,侧向弯扭变形更明显,因而相应复合节点的应变值波动剧烈。综上分析可得:对于框架结构中的复合节点受力性能的分析,需分析多方面因素综合考虑其影响作用,而不能将其作为一个独立构件,分离进行分析。

2. 位移复合服役韧性分析

不同荷载工况下,对应复合节点的荷载-位移关系曲线如图 3.25 所示。图中,复合节点的竖向挠度以向下为正,水平偏移则以向右为正。

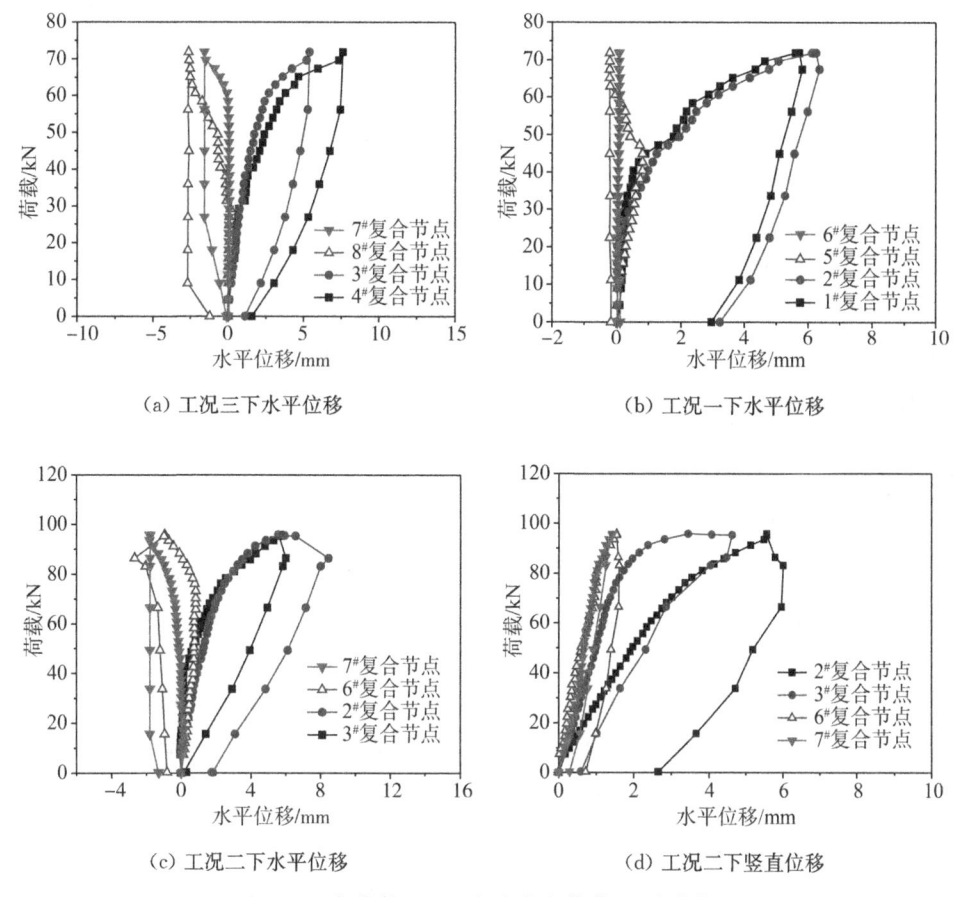

图 3.25 各荷载工况下复合节点荷载-位移曲线图

从图 3.25 可以看出,虽然荷载工况、复合节点构造形式以及复合柱类型存在差异,但其荷载-水平位移关系曲线的整体变化趋势基本保持一致:在荷载初期,位移值变化均很小,随着荷载呈线性增长;在加载后期,随着荷载增大以及连续钢框架梁出现弯扭屈曲破坏,位移增长速率加快,偏离初始直线,表现出明显的非线性;而当试验卸载后,复合节点位移反向减小,卸载时的位移变化值与荷载基本呈线性关系,部分节点由于连续钢框架梁的弯扭屈服将仍留有部分残余位移。对测量位移进一步分析,可知其位移值实际上为两部分位移变形的叠加：①复合节点本身的荷载变形；②复合节点连接柱的偏压挠曲变形。对比分析图 3.25 可以看出，与 1# 连续钢框架梁相连的 1#、2#、3# 和 4# 复合节点其整体位移值大于与 2# 连续钢框架梁相连的 5#、6#、7# 和 8# 复合节点值，而且水平位移值变化方向相反。参考复合节点应变的分析方法，需综合多因素对其进行分析，推测其原因可能与连续钢框架梁的弯扭屈曲变形有关：2# 连续钢框架梁由于右侧复合楼板的侧向约束作用，不仅使连续钢框架梁自身的刚度及稳定性能得到了较大提高，相应削弱了连续钢框架梁弯扭屈曲对复合节点变形的影响，而且约束效应对于复合节点本身的整体刚度也有很大改善。此外，与复合节点的应变情况类似，连接柱结构性能的差异也会对其位移变化产生影响。在图 3.25 中，3# 复合节点的水平位移整体上比 4# 复合节点要小，这主要因为 3# 复合节点柱为钢管膨胀混凝土复合柱，钢管与混凝土的复合作用，使得钢管的整体刚度得到较大改善；而 4# 复合节点柱为空心钢柱，易挠曲变形。因而，在相同荷载工况下，3# 复合柱的侧向挠曲就相对比较微弱，而位移测量值主要由连接柱的变形构成，所以 3# 复合节点的水平位移值小于 4# 复合节点。其他复合节点变形也可得出类似结论。最后，对所有复合节点位移进行综合比较，发现位于 1# 复合节点以及 5# 复合节点处的位移变形相对最小。分析原因除了连续钢框架梁以及连接柱的影响外，最主要的还是复合节点本身结构性能作用的结果。1# 复合节点与 5# 复合节点的构造形式均为Ⅲ型复合节点，该种类型复合节点由于侧板以及螺栓群的强化作用，抗剪刚度以及承载能力相较于另外两种复合节点类型提高很多，因而其整体变形相对最小。

3.4 本章小结

本章基于水工钢混复合节点，利用有限元程序建立了三维水工贯通壁柱节点模型（水工 STI 节点），研究了在单调荷载和循环荷载作用下的三维非线性承载韧性特征，并开展复合柱-复合梁-复合节点服役韧性试验研究，得出如下结论：

（1）分析了单调荷载作用下水工 STI 节点域柱壁、节点域混凝土、隔板、梁端的内力分布情况、节点的传力机制。节点域核心混凝土中形成了明显的"斜压短柱"，此"斜压短柱"传递部分梁翼缘压力。而梁翼缘拉力主要由隔板与柱壁之间的侧向焊缝以剪力形式传递，节点破坏发生在梁端，节点域基本处于弹性阶段。

（2）水工 STI 节点的计算滞回曲线形状和普通内隔板式节点的试验及有限元分析结果相似，说明 STI 节点具有和普通内隔板式节点同样的耗能能力。STI 节点的计算耗能系数计算为试验值的 1.366~1.793 倍。

（3）水工复合柱-复合梁-复合节点作为水利框架结构中的传力枢纽，其受力性能以及破坏形式不仅仅与复合节点本身的结构性能相关，而且连接复合梁、复合柱以及侧向约束的作用性能均会对其产生影响，在本试验中，连续复合梁的破坏形态、钢管膨胀混凝土柱的复合作用的侧向约束效应均对复合节点的承载能力以及变形刚度产生较大影响。该类型复合节点由于侧板以及螺栓群的强化作用，复合节点的结构性能得到了优化，抗剪刚度以及承载能力均有较大提高。

参考文献

［1］ 种迅,孟少平,张林振. 后张预应力预制混凝土框架节点抗震性能数值模拟与理论分析[J]. 工程力学,2013,30(5):153-159+164.

［2］ LIAO X D, HU X. Experimental and numerical study of seismic performance of precast prestressed concrete frame internal connection [C]//Proceedings of the 2015 Modular and Offsite Construction(MOC) Summit & 1st International Conference on the Industrialization of Construction (ICIC). Canada,2015:387-393.

［3］ GRIFFIS L G. Some design considerations for composite-frame structures[J]. AISC Engineering Journal,1986,23(2):59-64.

［4］ SHEIKH T M. Moment connections between steel beams and concrete columns [D]. Austin:The University of Texas,1987.

［5］ SHEIKH T M, DEIERLEIN G G, YURA J A, et al. Beam-column moment connections for composite frames:Part 1[J]. Journal of Structural Engineering,1989, 115(11):2858-2875.

［6］ DEIERLEIN G G. Design of moment connections for composite framed structures [D]. Austin:The University of Texas,1988.

［7］ 中华人民共和国住房和城乡建设部. 钢结构设计标准:GB 50017—2017[S]. 北京:中国建筑工业出版社,2017.

［8］ DEIERLEIN G G, SHEIKH T M, YURA J A, et al. Beam-column moment connections for composite frames: Part 2[J]. Journal of Structural Engineering, 1989,115(11):2877-2896.

［9］ KANNO R, DEIERLEIN G G. Seismic behavior of composite(RCS) beam-column joint subassemblies[C]//Composite Construction in Steel and Concrete Ⅲ, Proceedings of an Engineering Foundation Conference, Irsee, Germany, 2010:236-249.

［10］ PARRA-MONTESINOS G, WEIGHT J K. Seismic response of exterior RC columns-to-steel beam connections[J]. Journal of Structural Engineering,2000,126(10):1113-1121.

［11］ PARRA-MONTESIONS G, WEIGHT J K. Modeling shear behavior of hybrid RCS beam-column connections[J]. Journal of Structural Engineering, 2001, 127(1):3-11.

［12］ LIANG X M, PARRA-MONIESINOS G J. Seismic behavior of reinforced concrete column-steel beam subassemblies and frame systems[J]. Journal of Structural En-

gineering,2004,130(2):310-319.
[13] KURAMOTO H,NISHIYAMA I. Seismic performance and stress transferring mechanism of through-column-type joints for composite reinforced concrete and steel frames [J]. Journal of Structural Engineering,2004,130(2):352-360.
[14] 胡少伟,喻江,许毅成,等.水电站厂房三榀钢-混凝土组合排架组合特性试验研究[J].水电能源科学,2018,36(12):92-96.

第4章

水工钢混复合楼板韧性性能试验与理论分析

4.1 概况

钢混复合楼板又可称为楼承板、楼层板、楼盖板、钢承板,是因为压型钢板不仅作为混凝土楼板的永久性模板,而且作为楼板的下部受力钢筋参与楼板的受力计算,与混凝土一起工作形成复合楼板。钢混复合楼板在施工阶段作为永久性模板,承受施工荷载和混凝土自身重量。在使用阶段,压型钢板作为配筋,待混凝土达到强度后,产生组合效应。钢混复合楼板作为一种在型钢钢板上现浇混凝土并配置适量的钢筋所形成的一种复合结构,充分结合了钢材与混凝土各自的优越性能,在静、动力方面均具有自重轻、刚度大、承载力高、施工操作方便及经济效益显著等特性,因此被广泛应用于水利工程的机电厂房、建筑工程的高层建筑,以及大型桥梁结构等诸多领域中[1-3]。

本章围绕水工钢混复合楼板模型,主要介绍了水工高性能钢混复合面板靶向激励韧性试验与机理研究、水工钢混复合楼板韧性特征声发射特性试验与时频分析、水工钢混复合楼板抗冲击服役韧性试验研究,以及水工钢混复合楼板抗冲击韧性分布特征研究几个方面的内容。

4.2 水工高性能钢混复合面板靶向激励韧性试验与机理研究[4]

靶向动力作用是一种延伸到高频阶段的高强度、持续时间短的应力波脉冲传播,在极短间隔时间内靶向作用接触点发生高于静态量级的应变速率变化,表现出与静态过程明显不同的力学行为特征。由于靶向作用具有瞬时性、冲击性、集中性与针对性,对工程结构带来诸多不利,国内外专家与学者在大量试验研究的基础上,对钢筋混凝土面板结构的靶向性能进行了相关研究。

Gopinath 等[5]对纤维钢筋混凝土面板进行了低速、高速靶向作用下结构从受到损伤到失效再到破坏3个阶段的动力特性研究。Anil 和 Husem 等[6-7]通过设计不同尺寸试件与不同边界约束条件,详细探讨了钢筋混凝土面板在靶向荷载下的动力行为,得到了靶向荷载、位移响应、靶向能量与破坏模式的研究结论。Subashini 等[8]将平滑粒子流体动力学(SPH)与有限元法结合来模拟混凝土损伤及破坏模式,并通过可靠性函数来评估动力行为。Verma 和 Othman 等[9-10]通过提出混凝土的损伤塑性本构模型(CDP),对超高性能纤维钢筋混凝土梁(UHP-FRC)进行了不同靶向荷载率下的破坏分析。Elavarasi 等[11]通过落锤试验对砂浆填充纤维复合楼板(SIFCON)进行了低速靶向下的破坏性研究。顾培英等[12]采用逐级递增循环靶向加载方式研究了靶向荷载下砂浆板的破坏特征及靶向力、靶向能与最大加速度响应间的关系。

国内外学者对靶向作用下的钢筋混凝土结构的动力特征研究主要从理论分析、试验研究和数值模拟3个方面进行[13-18]。理论分析方面:通过拟静力法得到了靶向提高系数,并借助试验测试从而获得经验公式,该种方法没有考虑阻尼等影响因素;通过动力分析法建立质体运动方程,获得了其靶向力、相对位移等动力学参数。试验研究方面:通过自由落锤试验,获得了靶向力时程、加速度时程、位移时程、应变时程等动力参数;同时进行了单次靶向与累积靶向下的破坏试验;通过试验进一步进行了钢筋配筋率、混凝土强度等敏感参数分析。数值模拟方面:进行了动态非线性有限元分析,通过网格划分、本构模型的选择、动力参数的给定几个方面进一步完成了扩展有限元参数评估分析。基于靶向激励因素和高性能面板结构靶向激励响应下的计算方法研究,提出水工高性能钢筋混凝土面板模型,以此开展靶向激励响应作用下的特性试验与空间分布特征研究。

4.2.1 靶向激励机理

靶向激励是基于能量守恒定律对研究对象进行定向靶向,其作用过程是通过借助摆锤的势能转换形成的靶向功施加靶向激励,摆锤靶向激励原理如图4.1所示。激励系统由具有特定质量的锤头(m_p),便于形成有效锤矩的特定长度(L_p),以及摆锤预扬角(θ_p)几部分组成。

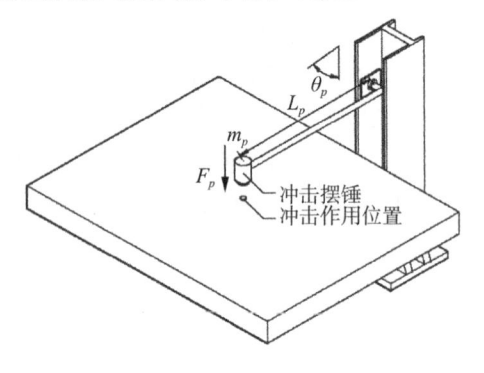

图 4.1 摆锤靶向激励模型

可得摆锤在对测试物进行靶向激励作用过程中的能量守恒等式如下:

$$m_p g L_p \sin\theta'_p = \frac{1}{2} m_p v_p^2 \tag{4.1}$$

式中,m_p 为摆锤锤头质量,L_p 为锤矩,θ'_p 为摆锤相对预扬角,$\theta'_p = \theta_{p2} - \theta_{p1}$,$v_p$ 为靶向激励速度,g 为试验所在地的重力加速度。

根据摆锤靶向激励过程中的动量定理,可得摆锤对测试物靶向激励作用表达式如下:

$$\int_0^{t_p} F_p \mathrm{d}t = m_p v_p \tag{4.2}$$

式中，t_p 为摆锤激励作用时长，F_p 为靶向激励荷载。

由式(4.2)可得摆锤的靶向激励冲量 I_p。

通过引入狄拉克 δ 函数来表征摆锤进行靶向激励时的作用位置，建立摆锤靶向激励荷载位置函数表达式 $F(x,y,t)$（图 4.2）：

$$F(x,y,t) = \begin{cases} \gamma_p m_p \delta(x-x_0)\delta(y-y_0)\sin(\omega_p t), & (F \geqslant 0); \\ 0, & (F < 0). \end{cases} \quad (4.3)$$

$$\delta(x-x_0) = \frac{2}{B}\sum_{i=1}^{\Re}\sin\left(\frac{i\pi}{B}x_0\right)\sin\left(\frac{i\pi}{B}x\right) \quad (4.4)$$

$$\delta(y-y_0) = \frac{2}{L}\sum_{j=1}^{\Re}\sin\left(\frac{j\pi}{L}y_0\right)\sin\left(\frac{j\pi}{L}y\right) \quad (4.5)$$

式中，$\gamma_p = \dfrac{F_{\max}}{m_p}$，为靶向激励系数，$F_{\max}$ 为最大激励荷载，$\omega_p = \pi t_p^{-1}$，t_p 为靶向激励接触时间，$\Re \in [1, +\infty)$，为正整数，B 和 L 分别为板的宽度和长度。

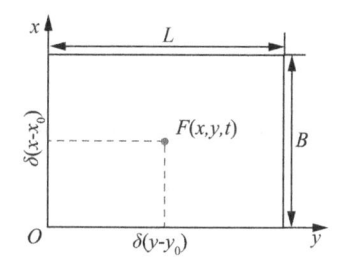

图 4.2　靶向激励位置函数图

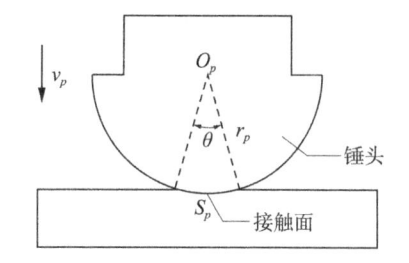

图 4.3　靶向激励原理图

如图 4.3 所示，进一步构建摆锤靶向激励接触系数（ICC）来表征摆锤与被测物体的激励关系。靶向激励接触系数由摆锤锤头材质、摆锤锤头形状、摆锤锤头质量、靶向激励速度、被测物体材质几种因素构成，其表达式为：

$$ICC = S_p m_p v_p^2 \left(\frac{E_p}{E_c}\right)^{1.5} \quad (4.6)$$

式中，S_p 为靶向激励接触面积，E_p 为摆锤锤头的弹性模量，E_c 为被测物的弹性模量。

其中，靶向激励接触面积函数表达式为：

$$S_p = \frac{1}{2}\int_{-\frac{\pi h_p}{1.8}}^{\frac{\pi h_p}{1.8}} 2\pi r_p^2 \sin\theta \mathrm{d}\theta \quad (4.7)$$

式中，r_p 为圆形锤头半径，h_p 为锤击高度，$h_p = L_p \sin\theta'_p$。

进行水工高性能钢筋混凝土面板靶向激励机理分析时，满足如下基本假定：①面板材料具有各向同性；②面板各处厚度均匀；③边界条件满足固定端对称约束；④靶向激励产生的竖向挠度远小于面板厚度；⑤忽略构造筋的影响。

可得水工高性能钢筋混凝土面板的剪力、弯矩表达式分别为：

$$Q_x(x,y,t) = I\left[\nabla^2 \delta(x,y,t)\right]'_x \tag{4.8}$$

$$Q_y(x,y,t) = I\left[\nabla^2 \delta(x,y,t)\right]'_y \tag{4.9}$$

$$M_{xy}(x,y,t) = -I(1-\mu)\left[\delta(x,y,t)\right]''_{xy} \tag{4.10}$$

$$M_{yx}(x,y,t) = -I(1-\mu)\left[\delta(x,y,t)\right]''_{yx} \tag{4.11}$$

$$M_x(x,y,t) = -I\{\left[\delta(x,y,t)\right]''_x + \mu\left[\delta(x,y,t)\right]''_y\} \tag{4.12}$$

$$M_y(x,y,t) = -I\{\left[\delta(x,y,t)\right]''_y + \mu\left[\delta(x,y,t)\right]''_x\} \tag{4.13}$$

式中，I 为面板的抗弯刚度，μ 为面板的泊松比。

通过式(4.8)~式(4.13)建立内力平衡等式有：

$$\left[M_x(x,y,t)\right]'_x + \left[M_{xy}(x,y,t)\right]'_y - Q_y(x,y,t) = 0 \tag{4.14}$$

$$\left[M_y(x,y,t)\right]'_y + \left[M_{yx}(x,y,t)\right]'_x - Q_x(x,y,t) = 0 \tag{4.15}$$

$$\left[Q_x(x,y,t)\right]'_x + \left[Q_y(x,y,t)\right]'_y + \overline{m}\left[\delta(x,y,t)\right]''_t = ICC \cdot F(x,y,t) \tag{4.16}$$

式中，$\overline{m}$ 为面板单位面积质量分布。

由式(4.3)、式(4.14)~式(4.16)确定水工高性能面板摆锤靶向激励机理方程为：

$$\overline{m}\left[\delta(x,y,t)\right]''_t + I\nabla^2\nabla^2\delta(x,y,t) - ICC \cdot F(x,y,t) = 0 \tag{4.17}$$

令函数 $\varphi_{mn}(x,y)$ 作为建立模型的靶向激励边界函数条件，其表达式为：

$$\varphi_{mn}(x,y) = [a_m \sin(\rho_{1mn}x) + b_m \cos(\rho_{1mn}x) + c_m \text{sh}(\rho_{2mn}x) + d_m \text{ch}(\rho_{2mn}x)]\sin(f_n y) \tag{4.18}$$

式中，$f_n = n\pi L^{-1}$，$\rho_{1mn} = (f_n^2 + \alpha_{mn}^2)^{0.5}$，$\rho_{2mn} = (f_n^2 - \alpha_{mn}^2)^{0.5}$，$\alpha_{mn} = (\overline{m}I^{-1}f_{mn}^2)^{-1/4}$。

该模型对应的边界条件为：

$$\{\left[\varphi_{mn}(x,y)\right]''_x + \mu\left[\varphi_{mn}(x,y)\right]''_y\}|_{x=0} = 0 \tag{4.19}$$

$$\{\left[\varphi_{mn}(x,y)\right]''_x + \mu\left[\varphi_{mn}(x,y)\right]''_y\}|_{x=B} = 0 \tag{4.20}$$

$$\{\left[\varphi_{mn}(x,y)\right]''_x + (2-\mu)\left[\left[\varphi_{mn}(x,y)\right]'_x\right]'_y\}|_{x=0} = 0 \tag{4.21}$$

$$\{\left[\varphi_{mn}(x,y)\right]''_x + (2-\mu)\left[\left[\varphi_{mn}(x,y)\right]'_x\right]'_y\}|_{x=B} = 0 \tag{4.22}$$

将式(4.18)代入式(4.19)~(4.22)，求得靶向激励边界函数 $\varphi_{mn}(x,y)$：

$$\varphi_{mn}(x,y) = \{\kappa_{1mn}\rho_{2mn}\sin(\rho_{1mn}x) + \kappa_{2mn}\rho_{1mn}\text{sh}(\rho_{2mn}x) - \chi_{mn}[\kappa_{2mn}\cos(\rho_{1mn}x) + \kappa_{1mn}\text{ch}(\rho_{2mn}x)]\} \cdot \sin(f_n y) \tag{4.23}$$

式中，$\chi_{mn} = \kappa_{1mn}^{-1}\kappa_{2mn}^{-1}[\rho_{2mn}\kappa_{1mn}^2\sin(\rho_{1mn}B) - \rho_{1mn}\kappa_{2mn}^2\text{sh}(\rho_{2mn}B)][\cos(\rho_{1mn}B) - \text{ch}(\rho_{2mn}B)]^{-1}$，$\kappa_{2mn} = \alpha_{mn}^2 f_n^{-2} + \mu - 1$，$\kappa_{2mn} = \alpha_{mn}^2 f_n^{-2} - \mu + 1$。

引入式(4.3)的靶向激励条件,进一步可得水工高性能面板在摆锤靶向激励作用下的加速度响应函数表达式:

$$a_{mn}(x,y,t) = \sum_{m=1}^{\infty}\sum_{n=1}^{\infty}\Gamma^{*}\delta(x-x_0)\delta(y-y_0)\varphi_{mn}(x,y)\sin(\omega_p t) \quad (4.24)$$

式中,$\Gamma^{*} = \dfrac{ICC \cdot I_p \cdot f_{mn}}{g \cdot M_{mn}}\varphi_{mn}(x_0, y_0)$,$M_{mn} = \overline{m}\int_0^B\int_0^L \varphi_{mn}(x,y)\mathrm{d}x\mathrm{d}y$。

4.2.2 靶向激励动力特性试验

经过推导验证分析,当采用相同材料时,本模型还需满足以下相似条件:

$$S_L = S_B = S_H \quad (4.25)$$

$$S_\delta = S_t = S_\varepsilon = S_v = S_F = 1 \quad (4.26)$$

式中,L、B、H 分别为模型的长度、宽度和厚度,δ、t、ε、v、F 分别为靶向激励位移、靶向激励时间、靶向激励应变、靶向激励速度、靶向激励荷载。

本次研究设计和制作了 2 块水工高性能面板模型,模型尺寸均为:长 1.35 m,宽 1.00 m,厚 0.08 m。钢框架基础包括 H 型钢梁和矩形钢混复合柱(含钢率为0.088 2),其中,H 型钢梁长 1.0 m,高 100 mm,翼缘宽 100 mm,厚 10 mm,腹板宽 10 mm,高 80 mm。高性能混凝土配合比为:水泥︰砂︰石︰水＝1.00︰1.20︰1.92︰0.29,JM-8掺量 1.8%,矿物掺合料掺量 30.0%,钢纤维体积掺量 1.0%。水工高性能面板通过高强螺杆与钢框架基础连接成为剪力连接程度为 1.0 的水工高性能面板模型,构造参数见表 4.1。采用摆锤获得靶向激励能量,从而对水工高性能面板模型施加靶向激励作用,2 种模式下的靶向激励参数见表 4.2。模型试验如图 4.4 所示。

表 4.1 水工高性能面板模型构造参数表

试件编号	强度等级	长/mm	宽/mm	高/mm	构造钢筋 纵向钢筋 布筋参数	构造钢筋 纵向钢筋 单根长度/mm	构造钢筋 横向钢筋 布筋参数	构造钢筋 横向钢筋 单根长度/mm	备注
PHPCCP1	C80	1350	1000	80	无				对比组
PHPCRCP1	C80	1 350	1 000	80	4φ12	1 250	4φ10	900	试验组

表 4.2 摆锤靶向激励试验参数表

锤头质量 m_p/kg	锤距 L_p/m	激励工况	摆锤预扬角 θ_p/°	锤击高度 h_p/m	靶向激励速度 v_p/(m/s)	靶向激励能量 W_p/J
8.50	1.50	M1	1.9	0.05	0.990 5	4.170
		M2	3.8	0.10	1.400 7	8.338

PHPCCP1 与 PHPCRCP1 模型在摆锤靶向激励作用下靶向荷载历时特性如图 4.5 与图 4.6 所示,其中,IF 表示靶向激励荷载,IT 表示靶向激励历时,t_p 表示靶向激励时长。

图 4.4　水工高性能面板靶向激励模型试验

(a) 靶向激励工况 M1　　　　　　　　　　(b) 靶向激励工况 M2

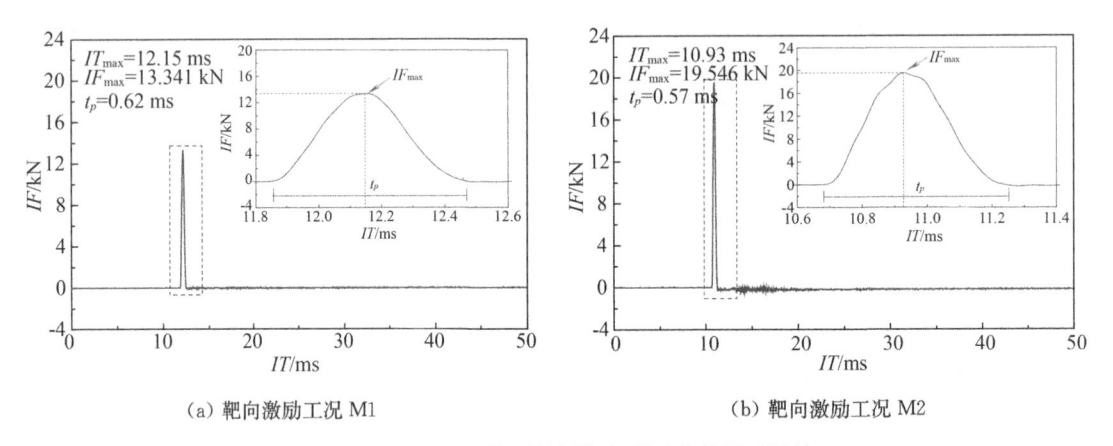

图 4.5　PHPCCP1 模型摆锤靶向激励荷载历时特性

(a) 靶向激励工况 M1　　　　　　　　　　(b) 靶向激励工况 M2

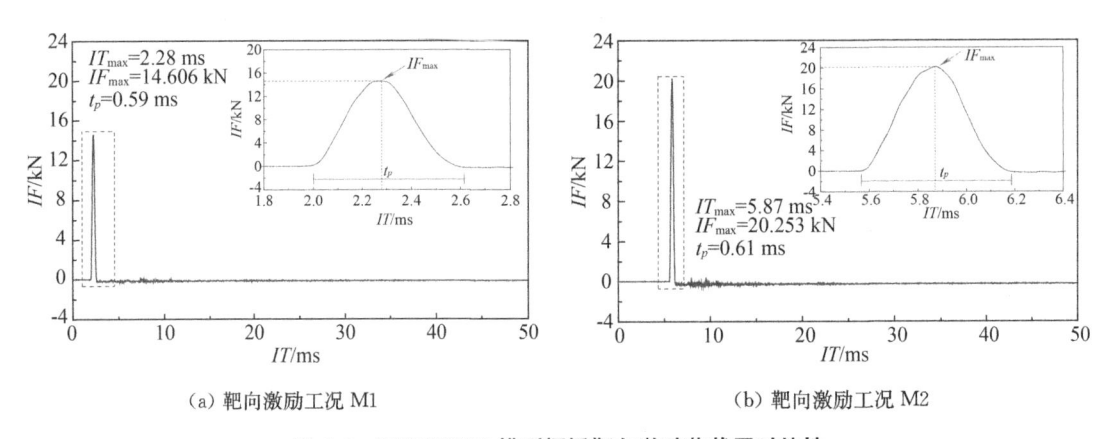

图 4.6　PHPCRCP1 模型摆锤靶向激励荷载历时特性

由图 4.5 模型 PHPCCP1 试验测试结果可得：在靶向激励工况 M1 下，靶向激励时长 0.62 ms，靶向激励峰值荷载达 13.341 kN，峰值荷载时刻为 12.15 ms；在靶向激励工况

M2下，靶向激励时长 0.57 ms，靶向激励峰值荷载达 19.546 kN，峰值荷载时刻为 10.93 ms。由图 4.6 模型 PHPCRCP1 试验测试结果可得：在靶向激励工况 M1 下，靶向激励时长 0.59 ms，靶向激励峰值荷载达 14.606 kN，峰值荷载时刻为 2.28 ms；在靶向激励工况 M2 下，靶向激励时长 0.61 ms，靶向激励峰值荷载达 20.253 kN，峰值荷载时刻为 5.87 ms。

根据图 4.5 与图 4.6 可得 PHPCCP1 与 PHPCRCP1 在不同激励工况下的靶向激励特征参数，见表 4.3。

表 4.3 摆锤靶向激励特征参数表

试件编号	激励工况	峰值荷载时刻 IT_{max}/ms	靶向激励峰值荷载 IF_{max}/kN	靶向激励时长 t_p/ms	靶向激励能量 W_p/J 实测	理论	$W_{p实}/W_{p理}$
PHPCCP1	M1	12.15	13.341	0.62	4.024	4.170	0.96
	M2	10.93	19.546	0.57	7.302	8.338	0.88
PHPCRCP1	M1	2.28	14.606	0.59	4.368	4.170	1.05
	M2	5.87	20.253	0.61	8.978	8.338	1.08

由表 4.3 分析可知，PHPCCP1 在激励工况 M1 作用下，靶向激励能量实测值与理论计算值分别为 4.024 J 和 4.170 J，实测值是理论计算值的 0.96 倍，在 M2 作用下，靶向激励能量实测值与理论计算值分别为 7.302 J 和 8.338 J，实测值是理论计算值的 0.88 倍，误差在 3%～12%，吻合度高；PHPCRCP1 在激励工况 M1 作用下，靶向激励能量实测值与理论计算值分别为 4.368 J 和 4.170 J，实测值是理论计算值的 1.05 倍，在 M2 作用下，靶向激励能量实测值与理论计算值分别为 8.978 J 和 8.338 J，实测值是理论计算值的 1.08 倍，误差在 5%～8%，吻合度高。

进一步对模型 PHPCCP1 与 PHPCRCP1 在摆锤靶向激励作用下的加速度响应特性进行分析，如图 4.7 与图 4.8 所示，其中，AR 表示加速度响应。

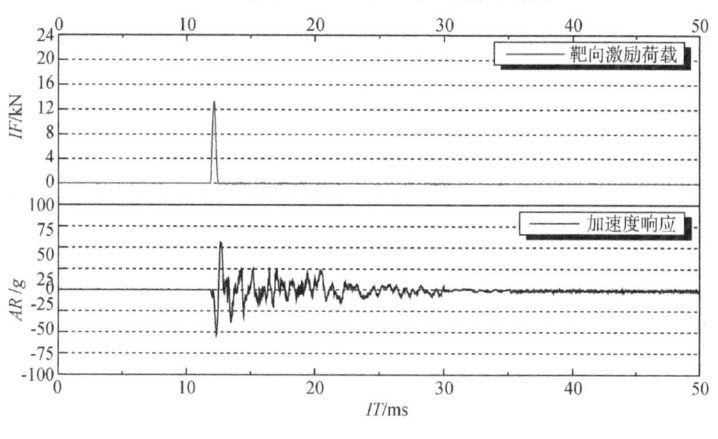

(a) 靶向激励工况 M1

(b) 靶向激励工况 M2

图 4.7　PHPCCP1 加速度响应特性

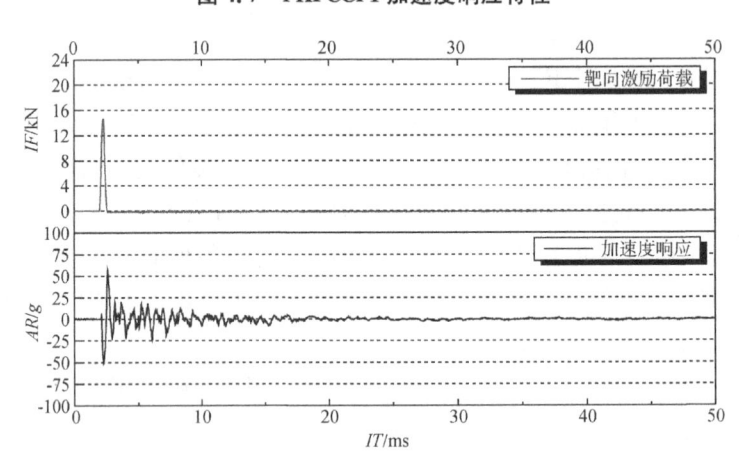

(a) 靶向激励工况 M1

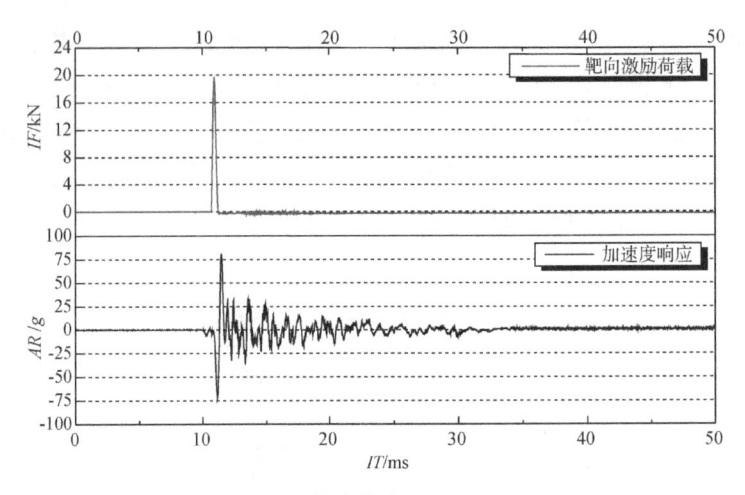

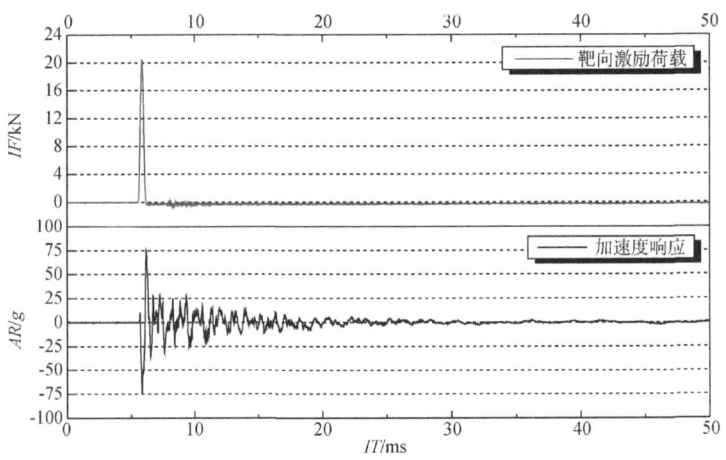

(b) 靶向激励工况 M2

图 4.8　PHPCRCP1 加速度响应特性

根据图 4.7 和图 4.8 可得模型 PHPCCP1 与 PHPCRCP1 在不同激励工况下的加速度响应特征参数，见表 4.4。

表 4.4　加速度响应参数对比表

试件编号	激励工况	峰值荷载时刻 IT_{max}/ms	靶向激励峰值荷载 IF_{max}/kN	加速度响应 AR/g 最大峰值	加速度响应 AR/g 最小峰值
PHPCCP1	M1	12.15	13.341	56.892	−52.454
PHPCCP1	M2	10.93	19.546	80.509	−72.144
PHPCRCP1	M1	2.28	14.606	57.428	−51.894
PHPCRCP1	M2	5.87	20.253	74.754	−74.259

由表 4.4 分析表明：模型 PHPCCP1 靶向激励峰值荷载为 13.341 kN 时所形成的激励响应加速度最大峰值达到 56.892g，最小峰值达到 −52.454g，靶向激励峰值荷载为 19.546 kN 时所形成的激励响应加速度最大峰值达到 80.509g，最小峰值达到 −72.144g；模型 PHPCRCP1 靶向激励峰值荷载为 14.606 kN 时所形成的激励响应加速度最大峰值达到 57.428g，最小峰值达到 −51.894g，靶向激励峰值荷载为 20.253 kN 时所形成的激励响应加速度最大峰值达到 74.754g，最小峰值达到 −74.259g。

4.2.3　靶向激励下空间分布特征研究

基于激励位置模式特征代入公式进行摆锤靶向激励模式的研究，结合不同激励工况下的靶向激励荷载特性试验所测相关参数，建立摆锤靶向激励模型，所得特征参数见表 4.5。

表 4.5　摆锤靶向激励模型的特征参数

试件编号	激励工况	靶向系数 γ_p/(N/kg)	激励周期 t_p/ms	激励频率 ω_p/($\times 10^3$ Hz)
PHPCCP1	M1	1.57	0.62	5.07
PHPCCP1	M2	2.30	0.57	5.51
PHPCRCP1	M1	1.72	0.59	5.32
PHPCRCP1	M2	2.38	0.61	5.15

根据表 4.5 中获得的不同激励工况下的靶向系数、激励频率，代入公式(4.3)分别可得模型 PHPCCP1 与 PHPCRCP1 在不同靶向激励下的靶向激励荷载历时曲线，如图 4.9 所示。

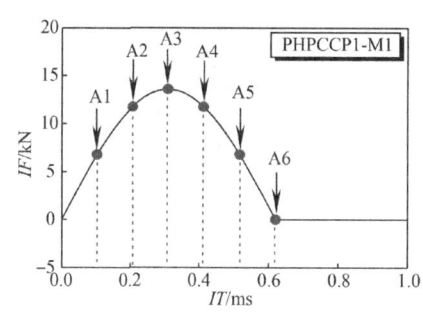

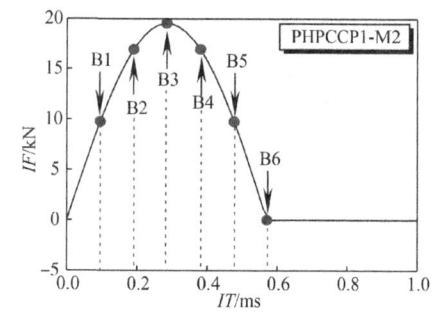

(a) 模型 PHPCCP1 激励模式 M1　　(b) 模型 PHPCCP1 激励模式 M2

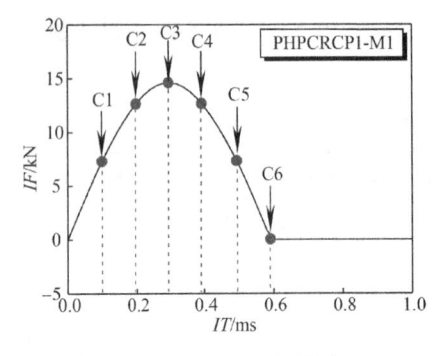

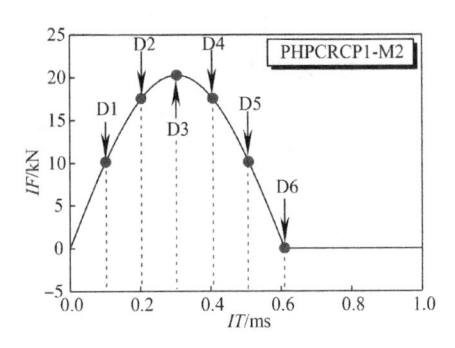

(c) 模型 PHPCRCP1 激励模式 M1　　　　(d) 模型 PHPCRCP1 激励模式 M2

图 4.9　不同靶向激励下的靶向激励荷载历时曲线

根据《混凝土结构设计规范》(GB 50010—2010)和《钢结构设计标准》(GB 50017—2017)，结合模型试验，得到摆锤靶向激励响应对比分析算例所用到的参数见表 4.6 与表 4.7。

表 4.6　算例模型力学性能参数

净宽 B /mm	净长 L /mm	净高 H /mm	密度 ρ /(kg/m³)	弹性模量 E/GPa	泊松比 μ	抗弯刚度 I^*/(N·m)	单位面积质量 $\bar{m}^*$/(kg/m²)	广义质量 M_{11}/kg
1 000	1 250	80	2 450	36.0	0.3	1.6879×10^6	1.960×10^2	7.479×10^2

f_1^*	f_{11}^*	φ_{11}^*	α_{11}^*	ρ_{111}^*	ρ_{211}^*	κ_{111}^*	κ_{211}^*	χ_{11}^*
2.513	571.861	−4.14	2.482	0.393	3.532	0.276	1.675	2.506

注：* 代表计算参数。

表 4.7　算例模型摆锤靶向激励性能参数

激励工况	锤头半径 r_p/m	锤头弹性模量 E_p/GPa	激励高度 h_p/m	激励速度 v_p/(m/s)	激励冲量 I_p	接触系数 ICC	响应系数 Γ^*
M1	0.05	206	0.05	0.99	5.36	1.79	−3.09
M2	0.05	206	0.10	1.40	7.58	3.53	−8.63

注：* 表示计算参数。

将表 4.6 和表 4.7 中各个参数带入公式(4.24)得到模型 PHPCCP1 与 PHPCRCP1 在不同激励工况下的加速度响应空间分布特征，如图 4.10～图 4.13 所示。

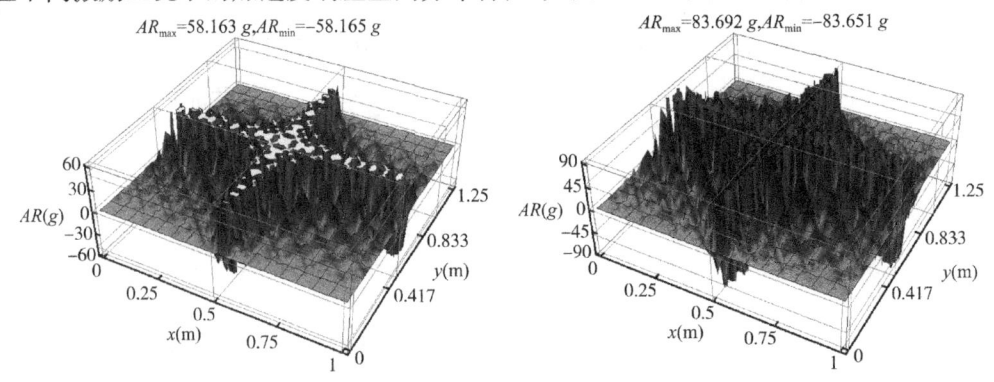

图 4.10　PHPCCP1－M1 加速度空间分布特征　　图 4.11　PHPCCP1－M2 加速度空间分布特征

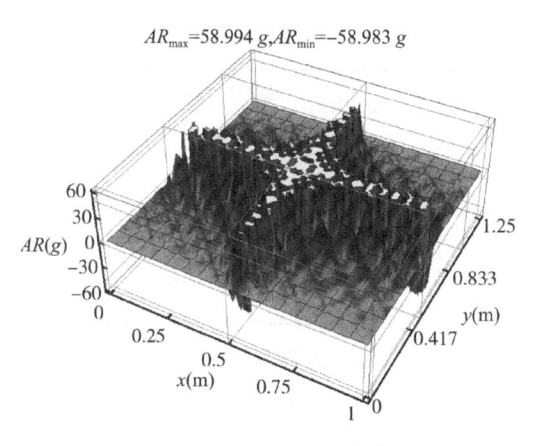

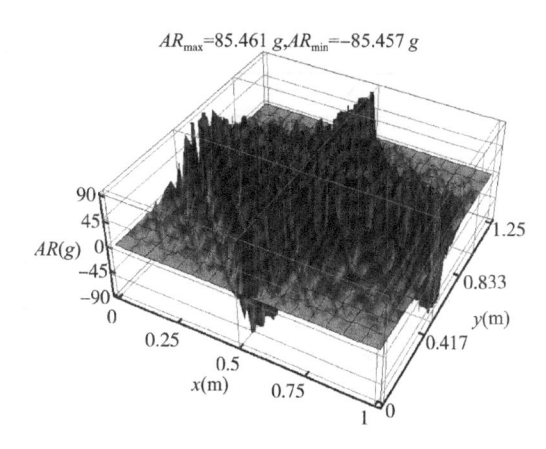

图 4.12　PHPCRCP1－M1 加速度空间分布特征　　图 4.13　PHPCRCP1－M2 加速度空间分布特征

选取图 4.10～图 4.13 中加速度空间分布的最大峰值与最小峰值进行对比，分析结果见表 4.8。

表 4.8　模型 PHPCCP1 与 PHPCRCP1 加速度响应峰值对比分析一览表

试件编号	激励工况	加速度响应最大峰值 AR_{max}/g 试验结果	加速度响应最大峰值 AR_{max}/g 理论计算	误差分析	加速度响应最小峰值 AR_{min}/g 试验结果	加速度响应最小峰值 AR_{min}/g 理论计算	误差分析
PHPCCP1	M1	56.892	58.163	1.02	−52.454	−58.165	1.11
PHPCCP1	M2	80.509	83.692	1.04	−72.144	−83.651	1.16
PHPCRCP1	M1	57.428	58.994	1.03	−51.894	−58.983	1.14
PHPCRCP1	M2	74.754	85.461	1.14	−74.259	−85.457	1.15

由表 4.8 分析可知，模型 PHPCCP1 在靶向激励 M1 作用下，加速度响应峰值误差在 1.02～1.11，在靶向激励 M2 作用下，加速度响应峰值误差在 1.04～1.16；模型 PHPCRCP1 在靶向激励 M1 作用下，加速度响应峰值误差在 1.03～1.14，在靶向激励 M2 作用下，加速度响应峰值误差在 1.14～1.15。综合表明：本书提出的摆锤靶向激励模式在分析水工高性能面板模型加速度响应空间分布特征时的整体误差在 16% 以内，吻合度高。进一步表明：在摆锤靶向激励作用下的水工高性能钢筋混凝土面板与水工高性能素混凝土面板的加速度空间分布特性的规律性一致。

4.3　水工钢混复合楼板韧性特征声发射特性试验与时频分析

4.3.1　试验概况

混凝土试件及水工钢混复合楼板主要组成材料为：饮用水、PO42.5 级水泥、粗砂、细砂、河沙以及 Q235 钢材。混凝土配合比见表 4.9。

表 4.9 混凝土配合比

组分	规格	含量/(kg/m³)
水泥	PO42.5	530
河沙	—	705
水	饮用级自来水	148
细砂	5～10 mm	408
粗砂	10～25 mm	612

混凝土试件设计为长方体柱,截面尺寸为 10 cm×10 cm。在距顶部 25 cm 处截面设置预制缝。预制缝贯穿试件的对侧,缝长设置为 5 mm,缝宽设置为 2 mm,布置于截面中部,以截面中线为对称轴。试件顶部预埋 20 mm 直径的带螺纹钢筋头以施加轴向拉伸。具体形式如图 4.14 和图 4.15 所示。

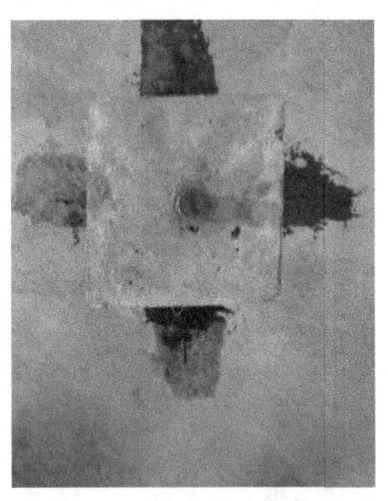

图 4.14 复合楼板上拉拔试件俯视图 图 4.15 复合楼板上拉拔试件正视图

采用结构大厅桁车架的吊钩作为反力装置,复合滑轮作为加力装置,在滑轮与试件之间布置 2 t 级拉力传感器作为测力设施。试件顶部采用特制吊环旋入预埋钢筋、滑轮吊钩与拉力传感器,拉力传感器与试件顶部吊环之间均采用合适大小和型号的 U 形钢扣件进行连接。

试验时,由试验人员缓慢匀速拉动复合滑轮的施力端,直至试件受拉破坏。试验前,调整吊车、复合滑轮、拉力传感器、试件预埋钢筋在同一铅垂线上以保证试件所受拉力沿轴向方向,布置如图 4.16 和图 4.17 所示。试验中,拉力传感器采用 TST5925E 无线遥测动态应变测试分析系统进行数据采集,布置声发射探头采集各处声发射信号。为防止因人与复合楼板的接触产生声发射信号而导致干扰,复合楼板表面铺设两层塑料泡沫板,在加力过程中,试验人员保持不动以减少环境干扰。

图 4.16　复合楼板上拉拔试验图　　**图 4.17　声发射探头布置**

为采集全过程的声发射信号,共布置 11 处声发射探头以接收试验过程中不同部位的声发射信号。其中,混凝土柱上共布置 4 处声发射探头,分别位于柱体的 4 个立面的中轴线上,对立面的探头布置高度相同,其中 1 号、2 号探头离柱体顶部 5 cm,3 号、4 号探头距预制缝截面高 5 cm。5 号、6 号、7 号探头布置于柱体附近复合楼板上,距离柱体 5 cm,8 号、9 号、10 号、11 号探头以柱体中轴线为中心呈矩形布置,具体布置见图 4.16 和图 4.17。

声发射采集仪器采用 SENSOR HIGHWAY Ⅱ 型声发射采集系统,其参数设置如表 4.10 所示。

表 4.10　测试参数设置

参数类型	参数值
采样频率/kHz	500
阈值/dB	20
前放增益/dB	40
预触发/μs	256

4.3.2　拉拔全过程韧性机理声发射参数分析

受探头本身质量、布置时与试件表面的耦合情况等因素影响,不同探头对同一试验的声发射信号的采集情况存在差异,经过综合比较分析,在柱上、板上各选取一处代表性探头所接收声发射信号对板上拉拔试验进行声发射分析。其中,柱上选取 1 号位置处探头,板上选取 5 号位置处探头。图 4.18 和图 4.19 为 1 号位置(柱体上)所接收声发射信号的能量与柱体受拉全过程拉力的耦合图,其中图 4.18 为 1 号位置处探头所接收瞬时能量，图 4.19 为 1 号位置处探头所接收累积能量。从图可见试件破坏可分为三个阶段：

第一阶段从试验开始到 40 s。此阶段为稳定加载阶段，在此阶段拉力水平较低，声发射事件数较少且能量值较低，为试件内部微裂缝开始出现的阶段。

第二阶段从 40 s 到 65 s 之前，此阶段拉力保持稳定上升，声发射信号开始增多且能量开始增大，累积能量曲线有了第一次较大的提升。此阶段柱体内部裂缝开始稳定扩展。

第三阶段为破坏阶段，内部裂缝经过一定程度的发育后进入临界状态，在外力进一步作用下迅速扩展产生贯穿裂缝导致试件破坏，柱体断裂时一部分机械能转化为声发射能量，此时所接收到声发射信号能量值极大，累积能量曲线迅速上升。

试件破坏时无线遥测动态应变测试分析系统所接收拉力值为 13.005 kN，沿预制缝截面断裂，破坏方式如图 4.20 所示。

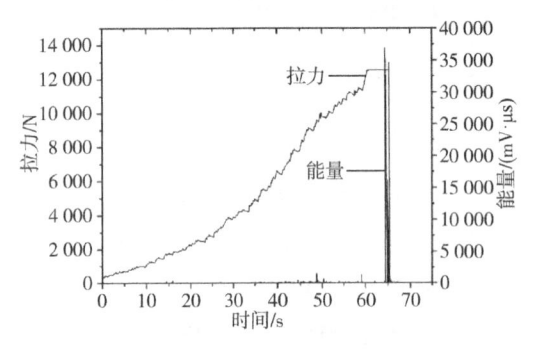

图 4.18　拉力-1 号位置声发射瞬时能量耦合　　图 4.19　拉力-1 号位置声发射累积能量耦合

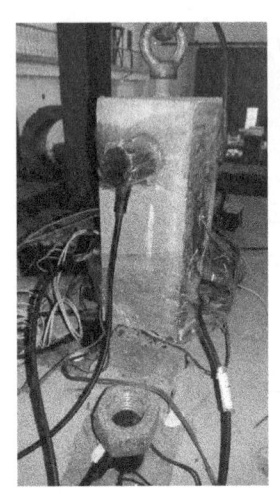

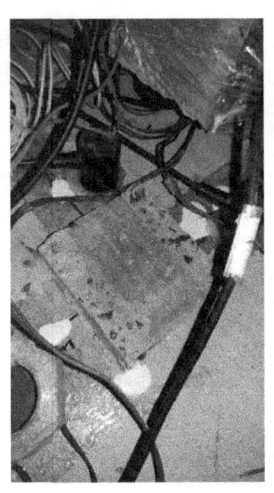

图 4.20　试件破坏

4.3.3　韧性机理声发射源定位分析

图 4.21 为 1 号、5 号位置探头所接收声发射信号能量参数的对比图，其中 1 号位

置在柱体上,5号位置在复合楼板上,距离柱体5cm左右。在拉拔试验全过程中,柱体与复合楼板中均会有微裂缝的发育,从而导致声发射信号的释放。声发射信号在结构不同部分之间相互传播时,由于反射、散射等作用的存在,跨结构所接收到的信号能量在相同距离下小于同一结构上的探头所接收到的信号能量。在本试验中,柱体中的声发射源所产生的声发射信号经过传播到达复合楼板中时,所接收到的能量小于柱体上的探头所接收到同一信号源的能量值的大小,反之亦然。利用这一性质,通过分析不同部位探头所接收到声发射信号的能量值特征,可以初步分析判断不同时期不同声发射信号的源位置。

分析第二阶段的声发射信号特征,图4.22、图4.23分别为1号位置探头、5号位置探头在0~63 s时间段内的声发射瞬时能量图。可以看出,第二阶段,柱体中的声发射信号主要发生于40~53 s时间范围内,声发射信号密集但是平均能量参数值较低,仅一处声发射能量值超过1 000 mV·μs。复合楼板中的声发射主要集中在53~63 s,之后试件受拉破坏,其声发射信号特点为数量较少但是能量值普遍较高。两者之间对比可通过图4.24中1号、5号位置探头所接收声发射能量值的对比图清楚看出。

1. 能量

水工钢混复合楼板1号和5号位置声发射能量图与声发射能量图对比图如图4.21~图4.24所示。

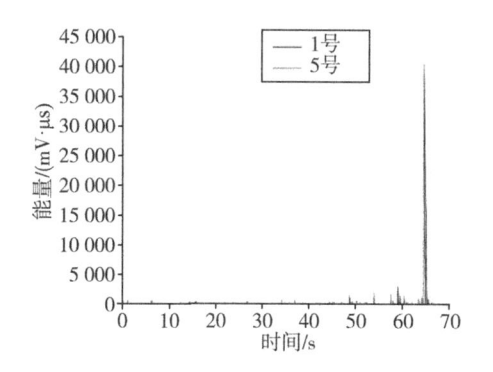

图4.21 1号、5号位置声发射能量对比图

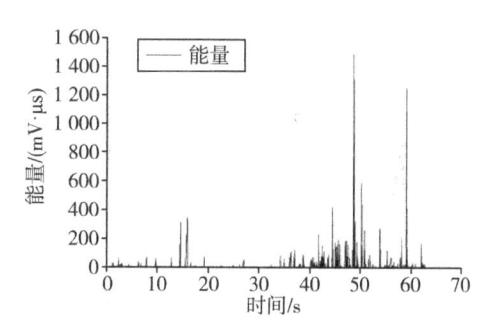

图4.22 1号位置声发射能量图

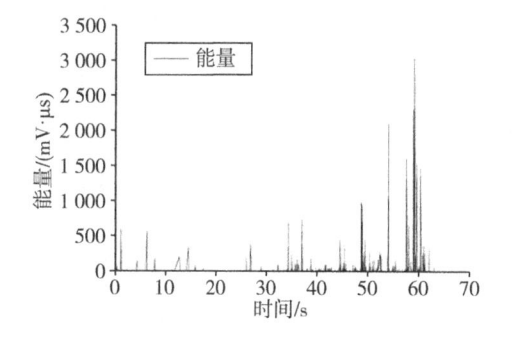

图4.23 5号位置声发射能量图

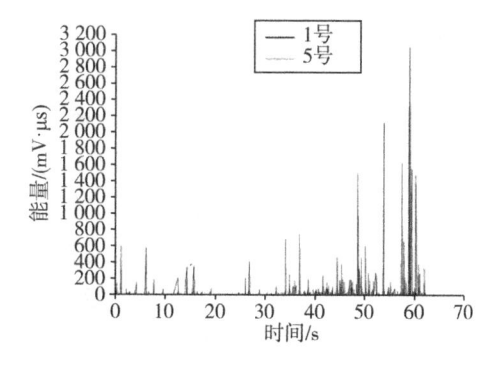

图4.24 1号、5号位置探头声发射能量对比图

由图 4.24 可以看出,在 0~16 s 范围内,有一定的声发射信号分布。此时应力水平处于较低阶段,声发射信号的来源主要为复合楼板、柱内部原有缺陷的受力变形以及局部受力不均。在 16~26 s 范围内,复合楼板、柱中均无大的声发射信号,处于平静期。在结构内部,原有缺陷在前期较小的外力作用下达到受力稳定的状态,而新的缺陷尚未形成,柱中平静期持续到了 33 s 左右,而复合楼板中的平静期仅达到了 26 s 左右。之后开始陆续有小的声发射信号产生,标志着结构内部开始产生裂缝的发育,在这一阶段,复合楼板中的损伤在 26~40 s 范围内的声发射信号能量值高于柱中损伤。在 40~50 s 范围内,柱中声发射信号的振铃数及能量值均发展超过复合楼板,在 49 s 左右产生一处相对较大的声发射信号。断裂前 10 s 范围内,复合楼板中声发射信号在数量和能量值上均开始大幅增加,结构内部损伤开始大量积累。而柱中相对平静,仅存在几处较大的声发射信号。在 63 s 左右,试件在预制缝截面发生断裂,复合楼板、柱上所布置探头均采集到极大能量值的声发射信号。信号来源如下:柱体在拉力作用下断裂时所释放断裂能;复合楼板内在拉力作用下积累了大量的应变能,在柱体断裂后应变能大量释放。

2. 振铃计数

水工钢混复合楼板 1 号和 5 号位置振铃计数分布如图 4.25 所示。

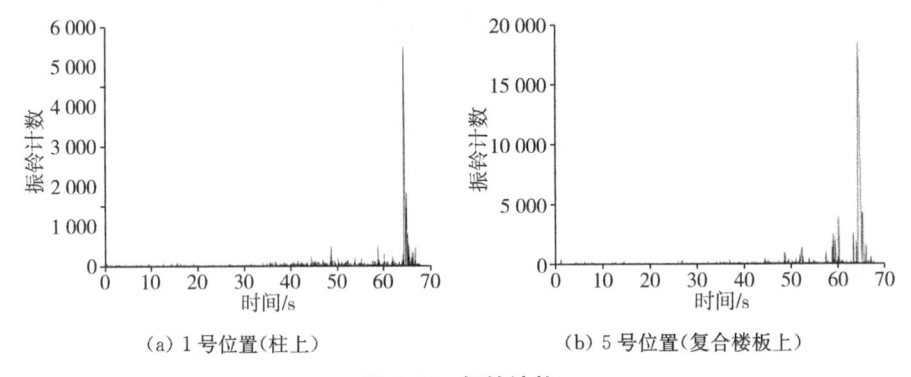

(a) 1 号位置(柱上)　　(b) 5 号位置(复合楼板上)

图 4.25　振铃计数

声发射振铃计数代表了一个完整声发射信号内超过门槛值的振荡次数,该参数一定程度上反映了信号的强度和频度。振铃计数的多少也反映了结构内部微裂缝发展的数量,具体数值与声发射采集仪器所设置的门槛值有关。在整体趋势上与声发射能量值的分布较为类似:在断裂前(0~63 s)均较小,在断裂时大量爆发。在 40~50 s 范围内,复合楼板、柱结构内声发射数量均较少,柱中振铃计数略大于复合楼板。在 50 s 至断裂前,柱中振铃计数相对较少,而复合楼板中振铃数则远大于柱中声发射振铃数,对比同时段能量图,复合楼板中声发射能量总体低于柱中,这一现象反映了柱中所产生损伤数量较少、但能量值高于复合楼板,这也与结构受力特征相适应:柱体受轴向拉力作用,受力形式较为简单,内部易产生集中应力作用,而复合楼板中所受应力作用较为复杂,柱体底部与复合楼板接触部位所提供拉力作用在复合楼板中分散,因而所产生声发射信号数量较多但是平均能量值较小。断裂时复合楼板、柱中所产生声发射信号能量值较大,传播至其他结构中时依然保留了较大能量值从而可以被测到,因而这一阶段复合楼板、柱上探头所接收声发射信号振铃计数无明显区别。

水工钢混复合楼板1号和5号位置幅值分布如图4.26所示。

从图4.26可见,声发射幅值反映了声发射信号的强度值,由声发射源的活动强度所决定,因而声发射幅值反映了结构内部产生声发射信号的损伤发育的强烈程度。复合楼板上探头所接收声发射幅值统计意义上高于柱上。从时域分布来看,柱上声发射信号的幅值在试验后段有一定程度的提升,在试件破坏时有较明显的峰值出现,而复合楼板上声发射信号的幅值在试件断裂前后无明显峰值现象。

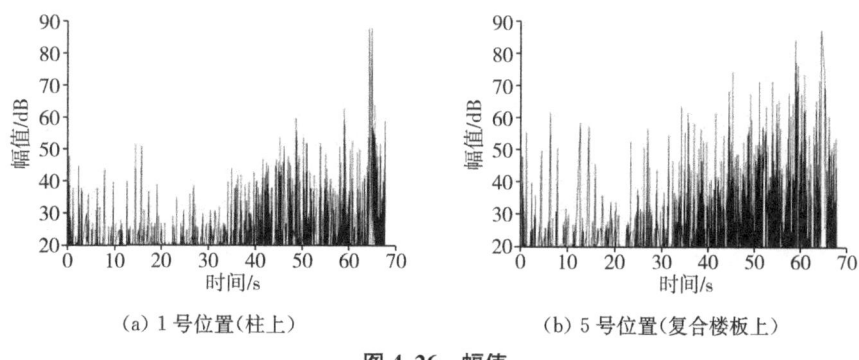

(a) 1号位置(柱上)　　(b) 5号位置(复合楼板上)

图4.26　幅值

3. 持续时间与上升时间

水工钢混复合楼板1号和5号位置持续时间分布如图4.27所示,上升时间分布如图4.28所示。

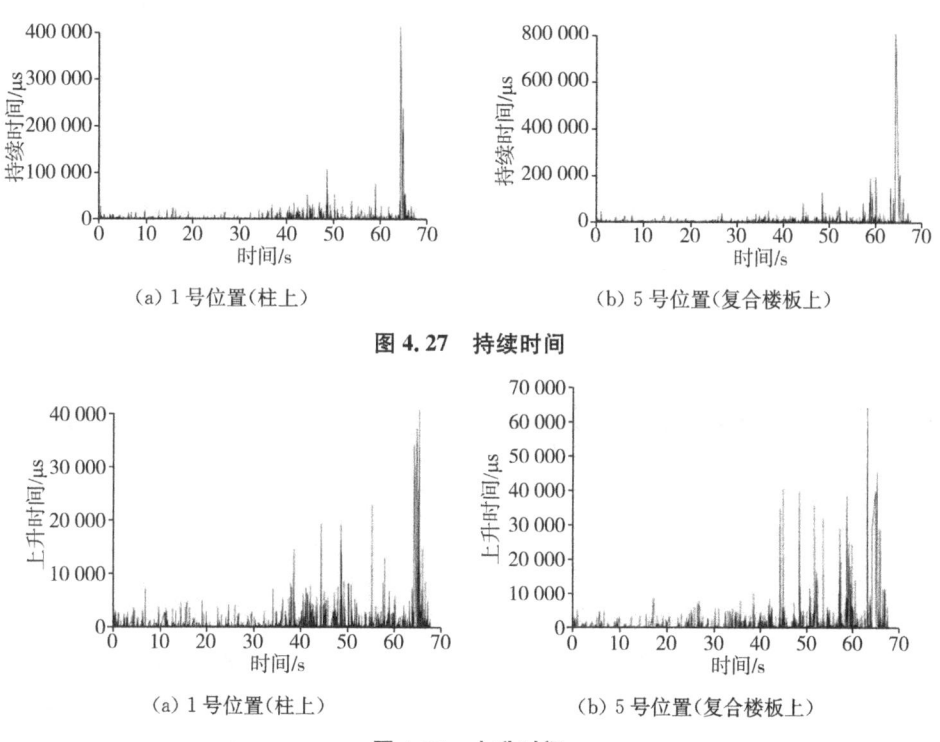

(a) 1号位置(柱上)　　(b) 5号位置(复合楼板上)

图4.27　持续时间

(a) 1号位置(柱上)　　(b) 5号位置(复合楼板上)

图4.28　上升时间

持续时间与上升时间粗略表征了信号的波形特征。其中持续时间定义为声发射信号从首次越过预设门槛值到最后降至门槛值之下所经历时间,上升时间定义为声发射信号从首次越过预设门槛值到峰值所经历时间。这两组参数主要用于声发射信号的类型识别。从图 4.27、图 4.28 可以看出两者的分布与声发射能量值的分布有一定相似之处。复合楼板中声发射信号的持续时间与上升时间分布更为分散,这也与复合楼板中应力分布较复杂,破坏类型更为多样有关。

水工钢混复合楼板 1 号和 5 号位置声发射 RD 值分布如图 4.29 所示。

(a) 1 号位置(柱上)

(b) 5 号位置(复合楼板上)

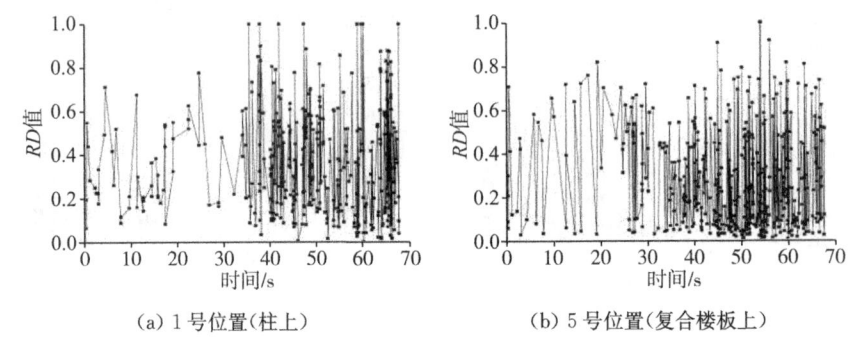

图 4.29 声发射 RD 值

声发射 RD 值为上升时间与持续时间之比,一般用于声发射源的模式识别。由图 4.29 可以看出,柱上声发射 RD 值分布较为散乱,从 0(信号开端即为幅值峰值)到 1(信号最后方为幅值峰值)均有分布,主要集中于 0.1~0.6 范围段内。整体而言,复合楼板上声发射 RD 值主要集中于 0~0.6 范围段,RD 值 0.6 以上的声发射信号数量少于柱上。

4. RA 值

水工钢混复合楼板 1 号和 5 号位置声发射 RA 值分布如图 4.30 所示。

(a) 1 号位置(柱上)

(b) 5 号位置(复合楼板上)

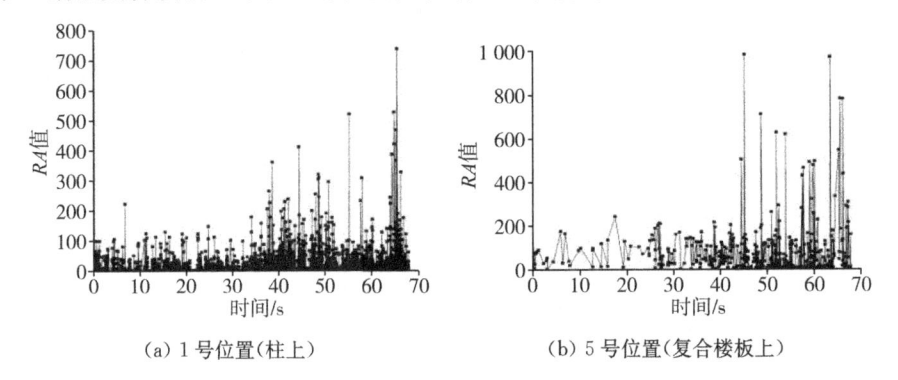

图 4.30 声发射 RA 值

声发射 RA 值为上升时间与幅值之比,广泛应用于声发射源的模式识别中。柱上声发射信号 RA 值集中于 0~100,在试验后半段 RA 值有一定程度上升,在破坏前后出现峰值;复合楼板上声发射信号 RA 值主要在 0~200 范围内,有多处声发射信号存在较高 RA 值,且均存在于试验后半段,在破坏前后有几处声发射 RA 值较大,但数量远较柱上少。总体来看,复合楼板上探头所接收声发射信号的 RA 值相较柱上偏高。

4.3.4 韧性机理声发射传播特性分析

声发射信号在时频域中的分布特征及模态分析是波形分析中的重要内容,如何寻找主频等时频特征与声发射源的材料、受力形式等特征之间的关系是时频研究的主要目标。一个试验中所产生的声发射信号数量庞大,并无必要对所有信号进行时频特征分析。特征信号选择采用如下规则:基于特征参数法对整个试验过程的声发射信号进行整体分析,得出与试验过程相对应的不同声发射特征参数变化趋势以及阶段性特点,针对不同阶段选取具有代表性的信号进行分析,一般而言,代表性信号有着能量值较大的特点。本书中以 1 号试件试验全过程作为主要研究对象,三阶段分别选取布置于柱体上及复合楼板上探头所接收信号中的代表性信号进行分析,以接收信号的探头位置以及到达时间作为信号编号,如柱 36295894 号声发射信号代表布置于柱上的探头于实验第 36.295 894 s 所接收到的声发射信号。共选取 12 次完整声发射事件作为代表研究拉拔试验全过程的声发射信号时频信息,每阶段选取 4 次声发射事件,分别来自布置于复合楼板上及柱上的声发射探头。

1. 韧性机理频谱特征分析

频谱图使用 MATLAB 中的 SPTOOL 工具箱进行绘制,使用快速傅里叶变换将信号信息由时域转换到频域,反映了声发射信号中振幅随频率的变化规律。

拉拔实验第一阶段为准弹性阶段,该阶段声发射信号振铃数少,能量值相对较低,结构内部微裂纹发育较少,柱上探头与复合楼板中探头所接收声发射信号参数值整体差别较小,复合楼板上有一次能量相对较大的信号。选取 4 次声发射事件进行分析,其中所选柱上探头接收信号的编号为:柱 36295894(能量值为 117 mV·μs)、柱 37001685(能量值为 127 mV·μs),所选复合楼板上探头接收信号的编号为:复合楼板 35981445(能量值为 172 mV·μs)、复合楼板 37001548(能量值为 749 mV·μs),频谱图及对应波形图如图 4.31~图 4.34 所示。波形图基于原始信号进行绘制,在绘制频谱图前均按前文所介绍方法进行滤波处理。

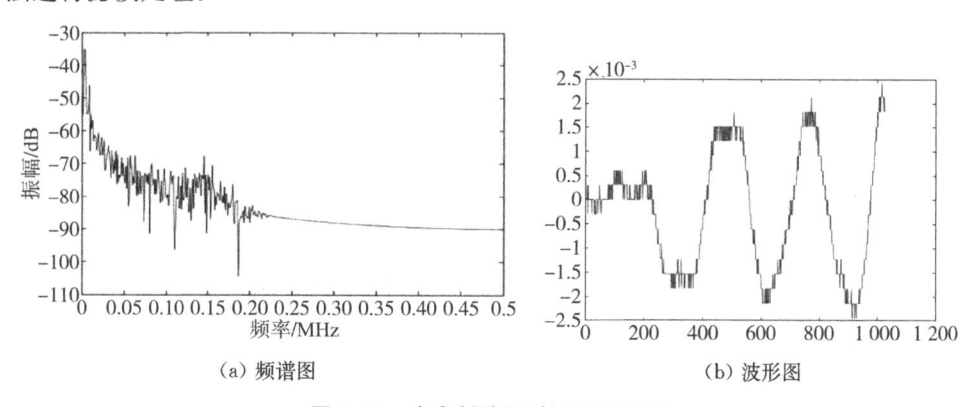

(a)频谱图   (b)波形图

图 4.31 声发射信号(柱 36295894)

(a) 频谱图　　　　　　　　　　　　(b) 波形图

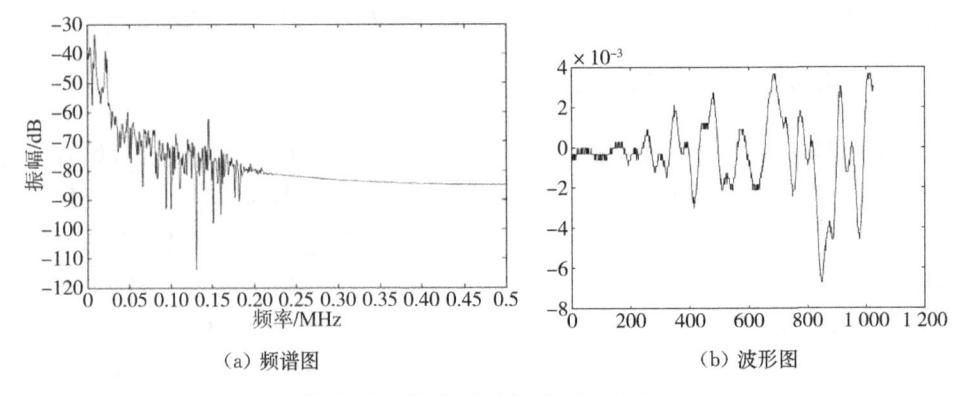

图 4.32　声发射信号(柱 37001685)

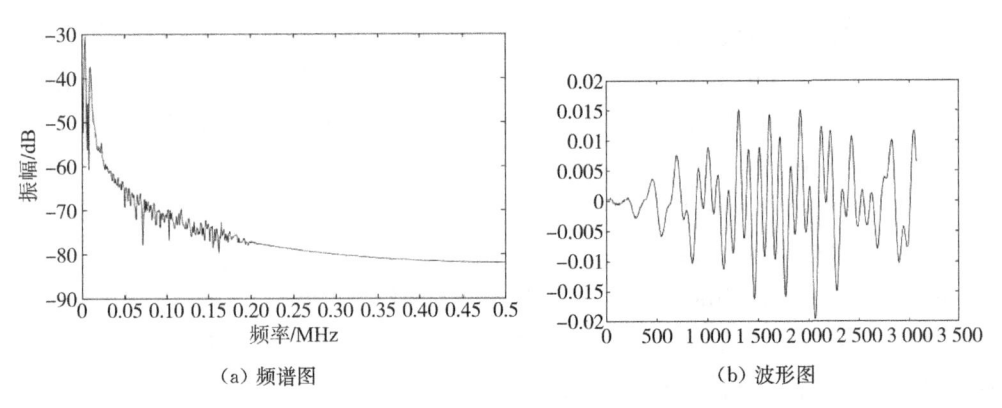

(a) 频谱图　　　　　　　　　　　　(b) 波形图

图 4.33　声发射信号(复合楼板 35981445)频谱分析

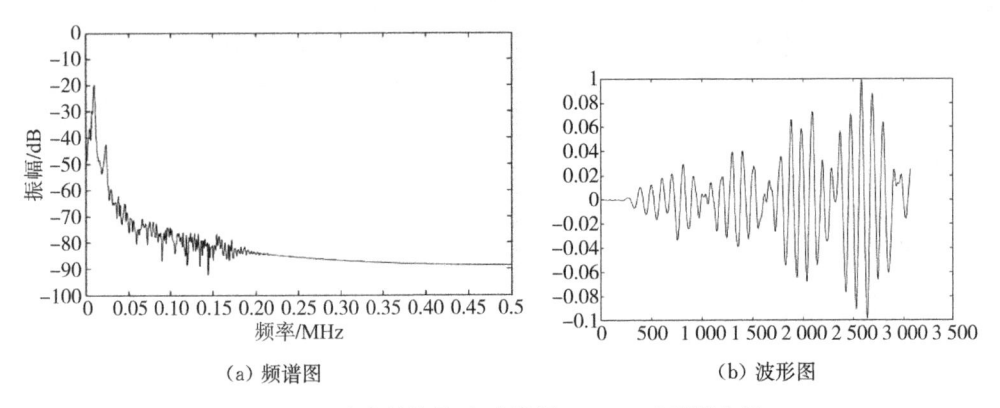

(a) 频谱图　　　　　　　　　　　　(b) 波形图

图 4.34　声发射信号(复合楼板 37001548)频谱分析

从图 4.31～图 4.34 波形图可以看出,柱上探头所接收信号的周期性更强,柱体结构中受拉力作用,混凝土破坏形式较为单一,内部裂缝发展所产生声发射信号的波形特征更有规律性。此时拉力水平较低,复合楼板结构内部损伤所产生声发射信号能量值较小,因衰减原因传播至柱体中后所残存能量值与柱体中声发射已不在一个量级,因而柱体上探头所接收声发射信号主要为柱中损伤所产生信号,故表现出较强的正弦或余弦的趋势,少量能量值较高的信号由复合楼板中传至柱中,共同组成了柱上声发射信号的频率分布。相较于混凝土柱体,复合楼板中应力分布情况更为复杂,因而所产生声发射信号成分更为多样,这点可以从复合楼板中声发射信号的频谱分布及波形图中看出。

从频谱图可以看出,柱、复合楼板中声发射能量值均主要分布在 40 kHz 以下的频率段中。混凝土材料声发射信号的主频存在于 2 kHz 左右及 13~14 kHz 频率段内,在 4 处声发射信号频谱图中,均可看出在 2 kHz 频率段和 13~14 kHz 频率段的能量集中。其中,柱 36295894 号信号主要集中于 2 kHz 频率段,13~14 kHz 频率段也出现峰值但能量值远低于 2 kHz 频率段。柱 37001685 号信号频谱图存在 3 处峰值:2 kHz、13~14 kHz 以及 25 kHz 频率段,13~14 kHz 频率段的幅值绝对值稍大于其他两处,25 kHz 频率段声发射能量主要来自复合楼板中配筋所产生声发射信号。在 50~250 kHz 频率段,柱中声发射信号的幅值变化更为强烈。

从波形图中可以看出,柱中声发射信号表现出较明显的弦波波形,可以看出明显的高频分量。这一特征反映了柱中声发射源的单一性,其能量值较低的高频分量来源可能为复合楼板中钢筋所产生声发射信号传播至柱中所致。复合楼板中声发射信号的波形可看出较高能量的较高频段分量。此时复合楼板、柱中声发射信号均为单一波形。

拉拔实验第二阶段,复合楼板和柱中声发射信号的振铃数和能量值整体有显著增加,从进入二阶段至 40 s 之前,复合楼板中的声发射信号能量值大于柱中声发射信号,40 s 后至断裂前,柱中声发射信号能量值大于复合楼板中声发射信号。选取 4 次声发射事件进行分析,其中所选柱上探头接收信号的编号为:柱 48683259(能量值为 1 498 mV·μs)、柱 48951751(能量值为 322 mV·μs),所选复合楼板上探头接收信号的编号为:复合楼板 48664485(能量值为 993 mV·μs)、复合楼板 48806251(能量值为 976 mV·μs),频谱图及对应波形图如图 4.35~图 4.38 所示。

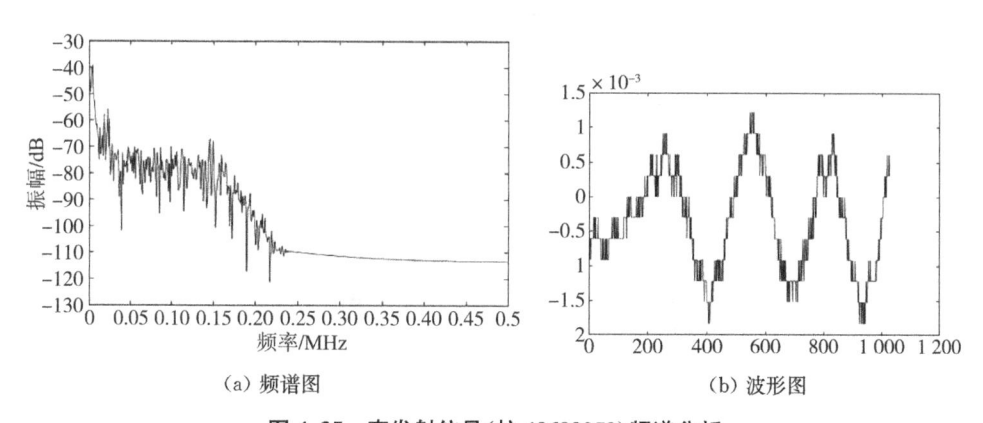

(a) 频谱图　　(b) 波形图

图 4.35　声发射信号(柱 48683259)频谱分析

(a) 频谱图　　　　　　　　　　　　(b) 波形图

图 4.36　声发射信号（柱 48951751）频谱分析

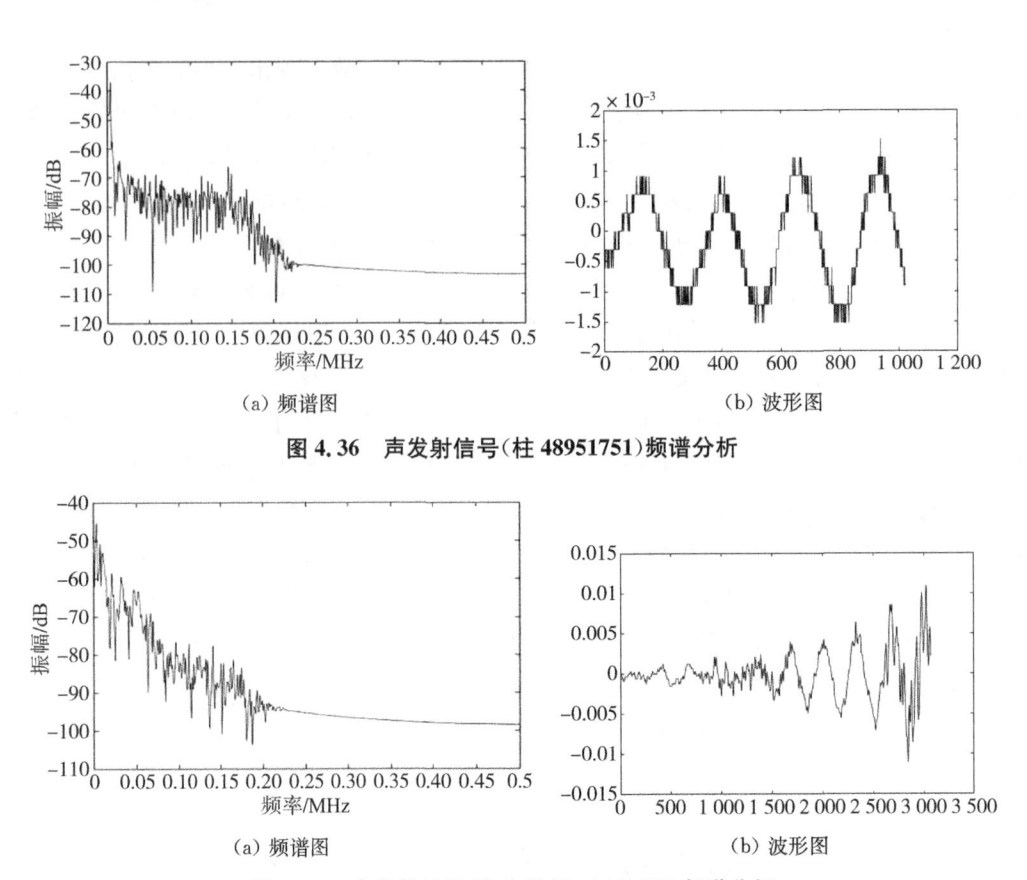

(a) 频谱图　　　　　　　　　　　　(b) 波形图

图 4.37　声发射信号（复合楼板 48664485）频谱分析

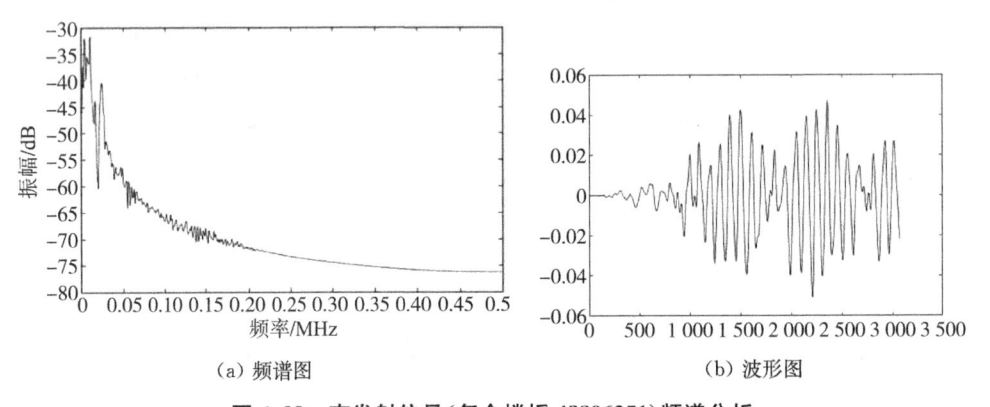

(a) 频谱图　　　　　　　　　　　　(b) 波形图

图 4.38　声发射信号（复合楼板 48806251）频谱分析

由图 4.35～图 4.38 可看出，柱中声发射信号的能量更明显的集中在 14 kHz 以下，表现出较强的混凝土声发射信号特点。复合楼板中声发射信号频谱图则存在多个峰值，其中混凝土声发射信号（0～14 kHz 频率段）的振幅最大，复合楼板中钢筋及其他因素所产生声发射信号所占分量较小。在 150 kHz 频率段处存在一处振幅峰值，该频率段声发射信号分量应为复合楼板中所布钢筋所产生声发射信号或加载器械（U 形吊环、传感器、复合滑轮等）之间的摩擦所产生声发射信号。柱中声发射信号频谱图在 14 kHz 以下的峰值与较高频段之间存在一个突变,表明柱上所布置探头接收的声发射信号中,柱体的受拉破坏产生声发射信号分量占绝对主体位置。相比较而言,复合楼板中声发射信号从低频较高能量段向较高频段的过渡更为平缓,反映了复合楼板上探头所接收声发射信号成分较为复杂,为多处信号的混杂。

  随着拉力的持续增加,柱中损伤累积至临界值,最终在预制缝断面产生断裂,同时复合楼板中积累的应变能在断面出现后迅速释放,柱中复合楼板中同时释放出大量高能量值的声发射信号。选取 4 次声发射事件进行分析,其中所选柱上探头接收信号的编号为:柱 64451240(能量值为 36 896 mV·μs)、柱 64977854(能量值为 16 146 mV·μs),所选复合楼板上探头接收信号的编号为:复合楼板 64105329(能量值为 1 157 mV·μs)、复合楼板 64446562(能量值为 40 552 mV·μs),频谱图及对应波形图如图 4.39～图 4.42 所示。

(a) 频谱图　　　　　　　　　　(b) 波形图

图 4.39　声发射信号(柱 64451240)频谱分析

(a) 频谱图　　　　　　　　　　(b) 波形图

图 4.40　声发射信号(柱 64977854)频谱分析

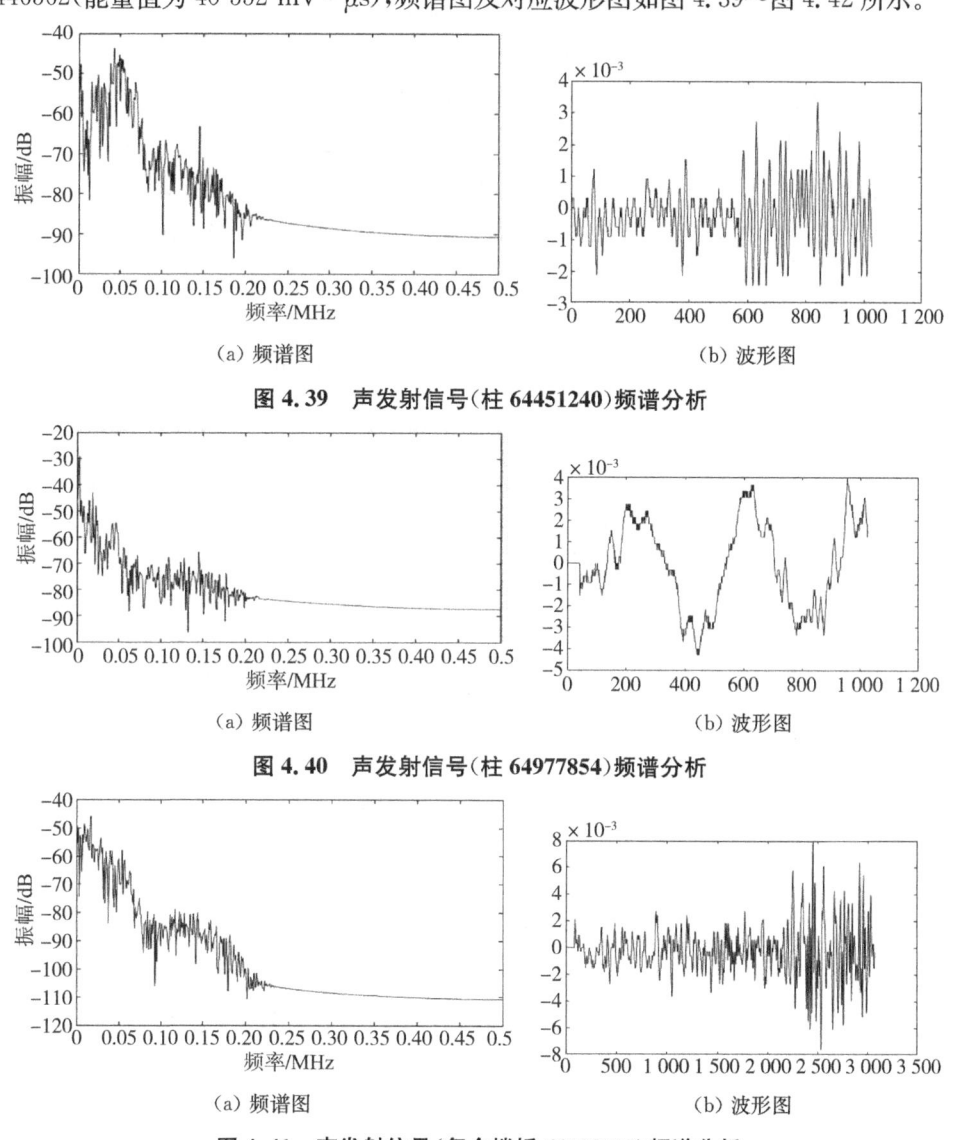

(a) 频谱图　　　　　　　　　　(b) 波形图

图 4.41　声发射信号(复合楼板 64105329)频谱分析

(a) 频谱图　　(b) 波形图

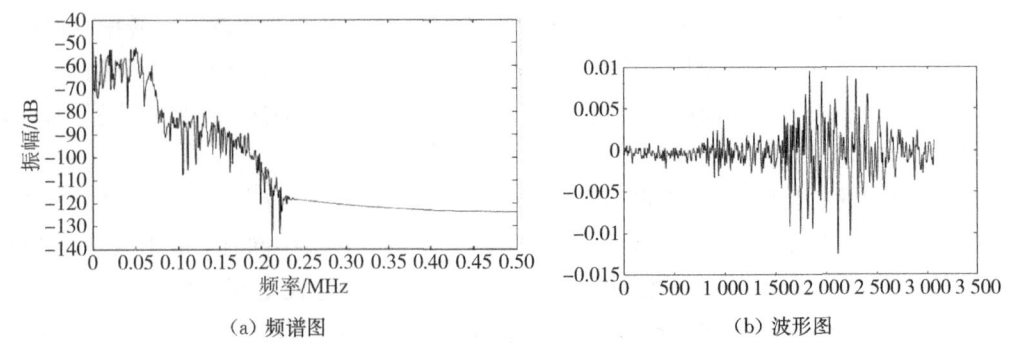

图 4.42　声发射信号(复合楼板 64446562)频谱分析

破坏阶段,声发射信号的频谱及波形图显现出一些与前阶段不同的特征。柱 64977854 号信号为破坏前的一次能量值较大的声发射信号,该信号的频谱、波形图保留前两阶段的特征:混凝土声发射信号占主体,较高频段信号幅值依旧远小于 14 kHz 以下频率段幅值。但较前两阶段有了明显提升,其原因在于:此时复合楼板中损伤开始大量发育,声发射信号的发生数量及能量值均有较大幅度提升,相当数量的复合楼板中声发射信号传播至柱中,构成了较高频谱段。柱 64451240 号信号为柱体断裂时所采集到声发射信号,为试验全过程柱上探头所接收到能量值最大的声发射信号,波形图表现出较强的连续型信号的特征。在频谱图上共有两处峰值,一处为 14 kHz 以下频率段,主要由柱体断裂及复合楼板中混凝土损伤所产生声发射信号构成,能量值较为集中,频率范围较窄;一处为 20~140 kHz 频率段,峰值点在 50 kHz 左右,频谱范围较宽,其构成成分较为复杂,包括之前阶段复合楼板中累积的应变能释放所产生声发射信号、复合楼板中钢筋损伤所产生声发射信号、加载器械(U 形吊环、传感器、复合滑轮等)在柱体断裂后产生回弹所产生声发射信号。复合楼板中的声发射信号频谱图中峰值频率段与其他频率段幅值差距较小,声发射能量较均匀分布在 100 kHz 范围内。其声发射信号来源包括复合楼板中混凝土受剪及受拉损伤破坏声发射信号、柱中受拉破坏声发射信号及加载器械(U 形吊环、传感器、复合滑轮等)声发射信号、复合楼板中钢筋损伤声发射信号、柱体破坏后复合楼板中累积应变能释放所产生声发射信号等。

2. 韧性机理时频特征分析

对声发射信号进行时频分析,是一种通过短时傅里叶变换、小波变换等信号处理技术将单个完整声发射信号由时域转化到时频域的一种处理方法。处理之后的时域图中可以直观地看出每个声发射信号主频分布、幅值大小、频率随时间分布,包含了声发射源的材料类型、破坏形式等信息,对声发射信号模式识别有极大的应用价值。

本试验声发射信号的时频图基于 MATLAB 中的 spectrogram 函数进行绘制,该函数采用短时傅里叶变换(STFT)将信号信息由时域转换到时频域,窗函数选用汉明窗(Hamming),汉明窗是一种余弦窗,数学表达见式(4.27)。

$$\omega(x) = \left[0.54 - 0.46\cos\left(\frac{2\pi x}{M-1}\right)\right] R_M(x) \tag{4.27}$$

汉明窗函数旁瓣较小,有较好的频率选择性。数据图使用 surf 类函数进行绘制。

第一阶段时频图见图 4.43~图 4.46。Z 轴为能量谱密度,代表在某特定频率处单位频带内的信号能量。其中图(a)中 Z 轴坐标为经时频分析后的原始能量谱密度值,图(b)中 Z 轴坐标为经过对数处理后的能量谱密度值。通过原始值可以较好地看出能量谱密度在时频域内的趋势分布,但细节分辨率较差,经过对数处理后提高了时频图的细节分辨率。

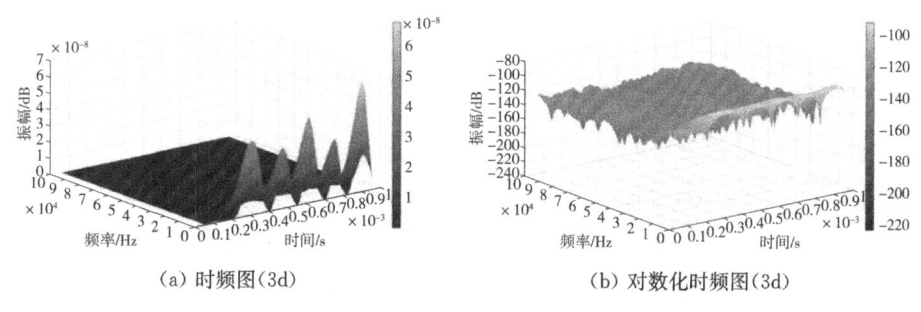

(a) 时频图(3d)   (b) 对数化时频图(3d)

图 4.43 声发射信号(柱 36295894)

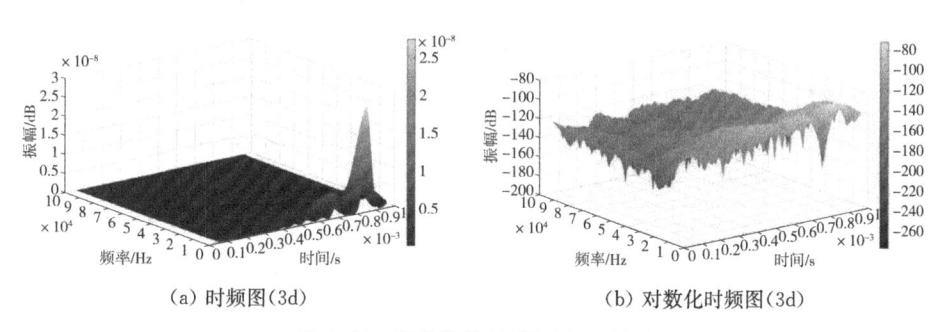

(a) 时频图(3d)   (b) 对数化时频图(3d)

图 4.44 声发射信号(柱 37001685)

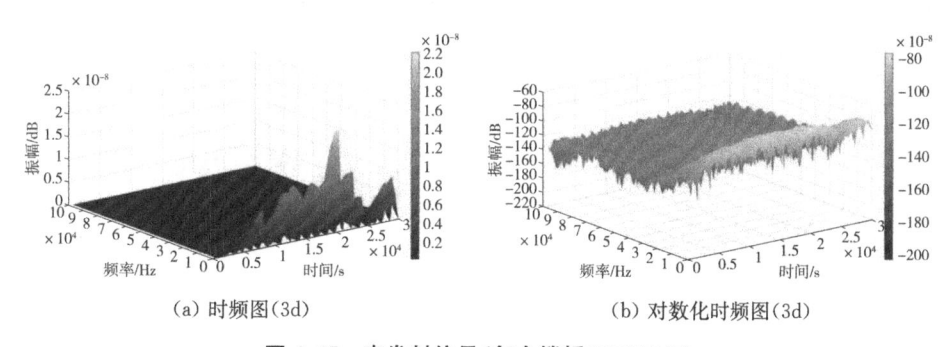

(a) 时频图(3d)   (b) 对数化时频图(3d)

图 4.45 声发射信号(复合楼板 35981445)

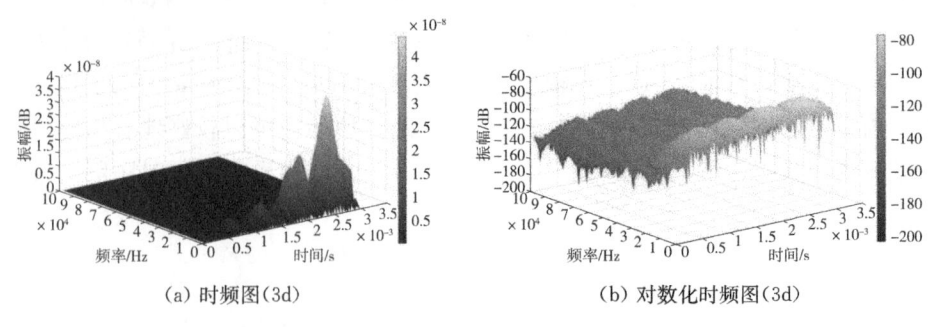

(a) 时频图(3d)　　　　　　　　　(b) 对数化时频图(3d)

图 4.46　声发射信号(复合楼板 37001548)

第一阶段内部损伤发育较少，声发射信号数量较少且能量值较低。柱中声发射信号主频带分布在 0～2 kHz 和 10 kHz 频率附近，符合混凝土声发射信号频率分布特点，柱 37001685 号声发射信号在 20～30 kHz 频率段有能量值较低的频带分布，在对数化处理后的时频图中可以较清楚地看到该频带的分布特点。功率谱密度波峰出现在信号总时长的较后段，且上升速度较缓，可明显看出整个信号时长的频带分布。复合楼板中声发射信号主频带分布于 10 kHz 频率段附近，且信号频带在时域的分布较为均匀，有较强的混凝土声发射特点，证明此时复合楼板中声发射信号来源主要为混凝土的内部损伤。

第二阶段混凝土柱与复合楼复合楼板中的损伤发育开始增多，相应的声发射数量与能量值相比前一阶段有较大提升(图 4.47～图 4.50)。此阶段柱中声发射信号主频依然存在于 0～10 kHz 频率段，主频带的带状特征明显，柱中混凝土声发射信号仍占所接收声发射信号的主体。复合楼板中声发射信号时频图中，相较前一阶段，除了占主体的 10 kHz 周围的主频带外，在 10 kHz 以上的较高频范围内也有了一定的能量分布，此部分声发射能量主要来自复合楼板中配筋受力产生形变时所释放的声发射信号。

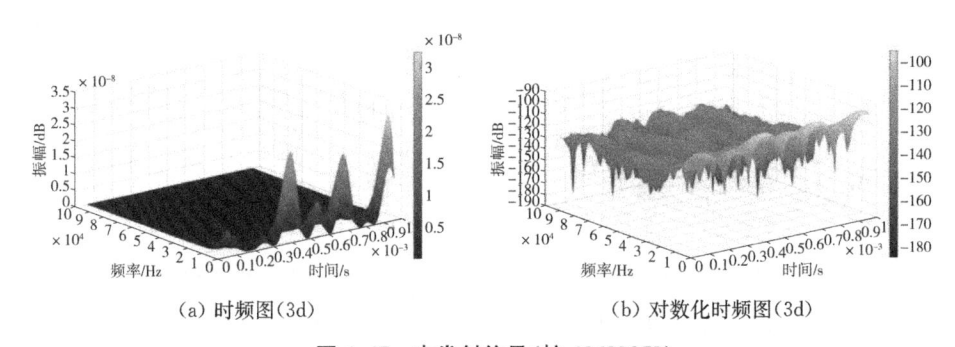

(a) 时频图(3d)　　　　　　　　　(b) 对数化时频图(3d)

图 4.47　声发射信号(柱 48683259)

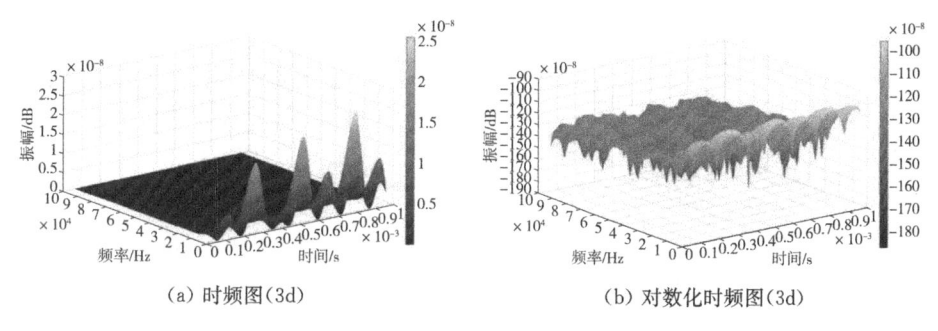

(a) 时频图（3d）　　　　　　　　　(b) 对数化时频图（3d）

图 4.48　声发射信号（柱 48951751）

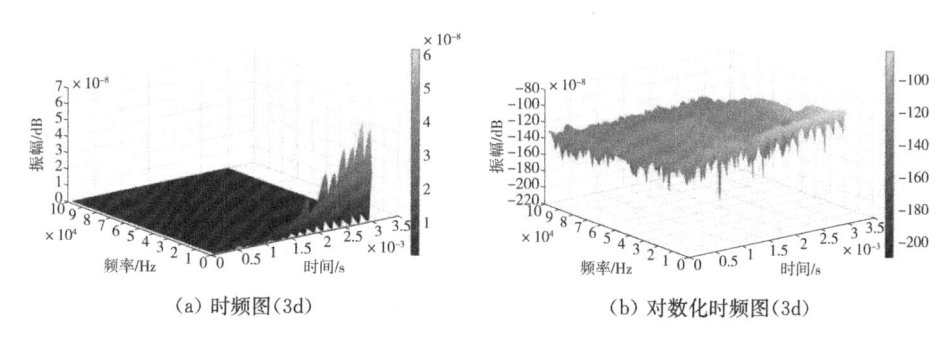

(a) 时频图（3d）　　　　　　　　　(b) 对数化时频图（3d）

图 4.49　声发射信号（复合楼板 48664485）

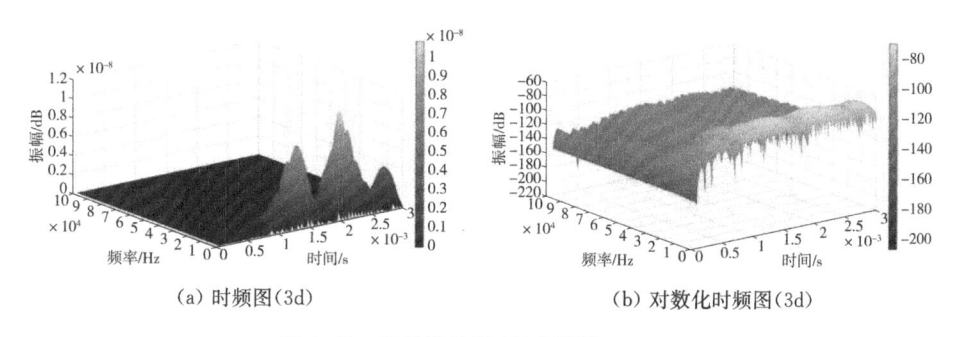

(a) 时频图（3d）　　　　　　　　　(b) 对数化时频图（3d）

图 4.50　声发射信号（复合楼板 48806251）

在破坏阶段，选取了几次能量值最高的声发射信号绘制时频图进行分析（图 4.51～图 4.54）。柱 64451240 号信号为柱上所布声发射探头全试验过程所采集到能量值最高的声发射信号，由时频图分析可得，存在多个主频带，其中能量值最大的主频带分布于 40～60 kHz 频率范围内，且存在多个突发型的功率谱密度波峰，由频率分布可知此次声发射信号主要来源为加载器具在试件沿预制缝截面最终破坏前后所积累能量释放过程中所伴随的巨大声发射能量，在试验时也有人耳可接收的巨大声响出现。由对数化时频图可见从 0～80 kHz 频率段均有声发射能量值分布，主频带主要存在于 10 kHz、20～30 kHz、40～60 kHz 频率段，反映了此时所接收声发射信号来源的多样性。柱 64977854 号信号与柱 64451240 号信号的到达时间间距不足半秒，表现出较强的混凝土声发射信号特点，主频带分布于 10 kHz 左右，在 20 kHz、40 kHz 频率段也有能量值较低的主频带分布。

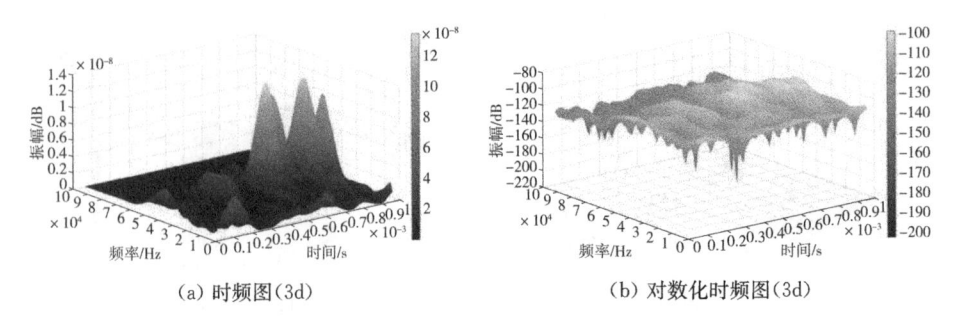

(a) 时频图(3d)   (b) 对数化时频图(3d)

图 4.51 声发射信号(柱 64451240)

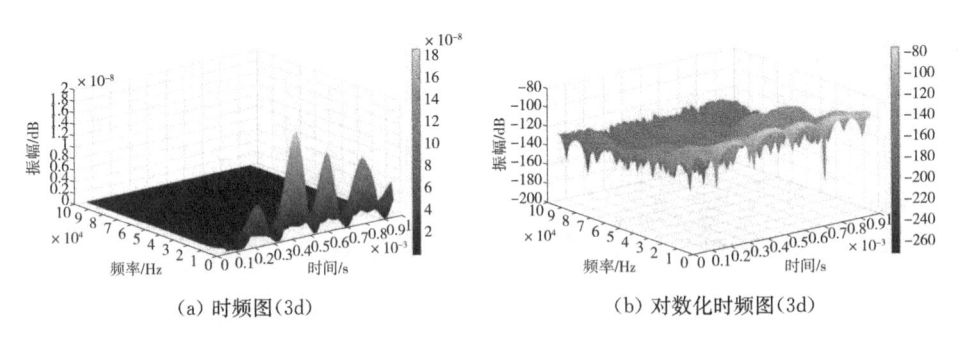

(a) 时频图(3d)   (b) 对数化时频图(3d)

图 4.52 声发射信号(柱 64977854)

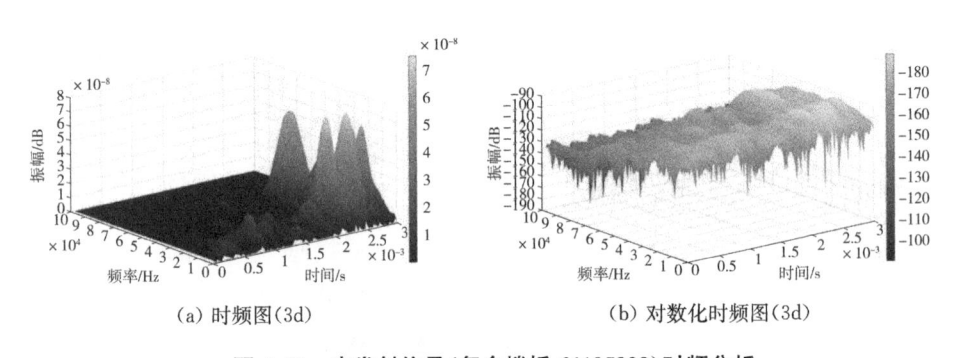

(a) 时频图(3d)   (b) 对数化时频图(3d)

图 4.53 声发射信号(复合楼板 64105329)时频分析

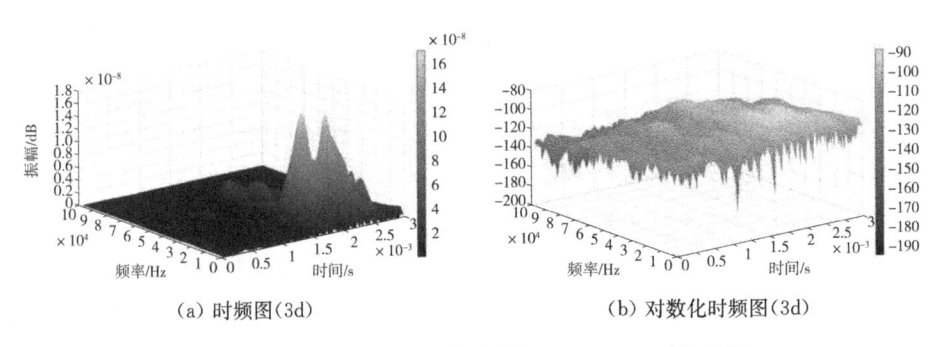

(a) 时频图(3d)   (b) 对数化时频图(3d)

图 4.54 声发射信号(复合楼板 64446562)时频分析

复合楼板 64105329 号信号为临近破坏的一次能量值较大的声发射信号,主频带存在于 10~20 kHz、50 kHz 频率段,可明显看出其频带分布特征。此次声发射信号主要来源为复合楼板中配筋受力产生形变所释放的声发射信号。复合楼板 64446562 号信号为复合楼板上所布置探头在试验全过程所采集到能量值最大的声发射信号,在 0~80 kHz 频率段均有能量分布,由对数化时频图可看出各主频带在时域上集中于声发射信号全时段的中后段,在频域上分布松散,多处产生粘连,反映了此时复合楼板上探头所接收声发射信号来源的多样性。

4.4 水工钢混复合楼板抗冲击服役韧性试验研究

4.4.1 试验概况

本试验设计了三榀装配式钢筋混凝土复合楼板,均由不锈钢高强螺栓和预制高强钢筋混凝土楼板装配而成。钢筋混凝土面板试件特性参数见表 4.11,复合楼板及配筋示意图如图 4.55 和图 4.56 所示。

表 4.11 高性能钢筋混凝土面板构造参数一览表

试件编号	强度等级	长/mm	宽/mm	高/mm	构造钢筋 纵向钢筋 布筋参数	纵向钢筋 单根长度/mm	横向钢筋 布筋参数	横向钢筋 单根长度/mm
一榀	C60	2 500	2 000	80	5φ16	2 475	11φ10	1 950
二榀	C60	2 500	2 000	80	5φ16	2 500	11φ10	1 950
三榀	C60	2 500	2 000	80	5φ16	2 475	11φ10	1 950

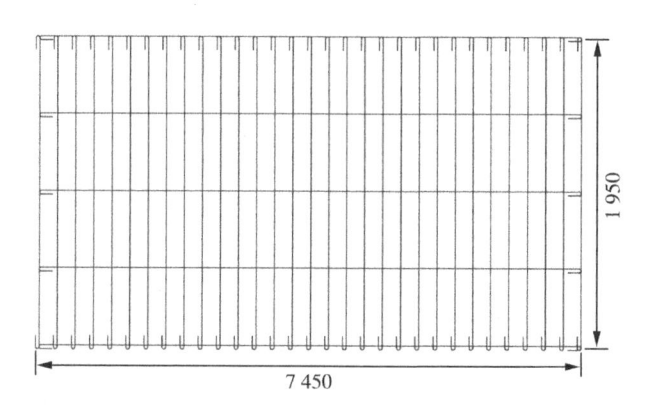

图 4.55 楼板配筋示意图(单位:mm)

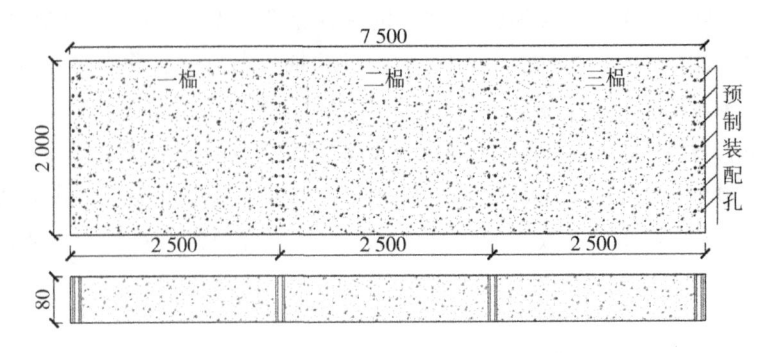

图 4.56　楼板结构示意图（单位：mm）

采用高强度不锈钢螺栓将钢筋混凝土楼板装配到钢梁上，装配钢梁构造模型见图 4.57。

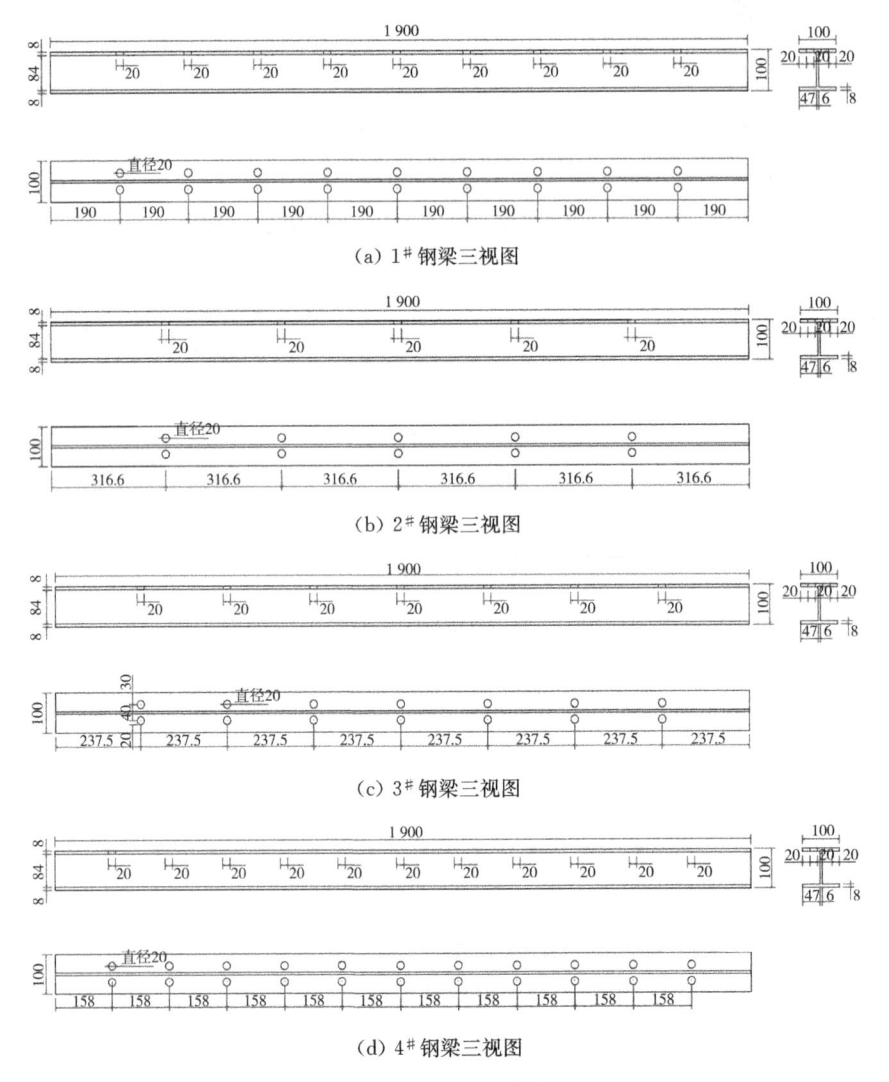

(a) 1#钢梁三视图

(b) 2#钢梁三视图

(c) 3#钢梁三视图

(d) 4#钢梁三视图

图 4.57　钢梁三视图（单位：mm）

根据设计要求,混凝土材料采用 C60 等级高性能混凝土材料,该混凝土由规格为 PO52.5 的硅酸盐水泥、天然砂、31.5 mm 连续粒级配的石子、水制成,配合比见表 4.12。

表 4.12　C60 等级高性能混凝土配合比一览表

混凝土性能等级	材料用量				备　注
	水	水泥	砂	石子	
	饮用水	硅酸盐水泥	天然砂 2.5	31.5 mm 连续粒级颗粒	根据南京建工集团混凝土公司提供配合比设计

在南京水利科学研究院材料结构研究所结构大厅进行了冲击试验,试验装置示意图如图 4.58 所示,落锤总重量为 122.6 kg,通过调节冲击高度控制冲击力。每次试验采用的冲击高度如表 4.13 所示。

(a)试验现场图　　　　　　　　(b)模型图

图 4.58　水工钢混复合楼板抗冲击模型试验装置

表 4.13　落锤冲击工况表

落锤质量/kg	激励工况			
	一榀楼板	锤击高度/cm	二榀楼板	锤击高度/cm
122.6	M1	1	M1	1
	M2	2	M2	2
	M3	3	M3	3
	M4	4	M4	4
	M5	5	M5	5
	M6	9	M6	9
	M7	10	M7	10
	M8	12	M8	12
	M9	15	M9	15
	M10	20	M10	20
	M11	30	M11	30
	M12	40	M12	40

续表

落锤质量/kg	激励工况			
	一榀楼板	锤击高度/cm	二榀楼板	锤击高度/cm
122.6	M13	50	M13	50
	M14	60	M14	60
	M15	70	M15	70
	M16	80	M16	80

试验采用自主研发的一种可移动装配式落锤冲击试验装置,能够准确获得混凝土楼板在反复冲击荷载作用下吸收冲击动能的能力。结构可拆卸,移动方便,操作安全,能够准确找到下落中心并采集数据,解决了在施工现场等复杂环境下试验困难的问题。

可移动装配式落锤冲击试验装置由冲击锤、竖向导轨、支撑杆、槽钢底座4部分组成,如图4.59所示。冲击锤是一实心钢质圆柱体落锤,落锤尾部和钢梁用螺栓连接,钢梁顶面设有带环长螺丝。用遥控脱钩器勾住钢索,钢索底端的圆环穿过长螺丝的环。落锤中心和钢梁中心、带环长螺丝中心在同一条垂线上。钢梁两端各设有一个横向螺孔,用长螺栓穿过螺孔。轮辐式力传感器用螺栓固定在落锤下表面,传感器底部有圆柱形缓冲头,可测量获得冲击力-时程曲线。试验台架由竖向导轨、支撑杆、槽钢底座组成。竖向导轨是2根槽钢,通过连接件和槽钢底座连接。钢梁的两端分别卡在2根槽钢的凹槽内,保证钢梁表面与槽钢表面的距离均为5mm。钢梁两端的长螺栓上装有2个滚轮,卡住槽钢,保证钢梁左右两端不能产生上下偏移,同时减小钢梁与导轨之间的摩擦力。槽钢每隔一定高度在3个面上各设置2个凸形连接板,连接板一端有矩形槽。导轨顶端设有可拆卸悬挂杆,用槽型连接件连接,用螺栓固定。支撑杆为空心矩形梁。用2根槽钢焊成空心矩形梁,一端可以插入连接板的矩形槽,用螺栓固定。支撑杆另一端插入钢垫板上的矩形插槽,用螺栓锁死。所述钢垫板的底部进行粗糙化处理。槽钢底座由4根槽钢组成。槽钢之间通过连接件加固,底部有梯形垫板,4根槽钢构成一个矩形整体底座。每根槽钢上隔一段距离设置一个万向轮夹具。所述万向轮夹具可以调整铅垂面上的角

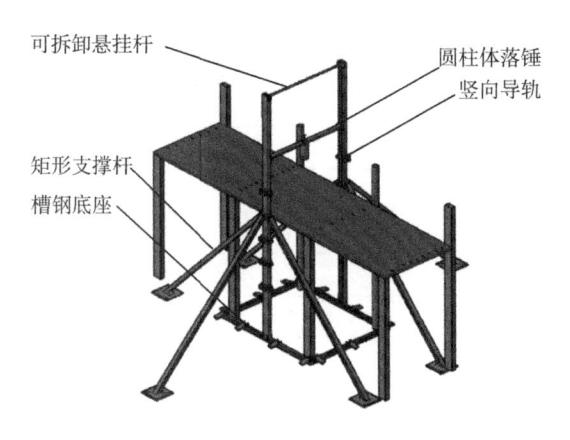

图4.59 可移动装配式落锤冲击试验装置

度,保证卸掉万向轮之后夹具能脱离地面,让槽钢底座着地。根据试验现场情况,选择支撑杆高度和万向轮数量。位移响应采集系统主要包括位移计、位移计固定架、钢板支座。位移计通过位移计固定架与钢板支座相连,位移计固定架包括 2 根螺栓套管和磁铁底座。钢板支座分为 2 层,底层两端可以插入竖向导轨的凸形连接板的矩形槽,用螺栓锁死。每层中部两侧分别设置有矩形卡环,一根薄钢板穿过两个矩形卡环。两层中间通过 6 块可拆卸支撑板连接,支撑板与钢板连接处设有卡槽。根据位移计布置位置选择薄钢板的长度和支撑板高度。

该种落锤冲击试验装置的高效安装方法,包括以下步骤:

(1) 完成 2 根底座槽钢的万向轮的组装。

(2) 将 2 根导轨分别固定在 2 根底座槽钢上。

(3) 参照楼板高度,选择并固定 3 根矩形支撑杆。将支撑杆插入地面上的钢垫板的矩形插槽,用螺栓固定。另一端立在楼板上,插入导轨上的连接板,用螺栓固定。

(4) 将底座槽钢推到待冲击楼板指定位置,用槽钢连接件组装成完整矩形底座。

(5) 组装钢梁、冲击锤、轮辐式力传感器。

(6) 用桁车或吊机将铁索吊起,铁索底端和遥控脱钩器连接在一起。或者安装悬挂杆,将铁索挂在悬挂杆中间。若桁车高度不够,则在第四步组装成完整底座之前将落锤吊到指定位置。

(7) 将钢板支座安装到竖向导轨的连接板上,在钢板支座上布置位移计。

为测量复合楼板不同位置的冲击响应,在楼板上表面沿长度方向和宽度方向分别粘贴应变片,各布置 6 个应变片,分别位于楼板中心冲击作用点附近、楼板中心到边缘二分之一处、楼板边缘螺栓约束的内侧。在楼板下表面沿长度方向布置位移传感器,共布置 5 个位移计,分别位于楼板中心冲击作用点、楼板边缘螺栓约束的内侧。位移传感器固定在反力架上,确保冲击时位移传感器的弹性体独立于传感器支座振动。在楼板上表面沿长度方向布置加速度传感器,共布置 3 个加速度传感器,分别位于楼板中心冲击力作用点附近、楼板边缘螺栓约束的内侧。对于一榀楼板和二榀楼板,测点布置有所不同,具体测点布置方式见图 4.60。

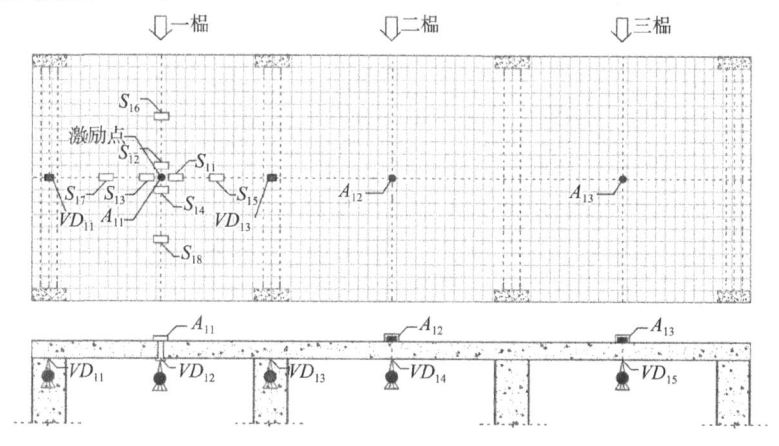

(a) 一榀复合楼板测点布置

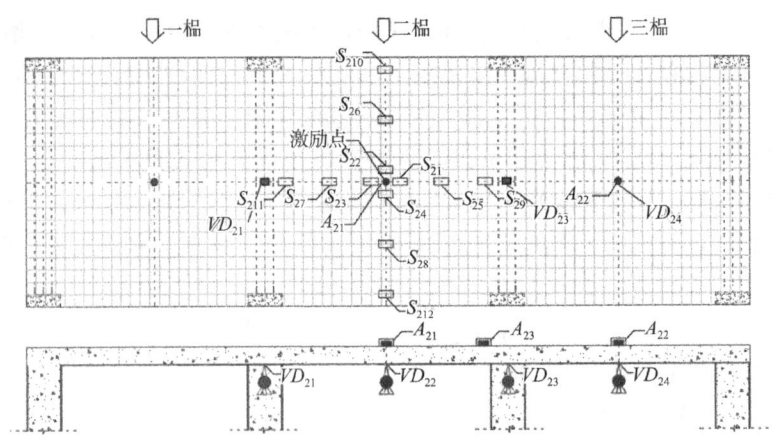

(b) 二榀复合楼板测点布置

图 4.60　复合楼板抗冲击服役韧性试验测点布置图

试验中对于以下数据进行了测量：①混凝土楼板关键位置的应变响应 $S(\mu\varepsilon)$；②冲击荷载 $F(\text{kg})$；③不同榀复合楼板关键部位竖向位移响应 $VD(\text{mm})$；④跨中加速度响应 $A(g)$。其中冲击荷载采用固定在落锤底部的 50 t 轮辐式力传感器测量，加速度响应采用 IEPE 压电式加速度传感器测量。采用 DH5902 采集系统及其系统软件进行数据采集。一榀复合楼板和二榀复合楼板的测点布置及测试项目如表 4.14 所示。

表 4.14　落锤冲击激励测试项目及测点编号

测试方案		测试项目			
测试顺序	测试工况	激励荷载 F/kg	加速度响应 A/g	竖向位移响应 VD/mm	应变响应 $S/\mu\varepsilon$
1	一榀	F_1	$A_{11}、A_{12}、A_{13}$	$VD_{11}、VD_{12}、VD_{13}、VD_{14}、VD_{15}$	$S_{11}、S_{12}、S_{13}、S_{14}、S_{15}、S_{16}、S_{17}、S_{18}$
2	二榀	F_2	$A_{21}、A_{22}、A_{23}$	$VD_{21}、VD_{22}、VD_{23}、VD_{24}$	$S_{21}、S_{22}、S_{23}、S_{24}、S_{25}、S_{26}、S_{27}、S_{28}、S_{29}、S_{210}、S_{211}、S_{212}$

4.4.2　抗冲击服役韧性试验位移特征分析

通过位移计输出的数据，能够得到复合楼板不同位置挠度随时间变化的历程。测点 VD_{12} 测量了复合楼板中心的挠度，测点 VD_{11} 和 VD_{13} 测量了复合楼板中心和复合楼板边缘之间偏边缘位置的挠度。测点 VD_{11} 和 VD_{13} 测量结果可以反映冲击后复合楼板中心混凝土失效之后复合楼板边缘的挠度变化情况。复合楼板中心失效并剥落的混凝土和复合楼板整体的变形相关性不大。在冲击力作用过程中，随着冲击力达到峰值，不同测点的位移值也达到峰值。典型的位移响应时程图如图 4.61 所示。

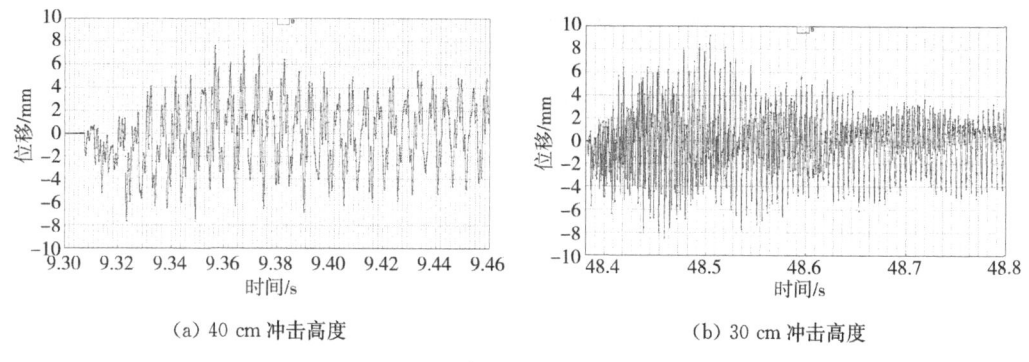

(a) 40 cm 冲击高度　　　　　　　　(b) 30 cm 冲击高度

图 4.61　测点 VD_{12} 位移响应时程图

在一榀复合楼板冲击试验中,当冲击高度达到 40 cm,测点 VD_{12} 测量的挠度值超过了位移计的最大量程 30 mm,测点 VD_{11} 测量的挠度值为 7.693 4 mm;当冲击高度达到 30 cm,测点 VD_{11} 的挠度值为 9.245 6 mm。随着冲击高度的增加,复合楼板失效形式由延性破坏(弯曲破坏)转变为脆性破坏(剪切破坏),复合楼板边缘的挠度减小,复合楼板中心的位移增大。

在二榀复合楼板冲击试验中,当冲击高度达到 50 cm,测点 VD_{21} 测量的挠度值为 6.394 4 mm;当冲击高度达到 40 cm,测点 VD_{21} 的挠度值为 7.684 9 mm,表现出和一榀复合楼板相似的失效规律。

表 4.15 总结了不同冲击高度下复合楼板所有的挠度峰值。当冲击高度为 12 cm 时,VD_{11} 测量的挠度值为 5.024 1 mm,此时观察到复合楼板上出现第一道裂缝。在这之前,复合楼板作为弹性板,在冲击力作用于板中心的短时间内经历了拉应力的作用。开裂后,复合楼板不再具有恒定刚度,混凝土在冲击区的开裂进一步扩展。表中二榀复合楼板冲击高度从 10 cm 到 20 cm 的位移数据丢失。

表 4.15　复合楼板挠度峰值表

高度/cm	激励工况					
	一榀复合楼板位移响应/mm			二榀复合楼板位移响应/mm		
	VD_{11}	VD_{12}	VD_{13}	VD_{21}	VD_{22}	VD_{23}
1	0.804 2	2.928 3	1.421 8	2.861 4	26.110 8	1.548 2
2	3.104 6	26.626 2	2.584 9	2.536 7	5.041 3	—
3	3.271 2	6.188 9	3.369 5	3.497 3	26.539 6	—
4	2.327 6	8.522 8	2.550 2	26.537 8	5.758 2	2.918 4
5	2.922 6	8.963 6	2.518 9	26.155 3	6.933 5	3.066 1
9	8.557 1	11.911 9	2.810 6	5.425 3	7.796 5	6.728 3

续表

高度/cm	激励工况					
	一榀复合楼板位移响应/mm			二榀复合楼板位移响应/mm		
	VD_{11}	VD_{12}	VD_{13}	VD_{21}	VD_{22}	VD_{23}
10	8.660 8	13.548	2.654 3	—	—	—
12	5.024 1	12.653 2	3.749 7	—	—	—
15	26.381 4	126.833 5	3.300 1	—	—	—
20	5.671 9	17.827 0	3.498 0	—	—	—
30	9.245 7	26.454 9	3.751 5	7.586 3	13.382 7	6.048 5
40	7.693 4	—	26.175 0	7.684 9	16.505 7	7.215 9
50	6.600 0	—	26.322 6	6.394 4	19.088 8	7.331 6

对于一榀复合楼板,在60 cm 冲击高度下一榀复合楼板与二榀复合楼板连接处(11个螺栓)出现弯拉裂缝,在80 cm 冲击高度下一榀复合楼板中间受冲击力作用区域出现圆形剪切裂缝。一榀复合楼板边缘(9个螺栓)没有出现贯穿型裂缝。对于二榀复合楼板,在25 cm 冲击高度下二榀复合楼板与三榀复合楼板连接处(5个螺栓)出现弯拉裂缝,在50 cm 冲击高度下二榀复合楼板中间受冲击力作用区域出现圆形剪切裂缝。观察表可知,对于两复合楼板,VD_{21} 测量得到的挠度值相对 VD_{23} 较大,VD_{23} 测量的挠度值在弯拉裂缝出现前后有明显衰减,在弯拉裂缝出现之后,VD_{21} 测量得到的挠度值相对 VD_{23} 较小。弯拉裂缝出现意味着复合楼板的破坏模式彻底由弯拉模式进入剪切模式。弯拉裂缝出现之后,复合楼板交界处螺栓的栓固作用减小,混凝土竖向挠度变大。复合楼板裂缝如图4.62和图4.63所示。

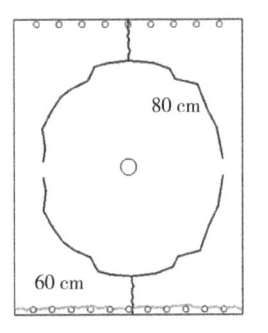

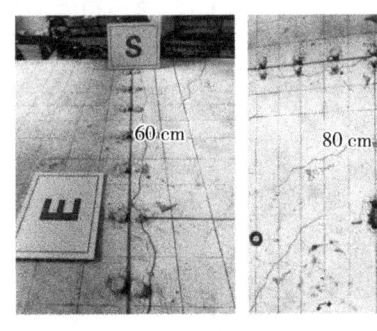

(a) 一榀复合楼板裂缝示意图   (b) 试验现场图

图4.62 一榀复合楼板抗冲击服役韧性裂缝分布图

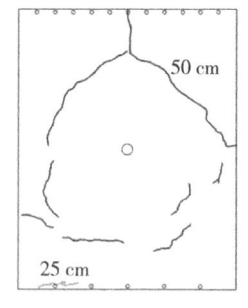

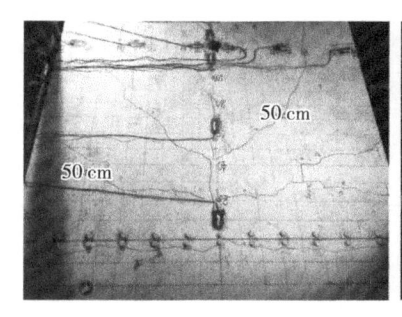

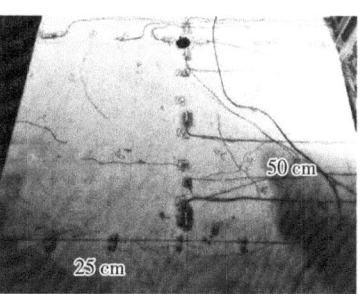

(a) 二榀复合楼板裂缝示意图　　　　　　　　(b) 试验现场图

图 4.63　二榀复合楼板抗冲击服役韧性裂缝分布图

4.4.3　抗冲击服役韧性试验应变特征分析

通过应变片输出的数据，能够得到复合楼板不同位置应变随时间变化的历程。为了研究冲击力作用时间内的应变变化情况，选取应变响应开始出现之后 0.003 s 时间范围内的应变时程图。典型的应变时程图如图 4.64 所示。

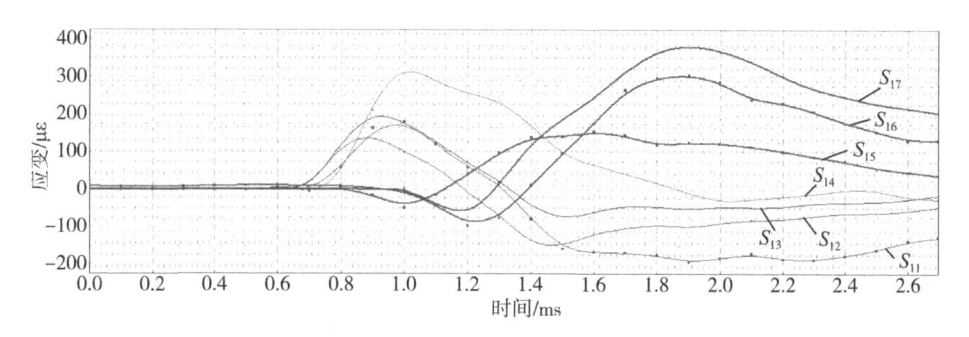

图 4.64　一榀复合楼板抗冲击服役韧性应变时程图

由图 4.64 可知，S_{11}、S_{12}、S_{13}、S_{14} 测点靠近冲击点位置，呈现先拉后压的变化趋势；S_{15}、S_{16}、S_{17} 测点远离冲击点位置，呈现先压后拉的变化趋势。应变达到峰值后波动衰减。究其原因，可能是在冲击力作用初期，冲击点位置附近的混凝土材料会受加速作用而产生侧向膨胀，并在短时间内可能产生一个拉应力峰值，从而引起拉应变，这是冲击荷载产生的局部效应。当局部效应的拉应变大于全局反应的弯矩产生的压应变时该局部位置就表现为受拉应变。

一榀复合楼板抗冲击服役韧性弯矩变化示意图如图 4.65 所示。

对于一榀复合楼板，S_{15}、S_{16}、S_{17}、S_{18} 测量了复合楼板中心到边缘二分之一处的应变变化情况，S_{11}、S_{12}、S_{13}、S_{14} 测量了复合楼板中心附近的应变变化情况。对于二榀复合楼板，S_{25}、S_{26}、S_{27}、S_{28} 测量了复合楼板中心到边缘二分之一处的应变变化情况，S_{21}、S_{22}、S_{23}、S_{24} 测量了复合楼板中心附近的应变变化情况，S_{29}、S_{210}、S_{211}、S_{212} 测量了复合楼板边缘的应变变化情况。表 4.16 总结了不同冲击高度下一榀复合楼板的应变峰值。

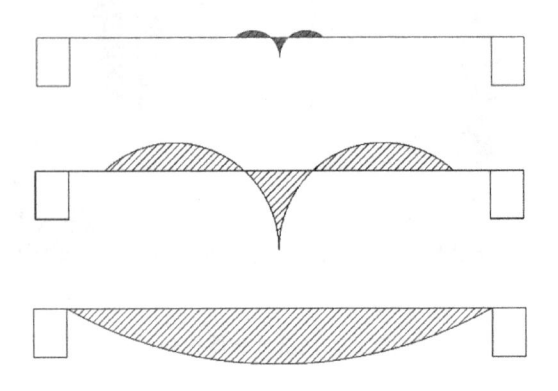

图 4.65　一榀复合楼板抗冲击服役韧性弯矩变化示意图

表 4.16　一榀复合楼板应变峰值

高度/cm	一榀复合楼板应变响应/$\mu\varepsilon$		
	S_{15}	S_{17}	S_{16}
10	162.385	179.783	158.146
12	1 926.533	220.294	180.195
30	269.140	342.788	201.893
35	365.023	296.820	170.775
40	383.960	303.475	213.522
50	526.971	277.945	258.217

对于一榀复合楼板，应变随时间变化总体呈随冲击高度的增大逐渐增大的规律。当冲击高度为 30 cm 时，测点 S_{17} 的应变值为 342.788 $\mu\varepsilon$，测点 S16 的应变值为 201.893 $\mu\varepsilon$；当冲击高度为 35 cm 时，测点 S_{17} 的应变值为 296.820 $\mu\varepsilon$，测点 $S16$ 的应变值为170.775 $\mu\varepsilon$。表现出了和一榀复合楼板 VD_{11} 位移测点相似的变化规律。一榀复合楼板与二榀复合楼板交界处的混凝土在经历 60 cm 高度的冲击之前都没有明显的应变衰减，与前文位移分析结论相符。

表 4.17 总结了不同冲击高度下二榀复合楼板的应变峰值。

表 4.17　二榀复合楼板应变峰值

高度/cm	二榀复合楼板应变响应/$\mu\varepsilon$					
	S_{25}	S_{29}	S_{27}	S_{211}	S_{26}	S_{210}
1	—	—	—	—	59.740	23.573
3	—	—	—	—	92.974	42.585
4	—	—	—	—	112.283	51.532

续表

高度/cm	二榀复合楼板应变响应/$\mu\varepsilon$					
	S_{25}	S_{29}	S_{27}	S_{211}	S_{26}	S_{210}
5	—	—	—	—	128.443	57.330
7	—	—	—	—	155.555	726.460
9	—	—	—	—	161.708	70.722
10	281.860	122.115	—	—	196.064	91.325
12	309.000	126.677	—	—	202.158	81.347
15	381.000	146.300	—	—	228.655	98.831
18	452.970	158.146	199.920	182.698	237.989	100.421
20	—	—	—	—	—	—
25	—	—	—	—	—	—
30	625.733	1 026.900	272.527	186.731	205.956	99.920
35	671.998	113.608	375.743	259.000	—	—
40	659.061	86.145	470.763	—	199.626	116.433
50	—	130.562	501.812	—	—	—
60	—	149.726	498.866	—	—	—
70	570.515	167.359	332.186	—	—	—
80	—	126.354	—	—	—	—

  对于二榀复合楼板,应变随时间变化总体呈随冲击高度的增大逐渐增大的规律。当冲击高度为 35 cm 时,测点 S_{25} 的应变值为 671.998 $\mu\varepsilon$,测点 S_{29} 的应变值为 113.608 $\mu\varepsilon$;当冲击高度为 40 cm 时,测点 S_{25} 的应变值为 659.061 $\mu\varepsilon$,测点 S_{29} 的应变值为 86.145 $\mu\varepsilon$。随着冲击高度从 25 cm 逐渐增加,二榀复合楼板与三榀复合楼板连接处(5 个螺栓)出现的弯拉裂缝逐渐扩张成一条贯穿复合楼板宽度方向的裂缝,复合楼板边缘的应变随之降低。经历了 40 cm 高度的冲击后,裂缝完全贯穿,复合楼板彻底进入剪切破坏模式。冲击力直接作用的区域(落锤落点)下的钢筋逐渐屈服,裂缝在远离冲击的径向区域中扩展。随着冲击力在板中心的充分渗透,板的挠度继续增大,最终在测点 S_{25}、S_{26}、S_{27}、S_{28} 外侧形成一条圆形剪切裂缝。中心处的板挠度增加得非常严重,导致混凝土猛烈喷射。

  当冲击高度为 50 cm 时,测点 S_{27} 的应变值为 501.812 $\mu\varepsilon$;当冲击高度为 60 cm 时,测点 S_{27} 的应变值为 498.866 $\mu\varepsilon$。这是因为测点 S_{27} 同样位于圆形剪切裂缝的内侧,表现出和测点 S_{25} 同样的变化规律,同样验证了上文所述的破坏模式的变化。

4.5 水工钢混复合楼板抗冲击韧性分布特征研究

4.5.1 抗冲击韧性相关性分析

水工钢混复合楼板抗冲击韧性试验测点布置如图4.66所示。基于一榀复合楼板和二榀复合楼板抗冲击韧性激励响应试验,用复合楼板冲击激励下的应变响应特征值进行相关性分析。二榀复合楼板部分位置应变相关性分析结果如表4.18所示。

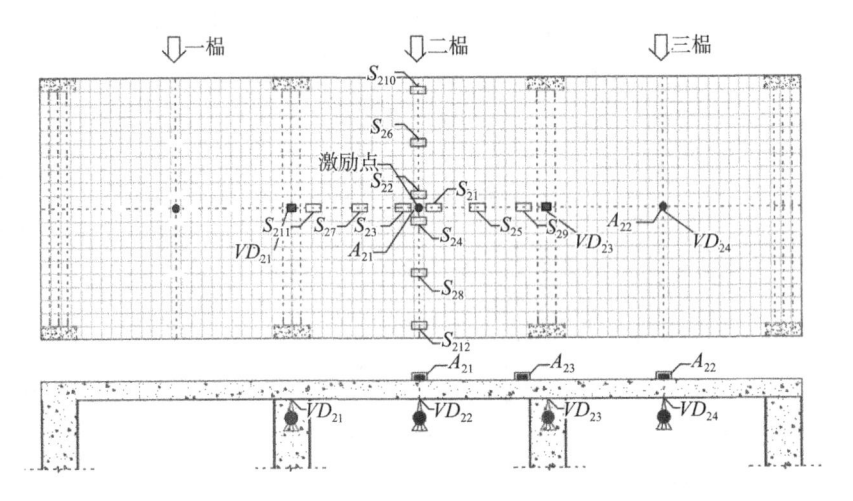

(a) 二榀复合楼板

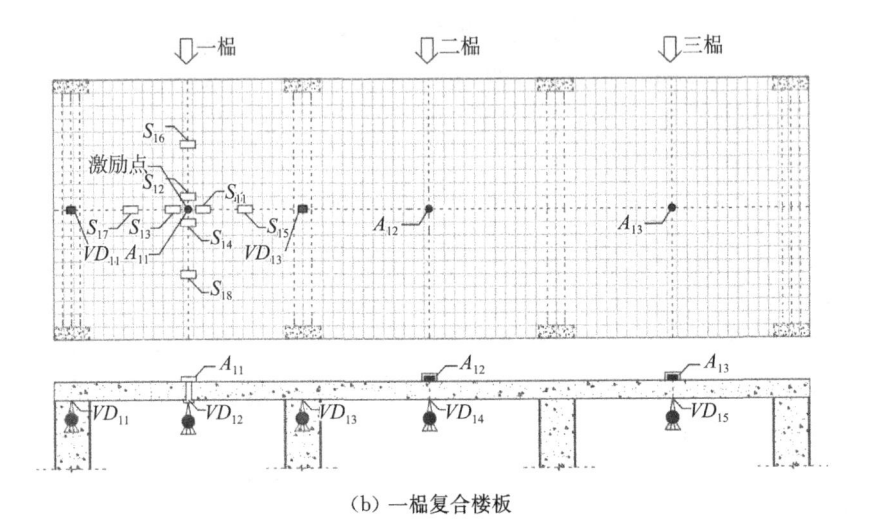

(b) 一榀复合楼板

图4.66 水工钢混复合楼板抗冲击韧性试验测点布置

第4章 水工钢混复合楼板韧性性能试验与理论分析

表4.18 二榀复合楼板部分位置应变相关性分析表

高度/cm	相关测点			
	5-1	5-9	3-7	7-11
1	0.7824	-0.27594	0.83397	-0.14278
2	0.63888	-0.17932	0.67653	-0.08533
5	0.62273	-0.06178	0.64276	0.18111
9	0.71361	-0.15749	0.72168	-0.03165
30	0.76966	-0.75614	0.63496	—
40	0.68974	-0.72446	0.61609	—
50	-0.19215	0.12115	0.37427	—
60	—	0.18703	0.41885	—

注："5-1"即为测点S_{25}与测点S_{21}的相关系数，依此类推。

通过对二榀复合楼板的应变响应相关性分析发现：测点S_{21}和测点S_{25}之间的相关系数多为正数；测点S_{25}和测点S_{29}之间的相关系数多为负数；测点S_{23}和测点S_{27}之间的相关系数为正数；测点S_{27}和测点S_{211}之间的相关系数多为负数。说明沿着复合楼板长度方向，复合楼板冲击作用位置和复合楼板边缘约束位置呈负相关。分析位于复合楼板长度方向的测点（测点S_{29}、测点S_{25}、测点S_{21}、测点S_{23}、测点S_{27}、测点S_{211}）之间相关性，将相关系数绘制成折线图，得到相关性分析图，如图4.67所示。通过分析相关性折线图发现，当冲击高度小于9 cm时，测点S_{21}对测点S_{23}的相关系数在0.9左右，为高度相关；测点S_{23}对测点S_{27}的相关系数和测点S_{21}对测点S_{25}的相关系数在0.6~0.9，为中度相关；测点S_{21}对测点S_{29}的相关系数在0.3~0.4，为低度相关。测点S_{23}对测点S_{211}的相关系数在0.1~0.3，不相关（图中不体现）。这是因为来自落锤的冲击从复合楼板受冲击力区域传递到复合楼板边缘，逐渐衰减。当冲击高度为30~40 cm时，测点S_{21}对测点S_{23}的相关系数在0.9左右，为高度相关；测点S_{21}对测点S_{25}的相关系数在0.7左右，表现为中度相关；测点S_{23}对测点S_{27}的相关系数为0.6左右，表现为中度相关。经历了50 cm高

(a) 冲击高度小于9 cm

(b) 冲击高度大于30 cm

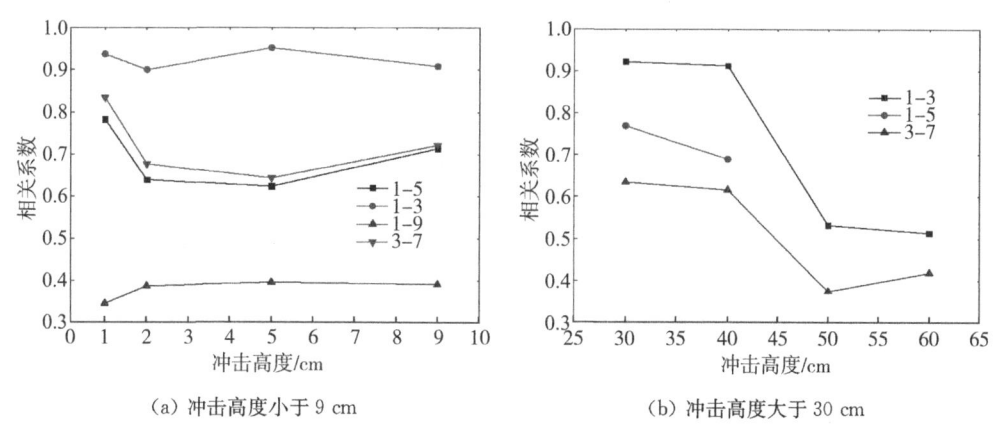

图4.67 二榀复合楼板长度方向相关性分析图

度的冲击之后，测点 S_{21} 对测点 S_{23} 的相关系数下降到 0.5 左右，表现为中度相关；测点 S_{23} 对测点 S_{27} 的相关系数下降到 0.4 左右，表现为低度相关。这是因为冲击区域的混凝土进一步开裂，冲切裂缝在冲击周围区域扩展。

分析位于二榀复合楼板宽度方向的测点(测点 S_{22}、测点 S_{26}、测点 S_{210}、测点 S_{24}、测点 S_{28}、测点 S_{212})之间的相关性，将相关系数绘制成折线图，得到相关性分析图，如图 4.68 所示。通过分析相关性折线图发现，当冲击高度小于 9 cm 时，相关系数小于 0.3，表现为不相关。

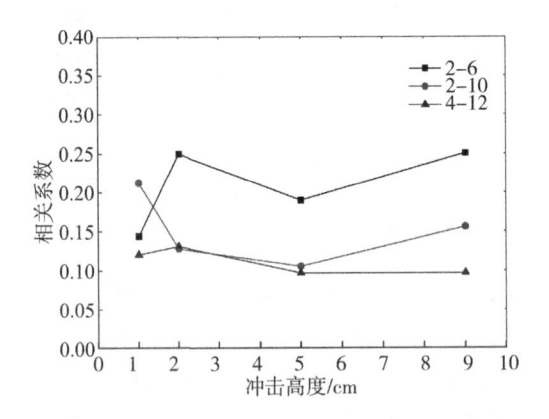

图 4.68　二榀复合楼板宽度方向相关性分析图

分析位于一榀复合楼板长度方向的测点(测点 S_{15}、测点 S_{11}、测点 S_{13}、测点 S_{17})之间相关性，将相关系数绘制成折线图，得到相关性分析图，如图 4.69 所示。通过分析相关性折线图发现，当冲击高度小于 9 cm 时，测点 S_{11} 对测点 S_{13} 的相关系数在 0.9 左右，为高度相关；测点 S_{13} 对测点 S_{17} 的相关系数在 0.7~0.8，为中度相关；测点点 S_{11} 对测点 S_{15} 的相关系数在 0.5~0.8，为中度相关。这是因为落锤的冲击产生的应力波从复合楼板受冲击力区域传递到复合楼板边缘，逐渐衰减。当冲击高度大于 30 cm 时，测点 S_{11} 对测点 S_{13} 的相关系数在 0.7~0.9，为高度相关；测点点 S_{11} 对测点 S_{15} 的相关系数在 0.4~0.85，表现为中度相关；测点 S_{13} 对测点 S_{17} 的相关系数为 0.4~0.5，表现为低度相关。

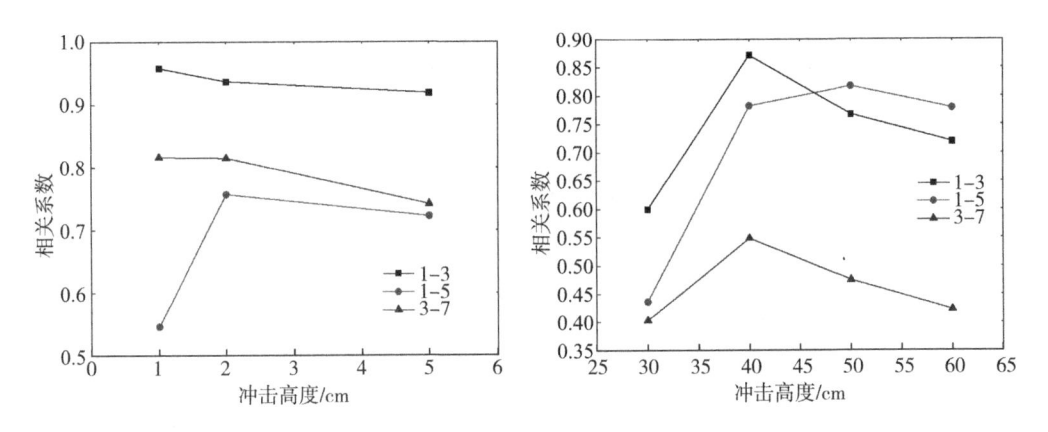

图 4.69　一榀复合楼板长度方向相关性分析图

分析位于一榀复合楼板宽度方向的测点（测点 S_{12}、测点 S_{16}、测点 S_{14}、测点 S_{18}）之间的相关性，将相关系数绘制成折线图，得到相关性分析图，如图 4.70 所示。通过分析相关性折线图发现，当冲击高度小于 9 cm 时，相关系数小于 0.3，表现为不相关；当冲击高度大于 20 cm 时，相关系数在 0.3 左右，表现为低度相关。

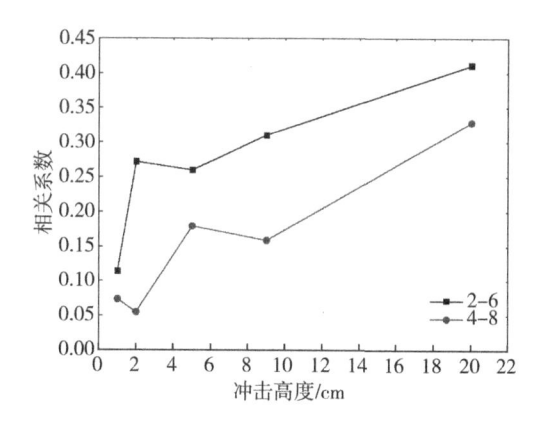

图 4.70　一榀复合楼板宽度方向相关性分析图

综上所述：复合楼板不同测点沿长度方向相关性较大，随着冲击高度的增大，二榀复合楼板沿长度方向测点的相关性均表现出不同程度的衰减；复合楼板不同测点沿宽度方向相关性较小，当冲击高度小于 9 cm 时，各测点几乎不相关。应力波的传递体现出明显的方向性。

基于一榀复合楼板和二榀复合楼板冲击激励响应试验，用复合楼板冲击激励下的应变响应特征值对不同工况下的各测点进行回归分析，选择典型工况作重点分析。

当冲击高度为 1 cm 时，将二榀复合楼板测点 S_{25} 作为因变量，测点 S_{21}、测点 S_{22}、测点 S_{24} 作为自变量，进行回归分析后的结果如表 4.19 所示，方差分析如表 4.20 所示。

表 4.19　回归统计表 1

回归统计项目	数值
Multiple R（复相关系数）	0.801 17
R square（决定系数）	0.641 87
Adjusted R Square（校正决定系数）	0.641 82
标准误差	0.109 43
观测值	21 282

表 4.20　方差分析表 1

	自由度(df)	离均差平方和(SS)	均方(MS)	F 统计量(F)	P 值
回归分析	3	3.19×10^6	1.06×10^6	12712.04578	0
残差	21 278	1.78×10^6	83.708 38	—	—
总计	21 281	4.97×10^6	—	—	—

分析表 4.19 所得结果可知,相关系数 $R=0.801\,17$,表明测点 S_{25} 与其余 3 个参数之间的关系为高度正相关。决定系数和校正决定系数均约等于 $0.641\,8$,说明上述 3 个参数的变化可以解释测点 S_{25} 应变变化的 64.18%。标准误差值为 $0.109\,43$,说明拟合程度很好。

方差分析表的主要作用是通过 F 检验来判定回归模型的回归效果。由表 4.20 的结果可看到 F 显著统计量的 P 值为 0,小于显著性水平 0.05,说明该回归方程回归效果显著。

回归参数表见表 4.21。

表 4.21 回归参数表 1

	P 值	Prob.
截距(intercept)	13.827 31	0
S_{21}	0.735 13	0
S_{22}	0.329 6	0
S_{24}	0.018 04	1.05×10^{-11}

由表 4.21 所得结果可知,测点 S_{21}、测点 S_{22}、测点 S_{24} 的 t 统计量的 P 值(Prob.)均接近 0,远小于显著性水平 0.05,说明这 3 个参数与测点 S_{25} 回归系数显著。测点 S_{21} 对应的回归参数约为 0.735 1,远大于测点 S_{22} 和测点 S_{24}。去掉测点 S_{24},再次进行回归分析,得到表 4.22 所示结果。

表 4.22 回归统计表 2

回归统计项目	数值
Multiple R(复相关系数)	0.800 68
R square(决定系数)	0.641 09
Adjusted R Square(校正决定系数)	0.641 06
标准误差	0.095 13
观测值	21 282

分析表 4.22 所得结果,调整后的 R 值仅比表 4.19 少了 0.000 5,进一步证明测点 S_{24} 对测点 S_{25} 冲击响应的变化几乎没有贡献。

当冲击高度为 1 cm 时,将二榀复合楼板测点 S_{27} 作为因变量,测点 S_{23}、测点 S_{22}、测点 S_{24} 作为自变量,进行回归分析后的结果如表 4.23 所示,方差分析如表 4.24 所示。

表 4.23 回归统计表 3

回归统计项目	数值
Multiple R(复相关系数)	0.862 26
R square(决定系数)	0.743 50

续表

回归统计项目	数值
Adjusted R Square(校正决定系数)	0.743 46
标准误差	0.054 48
观测值	21 282

表 4.24　方差分析表 2

	df	SS	MS	F	P 值
回归分析	3	1.55×10^6	27.18×10^5	20 558.639 64	0
残差	21 278	27.36×10^5	227.181 38	—	—
总计	21 281	2.09×10^6	—	—	—

分析表 4.23 所得结果可知,相关系数 $R=0.862\ 26$,表明测点 S_{27} 与其余 3 个参数之间的关系为高度正相关。决定系数和校正决定系数均约等于 0.743 50,说明上述 3 个参数的变化可以解释测点 S_{27} 应变变化的 74.35%。标准误差值为 0.054,说明拟合程度很好。

由表 4.24 的结果可看到 F 显著统计量的 P 值为 0,小于显著性水平 0.05,说明该回归方程回归效果显著。

回归参数表见表 4.25。

表 4.25　回归参数表 2

	P 值	Prob.
intercept	1.392 69	0
S_{22}	0.515 4	0
S_{23}	0.243 16	0
S_{24}	0.046 43	0

由表 4.25 所得结果可知,测点 S_{22}、测点 S_{23}、测点 S_{24} 的 t 统计量的 P 值均接近 0,远小于显著性水平 0.05,说明这 3 个参数与测点 S_{27} 回归系数显著。测点 S_{23} 对应的回归参数约为 0.515,远大于测点 S_{22} 和测点 S_{24}。去掉测点 S_{24},再次进行回归分析,得到表 4.26 所示结果。

表 4.26　回归统计表 4

回归统计项目	数值
Multiple R(复相关系数)	0.855 21
R square(决定系数)	0.731 38
Adjusted R Square(校正决定系数)	0.731 35
标准误差	0.045 61
观测值	212 81

分析表 4.26 所得结果,调整后的 R 值仅比表 4.23 少了 0.007,进一步证明测点 S_{24}

对测点 S_{27} 冲击响应的变化几乎没有贡献。

当冲击高度为 1 cm 时,将一榀复合楼板测点 S_{15} 作为因变量,测点 S_{11}、测点 S_{12}、测点 S_{14} 作为自变量,进行回归分析后的结果如表 4.27 所示,方差分析表如表 4.28 所示。

表 4.27 回归统计表 5

回归统计项目	数值
Multiple R(复相关系数)	0.907 09
R square(决定系数)	0.822 81
Adjusted R Square(校正决定系数)	0.822 74
标准误差	0.111 03
观测值	7 484

表 4.28 方差分析表 3

	df	SS	MS	F	P 值
回归分析	3	7.82×10^5	2.61×10^5	11 579.451 16	0
残差	7 481	1.68×10^5	22.517 1	—	—
总计	7 484	9.51×10^5	—	—	—

分析表 4.27 所得结果可知,相关系数 $R=0.907\ 09$,表明测点 S_{15} 与其余 3 个参数之间的关系为高度正相关。决定系数和校正决定系数均约等于 0.822 7,说明上述 3 个参数的变化可以解释测点 S_{15} 应变变化的 82.27%。标准误差值为 0.111,说明拟合程度很好。

由表 4.28 的结果可看到 F 显著统计量的 P 值为 0,小于显著性水平 0.05,说明该回归方程回归效果显著。

回归系数表见表 4.29。

表 4.29 回归参数表 3

	P 值	Prob.
intercept	4.261 45	0
S_{11}	0.526 22	0
S_{12}	0.226 27	0
S_{14}	0.422 07	0

由表 4.29 所得结果可知,测点 S_{11}、测点 S_{12}、测点 S_{14} 的 t 统计量的 P 值均接近 0,远小于显著性水平 0.05,说明这 3 个参数与测点 S_{15} 回归系数显著。测点 S_{11} 对应的回归参数约为 0.526,远大于测点 S_{12} 和测点 S_{14}。

当冲击高度为 1 cm 时,将一榀复合楼板测点 S_{17} 作为因变量,测点 S_{13}、测点 S_{12}、测

点 S_{14} 作为自变量，进行回归分析后的结果如表 4.30 所示，方差分析表如表 4.31 所示。

表 4.30　回归统计表 6

回归统计项目	数值
Multiple R(复相关系数)	0.889 02
R square(决定系数)	0.790 37
Adjusted R Square(校正决定系数)	0.790 28
标准误差	0.090 46
观测值	7 484

表 4.31　方差分析表 4

	df	SS	MS	F	P 值
回归分析	3	4.28×10^5	1.43×10^5	9 401.620 14	0
残差	7 481	1.14×10^5	127.179 7	—	—
总计	7 484	27.42×10^5			

分析表 4.30 所得结果可知，相关系数 $R=0.889\ 02$，表明测点 S_{17} 与其余 3 个参数之间的关系为高度正相关。决定系数和校正决定系数均约等于 0.790 3，说明上述 3 个参数的变化可以解释测点 S_{17} 应变变化的 79.03%。标准误差值为 0.090，说明拟合程度很好。

由表 4.31 的结果可看到 F 显著统计量的 P 值为 0，小于显著性水平 0.05，说明该回归方程回归效果显著。

回归参数表见表 4.32。

表 4.32　回归参数表 4

	P 值	Prob.
intercept	0.310 45	6.03×10^{-4}
S_{13}	0.705 74	0
S_{12}	0.197 72	0
S_{14}	0.050 63	0

由表 4.32 所得结果可知，测点 S_{13}、测点 S_{12}、测点 S_{14} 的 t 统计量的 P 值均接近 0，远小于显著性水平 0.05，说明这 3 个参数与测点 S_{17} 回归系数显著。测点 S_{13} 对应的回归参数约为 0.706，远大于测点 S_{12} 和测点 S_{14}。

综上所述，在应力波传递过程中，不同方向的应力波相互之间的影响很小，测点 S_{12}、测点 S_{14} 对长度方向测点的激励响应的回归参数远小于测点 S_{11}、测点 S_{13}；测点 S_{22}、测点 S_{24} 对长度方向测点的激励响应的回归参数远小于测点 S_{21}、测点 S_{23}。

4.5.2 冲击频率及能量变化分析

用 MATLAB 编程,对一榀复合楼板落锤冲击试验的 5 个位移测点数据进行功率谱密度分析,得到位移功率谱密度图,典型的功率谱密度图如图 4.71 所示。

(a) 1 cm 冲击高度下测点 VD_{12}

(b) 30 cm 冲击高度下测点 VD_{12}

(c) 1 cm 冲击高度下测点 VD_{15}

(d) 30 cm 冲击高度下测点 VD_{12}

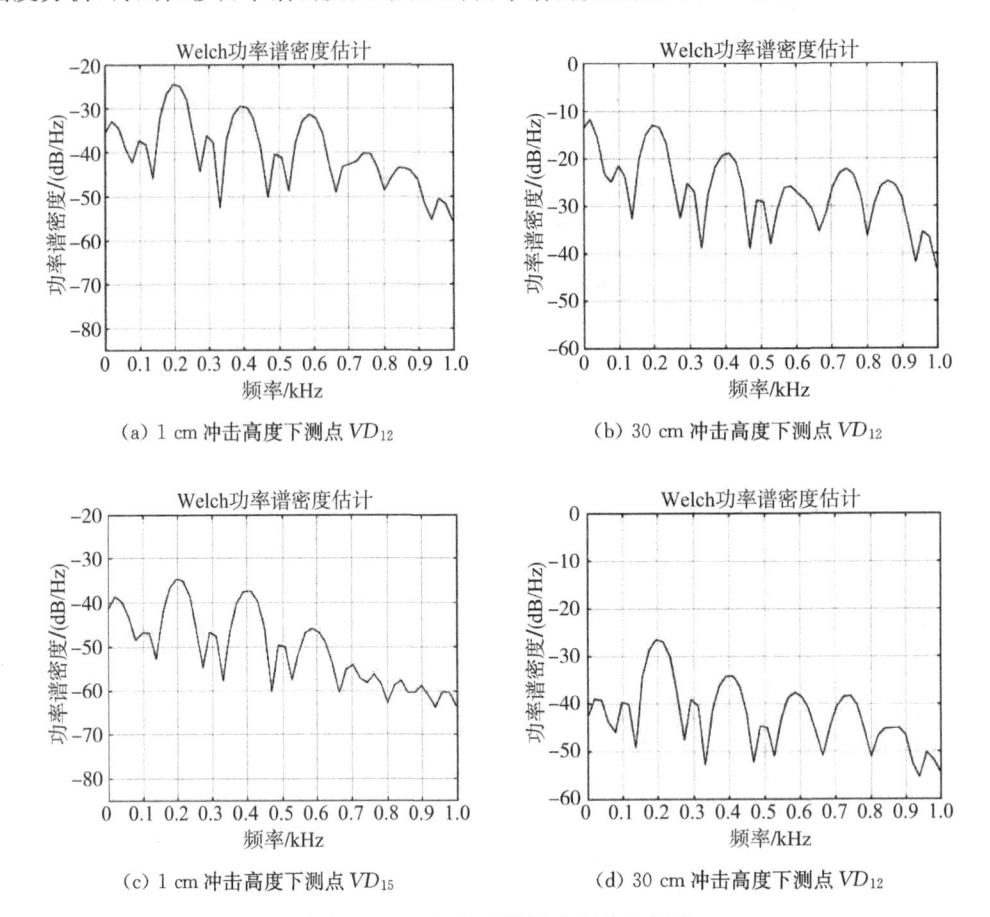

图 4.71　一榀复合楼板功率谱密度图

1 cm 冲击高度下的功率变化如图 4.72 所示。1 000 Hz 频率范围内,复合楼板冲击频率能量主要集中在 20 Hz、200 Hz、390 Hz、590 Hz、740 Hz、860 Hz 6 种频率。冲击波从落锤落点传递到测点 VD_{11} 的过程中,频率为 20 Hz 的冲击能量出现了明显的衰减。冲击波从落锤落点传递到测点 VD_{13} 的过程中,频率为 20 Hz、590 Hz 的冲击能量出现了明显的衰减,频率为 390 Hz 的能量几乎没有衰减。冲击波从测点 VD_{13} 传递到测点 VD_{14} 的过程中,频率为 20 Hz 的冲击能量没有明显变化,频率大于 590 Hz 的冲击能量出现明显衰减。冲击波从测点 VD_{14} 传递到测点 VD_{15} 的过程中,频率为 740 Hz 的冲击能量出现小幅度的衰减,其他频率的冲击能量没有发生明显变化。冲击波从测点 VD_{12} 向测点 VD_{15} 传递的过程中,频率为 200 Hz、390 Hz 的冲击能量衰减较慢,高频冲击得到有效的衰减和抑制,能量明显减弱。

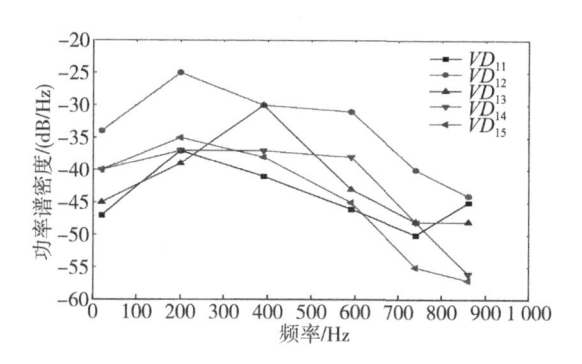

图 4.72　一榀复合楼板 1 cm 冲击高度下功率谱密度

20 cm 冲击高度下的功率变化如图 4.73 所示。1 000 Hz 频率范围内，复合楼板冲击频率能量主要集中在 20 Hz、200 Hz、390 Hz、590 Hz、740 Hz、860 Hz 6 种频率。冲击波从落锤落点传递到测点 VD_{11} 的过程中，各频率的冲击能量均出现了明显的衰减。冲击波从落锤落点传递到测点 VD_{13} 的过程中，频率为 390 Hz 的能量几乎没有衰减，冲击能量保持在 -25 dB/Hz，频率高于 590 Hz 的冲击能量大幅度衰减，从 -20 dB/Hz 衰减到 -35 dB/Hz 以下，远低于频率小于 590 Hz 的冲击能量。冲击波从测点 VD_{13} 传递到测点 VD_{14} 的过程中，频率为 20 Hz 的冲击能量没有明显衰减，频率为 200 Hz、390 Hz 的冲击能量出现明显衰减。冲击波传递过程中，高频冲击得到有效的衰减和抑制，能量明显减弱。

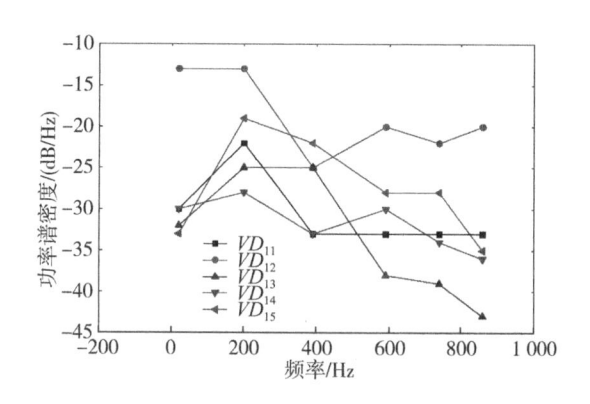

图4.73　一榀复合楼板 20 cm 冲击高度下功率谱密度

30 cm 冲击高度下的功率变化如图 4.74 所示。1 000 Hz 频率范围内，复合楼板冲击频率能量主要集中在 20 Hz、200 Hz、390 Hz、590 Hz、740 Hz、860 Hz 6 种频率。冲击波从落锤落点传递到测点 VD_{11} 的过程中，频率为 20 Hz 的冲击能量出现了明显的衰减，频率为 390 Hz 的冲击能量几乎没有衰减。冲击波从落锤落点传递到测点 VD_{13} 的过程中，各种频率的冲击能量都大幅度衰减。

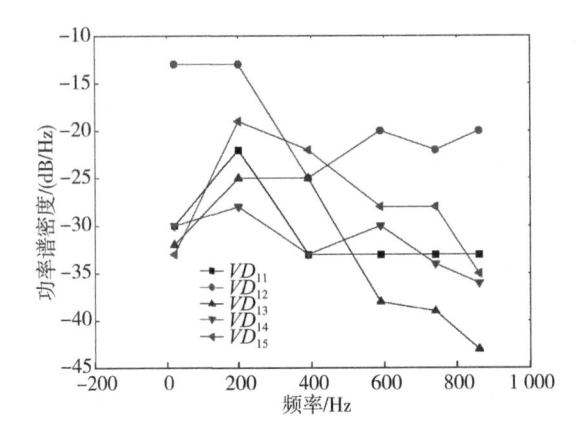

图4.74　一榀复合楼板 30 cm 冲击高度下功率谱密度

对二榀复合楼板落锤冲击试验的 5 个位移测点数据进行功率谱密度分析,典型的功率谱密度图如图 4.75 所示。

(a) 1 cm 冲击高度下测点 VD_{22}

(b) 60 cm 冲击高度下测点 VD_{22}

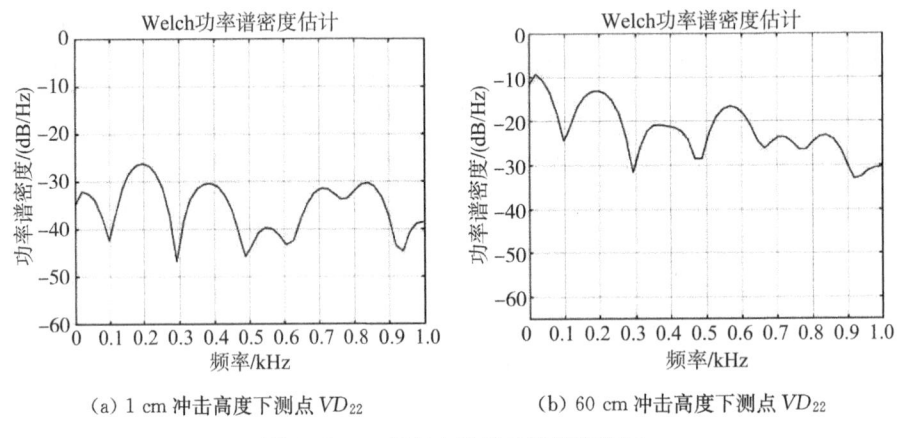

图 4.75　二榀复合楼板功率谱密度图

1 cm 冲击高度下的功率变化如图 4.76 所示。1000 Hz 频率范围内,复合楼板冲击频率能量主要集中在 20 Hz、200 Hz、390 Hz、590 Hz、740 Hz、860 Hz 6 种频率。冲击波从落锤落点传递到测点 VD_{21} 的过程中,频率为 20 Hz 的冲击能量出现了明显的衰减。冲击波从落锤落点传递到测点 VD_{23} 的过程中,频率为 390 Hz 的能量几乎没有衰减,其他频率的冲击能量均出现明显衰减。30 cm、60 cm 冲击高度下的功率变化如图 4.77 和图 4.78 所示,复合楼板冲击频率能量主要集中在 20 Hz、200 Hz、390 Hz、590 Hz、740 Hz、860 Hz 6 种频率。冲击波从测点 VD_{22} 向复合楼板边缘传递的过程中,频率为 20 Hz 的冲击能量衰减较快,频率为 200 Hz、390 Hz 的冲击能量衰减较慢。

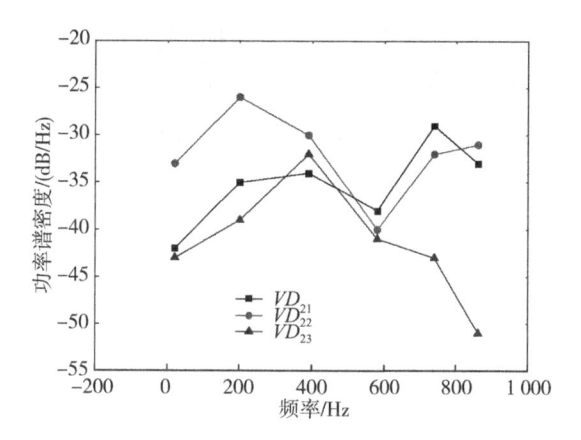

图 4.76　二榀复合楼板 1 cm 冲击高度下功率谱密度

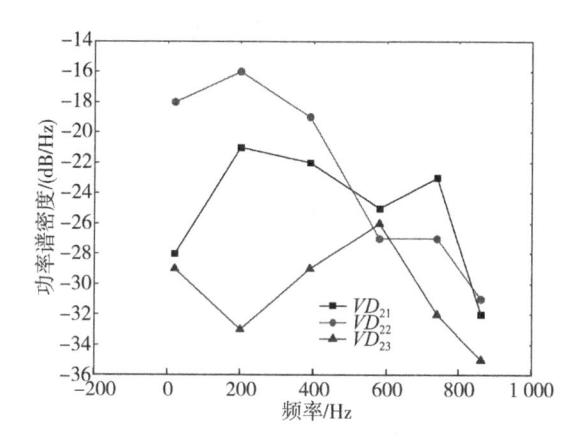

图 4.77　二榀复合楼板 30 cm 冲击高度下功率谱密度

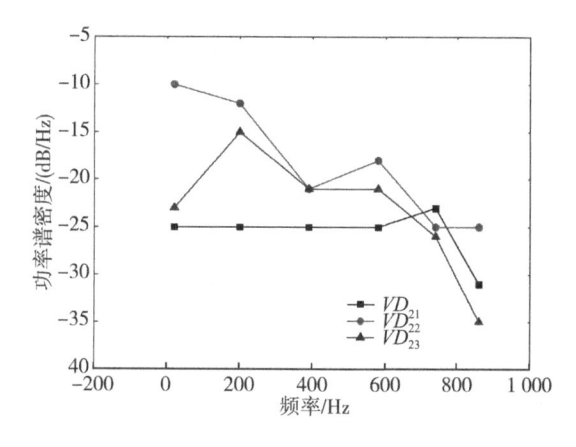

图 4.78　二榀复合楼板 60 cm 冲击高度下功率谱密度

综上所述,1 000 Hz 的频率范围内,钢筋混凝土复合楼板受到冲击作用产生的应力波的频率能量主要集中在 20 Hz、200 Hz、390 Hz、590 Hz、740 Hz、860 Hz 6 种频率。其中频率为 20 Hz 的冲击能量只有在测点 VD_{12} 和 VD_{22} 表现较高水平,应该与复合楼板是弹性体有关,落锤产生的冲击能量在复合楼板的多次反弹中获得部分释放。冲击波传递过程中,高频冲击得到有效的衰减和抑制,能量明显减弱。

4.6　本章小结

本章基于水工钢混复合楼板,建立了水工高性能钢混复合面板靶向激励模型,研究了水工高性能钢混复合面板靶向激励韧性特性,进一步开展了水工钢混复合楼板韧性特征声发射特性试验与时频分析,以及水工钢混复合楼板抗冲击服役韧性试验与韧性分布特征研究,得出如下结论:

(1) 提出靶向接触系数(ICC),推导出水工高性能面板靶向激励控制微分方程,求解得到考虑时空效应的加速度响应函数表达式。通过水工高性能面板靶向激励响应对比试验研究,找到了靶向激励能量试验实测值与理论计算值之间的关系,得到摆锤靶向激励模式在分析加速度空间分布特征时的总误差在 16% 以内。基于水工高性能面板靶向激励响应空间分布特征分析,阐释得到在摆锤靶向激励作用下的水工高性能钢筋混凝土面板与水工高性能素混凝土面板表现出相同的靶向激励加速度空间分布规律。

(2) 通过开展水工钢混复合楼板韧性特征声发射特性试验表明,声发射信号的特征参数值、频谱分布及时频分布可以较好地表征结构试验的过程及状态,通过分析试验全过程的声发射能量、累计能量值等参数值在时域上的分布、变化趋势及不同部位所布设探头接收的声发射信号参数的差异可以大致得到试验不同部位、不同阶段的损伤发育情况。通过对不同阶段声发射信号的频谱分布及时频域分布分析可以得到不同结构、不同阶段的损伤类型、损伤分布及发育情况等过程特征。

(3) 通过研发一种移动装配式落锤冲击试验装置,开展了水工钢混复合楼板抗冲击服役韧性试验。基于采集到的冲击数据,对复合楼板韧性特征冲击传递规律进行了多种方法的分析,发现应力波的传递体现出明显的方向性,不同方向的应力波相互之间的影响很小,且沿长度方向传递的应力波远远强于其他方向,冲击波传递过程中,高频冲击得到有效的衰减和抑制,能量明显减弱。

参考文献

[1] 薛建阳.钢与混凝土组合结构[M].武汉:华中科技大学出版社,2007.

[2] 王鹏飞,刘继明,谭文娅,等.部分填充式钢混组合结构研究进展[J].山东农业大学学报(自然科学版),2020,51(4):676-683.

[3] 卫星,肖林,温宗意,等.钢-混组合结构桥梁 2020 年度研究进展[J].土木与环境工程学报(中英文),2021,43(S1):107-119.

[4] 喻江,徐海峰,张卫云.水工高性能钢筋混凝土面板靶向激励响应分析[J].水利与建

筑工程学报,2022,20(6):1-8.

[5] GOPINATH S, MADHESWARAN C K, MURTHY A R C, et al. Low and high velocity impact studies on fabric reinforced concrete panels[J]. Computer Modeling in Engineering & Sciences, 2013, 92(2):151-172.

[6] ANIL O, KANTAR E, YILMAZ M C. Low velocity impact behavior of RC slabs with different support types[J]. Construction & Building Materials, 2015, 93: 1078-1088.

[7] HUSEM M, COSGUN S I. Behavior of reinforced concrete plates under impact loading: different support conditions and sizes[J]. Computers & Concrete, 2016, 18(3):389-404.

[8] SUBASHINI I, GOPINATH S, AAHRTHY R. Low velocity impact response and failure assessment of textile reinforced concrete slabs[J]. Computers, Materials & Continua, 2017, 53(4):291-306.

[9] VERMA M, PREM P R, RAJASANKAR J, et al. On low-energy impact response of ultra-high performance concrete (UHPC) panels[J]. Materials & Design, 2016, 92:853-865.

[10] OTHMAN H, MARZOUK H. Applicability of damage plasticity constitutive model for ultra-high performance fibre-reinforced concrete under impact loads[J]. International Journal of Impact Engineering, 2018, 114:20-31.

[11] ELAVARASI D, MOHAN K S R. On low-velocity impact response of SIFCON slabs under drop hammer impact loading[J]. Construction & Building Materials, 2018, 160:127-135.

[12] 顾培英,邓昌,章道生,等.砂浆板冲击破坏试验研究[J].振动与冲击,2015,34(6):177-182.

[13] 胡少伟,喻江,陆俊,等.高性能钢-混组合板激励响应动力特性试验[J].水电能源科学,2020,38(5):106-109.

[14] 喻江,明攀,范向前,等.三榀高性能钢-混凝土复合楼板激励响应互相关分析[J].水利与建筑工程学报,2020,18(1):152-157+192.

[15] 陈倩.聚丙烯纤维和粗骨料对超高性能混凝土抗拉强度的影响研究[J].水利与建筑工程学报,2019,17(6):113-116+199.

[16] 程鹏,吴方红,曾彦钦,等.含粗骨料的超高性能混凝土受弯试验研究[J].水利与建筑工程学报,2019,17(2):41-45.

[17] 陈宁.高性能混凝土力学性能试验检测研究[J].科学技术创新,2022(11):113-116.

[18] 张超慧.超高性能混凝土精细化模拟及其力学行为分析[D].长沙:湖南大学,2021.

第5章

水工钢混复合框架结构服役韧性提升应用研究

5.1 概况

本章基于水工钢纤维增韧混凝土增韧性能试验与服役寿命预测研究、水工钢混复合柱韧性性能试验研究与机理分析、水工钢混复合节点韧性性能与安全承载分析和水工钢混复合楼板韧性性能试验与理论分析,通过以水工钢混复合框架塔楼结构服役韧性性态响应谱分析和水工钢混复合办公楼韧性特性优化与安全评估分析为典型工程案例,完成了水工钢混复合框架结构服役韧性提升应用研究。

5.2 水工钢混复合框架塔楼结构服役韧性性态响应谱分析

水工钢混复合框架塔楼结构采用多层框架结构＋顶部刚架混合结构体系。该结构具有几个特点:高达60 m,结构布置复杂并与工艺密切相关,荷载复杂,结构耗钢量大。过去,对水工钢混复合框架塔楼的结构分析是将其简化为PKPM平面计算单元进行二维计算。近年来,在一些项目中开始尝试采用简化较多的空间模型进行计算。在此过程中,由于对结构的简化都是朝偏于安全的方向进行,会对计算结果的精准度产生影响,误差较大,既不能准确地把握塔楼结构的受力性能,也不能在保证其安全可靠的基础上提高其经济性指标,生产部门对此反应较大。

5.2.1 钢混复合框架柱优化设计

统计得到钢管混凝土框架柱的钢用量约为 669.20 t,混凝土用量约为 775.0 m^3。

根据轴压承载力等效原则,计算钢筋混凝土柱的配筋和混凝土用量,其中,钢筋强度与钢管混凝土柱钢材强度相同。

矩形钢管混凝土柱轴压承载力计算公式如下:

当 $0.5 < \theta \leqslant [\theta]$ 时,

$$N_0 = 0.9A_c f_c(1+\alpha\theta) \tag{5.1}$$

当 $2.5 > \theta > [\theta]$ 时，

$$N_0 = 0.9A_c f_c(1+\theta^{0.5}+\theta) \tag{5.2}$$

$$\theta = A_a \cdot f_a / (A_c \cdot f_c) \tag{5.3}$$

式中，N_0 为钢管混凝土柱轴心受压短柱承载力设计值，θ 为钢管混凝土的套箍系数，α 为与混凝土强度等级有关的系数，$[\theta]$ 为与混凝土强度等级有关的套箍指标界限值，A_c 为钢管内的核心混凝土横截面面积，f_c 为核心混凝土的轴心抗压强度设计值，A_a 为钢管的横截面面积，f_a 为钢管的抗拉和抗压强度设计值。

轴压承载力计算结果见表 5.1。

表 5.1 轴压承载力计算结果

轴线位置	编号	b/mm	h/mm	t/mm	l/m	混凝土等级	N_0/kN
6	KJ2	1 200	1 300	32	25.39	C35	92 051.607 01
	KJ4	1 000	1 000	28	32.9	C35	61 972.671 22
	KJ4	1 000	1 000	28	32.9	C35	61 972.671 22
	KJ2	1 200	1 300	32	32.9	C35	92 051.607 01
7	KJ1	1 200	1 500	32	25.39	C35	102 448.4
	KJ3	1 000	1 200	28	32.9	C35	70 855.065 48
	KJ3	1 000	1 200	28	32.9	C35	70 855.065 48
	KJ1	1 200	1 500	32	32.0	C35	102 448.4
8	KJ1	1 200	1 500	32	25.39	C35	102 448.4
	KJ3	1 000	1 200	28	32.9	C35	70 855.065 48
	KJ3	1 000	1 200	28	32.9	C35	70 855.065 48
	KJ1	1 200	1 500	32	32.0	C35	102 448.4
9	KJ1	1 200	1 500	32	25.39	C35	102 448.4
	KJ3	1 000	1 200	28	32.9	C35	70 855.065 48
	KJ3	1 000	1 200	28	32.9	C35	70 855.065 48
	KJ1	1 200	1 500	32	32.0	C35	102 448.4
10	KJ2	1 200	1 300	32	25.39	C35	92 051.607 01
	KJ4	1 000	1 000	28	32.9	C35	61 972.671 22
	KJ4	1 000	1 000	28	32.9	C35	61 972.671 22
	KJ2	1 200	1 300	32	32.9	C35	92 051.607 01

注：b、h、t、l 分别表示钢管混凝土柱的宽度、高度、厚度、长度。

参考《混凝土结构设计规范》(GB 50010—2010)[1]计算相应柱采用钢筋混凝土柱时的配筋，计算结果如表 5.2 所示。

表 5.2　钢筋混凝土柱截面配筋计算结果

轴线位置	编号	b/mm	h/mm	t/mm	l/m	混凝土等级	A_s/mm²
6	KJ2	1 200	1 300	32	25.39	C35	273 904.288
	KJ4	1 000	1 000	28	32.9	C35	187 418.338 4
	KJ4	1 000	1 000	28	32.9	C35	187 418.338 4
	KJ2	1 200	1 300	32	32.9	C35	273 904.288
7	KJ1	1 200	1 500	32	25.39	C35	301 011.697 9
	KJ3	1 000	1 200	28	32.9	C35	210 879.807 9
	KJ3	1 000	1 200	28	32.9	C35	210 879.807 9
	KJ1	1 200	1 500	32	32.0	C35	301 011.697 9
8	KJ1	1 200	1 500	32	25.39	C35	301 011.697 9
	KJ3	1 000	1 200	28	32.9	C35	210 879.807 9
	KJ3	1 000	1 200	28	32.9	C35	210 879.807 9
	KJ1	1 200	1 500	32	32.0	C35	301 011.697 9
9	KJ1	1 200	1 500	32	25.39	C35	301 011.697 9
	KJ3	1 000	1 200	28	32.9	C35	210 879.807 9
	KJ3	1 000	1 200	28	32.9	C35	210 879.807 9
	KJ1	1 200	1 500	32	32.0	C35	301 011.697 9
10	KJ2	1 200	1 300	32	25.39	C35	273 904.288
	KJ4	1 000	1 000	28	32.9	C35	187 418.338 4
	KJ4	1 000	1 000	28	32.9	C35	187 418.338 4
	KJ2	1 200	1 300	32	32.9	C35	273 904.288

注：A_s 表示钢筋混凝土柱的横截面钢筋配筋面积。

经计算可知，采用钢筋混凝土柱所需钢筋约 1 177.88 t，混凝土约 710.20 m³。钢管柱加工费用按 7 000 元/t，商品混凝土 C50 按 700 元/m³。钢筋价格按 6 000 元/t，商品混凝土 C50 综合造价（含模板支撑等费用）按 1 300 元/m³。

采用本研究中的钢管混凝土复合柱压弯扭复合受力承载力计算方法，设计制作了该工程中 20 余根钢管混凝土框架复合柱。同时，根据承载力等效原则设计了压弯扭复合荷载下的钢筋混凝土柱进行对比，对比结果如表 5.3 所示。

表 5.3　钢管混凝土复合柱与钢筋混凝土柱对比

类比	钢管混凝土柱	钢筋混凝土柱	钢管混凝土柱/钢筋混凝土柱
钢材用量/t	669.198	1 177.884	0.57
总价/万元	514.94	799.06	0.64

在保证建筑使用面积相同时，即保持柱截面相同的情况下，钢筋混凝土柱截面配筋量较大，超筋严重，对受力和施工影响极为严重；钢筋混凝土柱若需要保证不超筋，则需增大柱

截面,减小建筑使用面积,且部分框架柱容易形成短柱,对结构抗震不利。综合结果表明:采用本研究成果设计的框架钢混复合柱,用钢量节省约43%,材料总造价节省约36%。

5.2.2 服役韧性性态响应谱参数研究

1. 混凝土材料本构参数

目前,研究者从理论分析、数值模拟和试验研究出发对混凝土材料的本构关系进行了研究,并取得了大量研究成果。但混凝土材料的力学特性受加载条件、加载频率等影响显著,特别是在冲击荷载、循环荷载下更甚。在结构构件的自由端部位,压缩波突然转换为反射拉伸波,致使混凝土极易产生裂纹甚至破坏。因此,借鉴国内外相关研究成果,从状态方程、强度面、应变率效应几个方面,定义混凝土材料本构关系,为水工钢混复合框架塔楼结构服役性态响应谱的研究提供参数支持。

混凝土的状态方程采用Herrmann[2]提出的孔隙状态方程(图5.1),其表达式为:

$$\alpha = 1 + (\alpha_0 - 1)\left(\frac{p_L - p}{p_L - p_C}\right)^n \tag{5.4}$$

$$\dot{\mu} = \frac{\alpha}{\alpha_0}(1+\mu) - 1 \tag{5.5}$$

$$p = K_1\dot{\mu} + K_2\dot{\mu}^2 + K_3\dot{\mu}^3 \tag{5.6}$$

式中,p_C表示孔隙开始压缩时的压力,p_L表示孔隙完全被压实时的压力,α_0表示初始孔隙度,α表示孔隙度,n表示状态方程的形状系数,$\mu = (\rho - \rho_0)/\rho_0$,为体积应变,$\rho$、$\rho_0$分别为压缩后的密度和初始密度,$K_1$、$K_2$、$K_3$表示实体材料的体积应变。

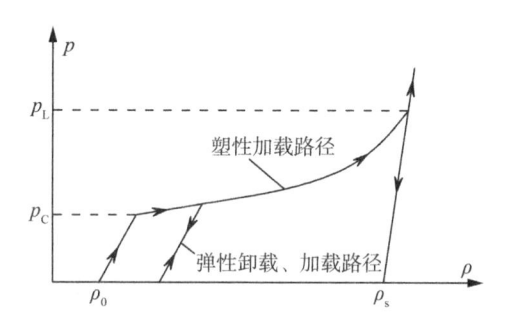

图5.1 孔隙状态方程示意图

通过定义压缩强度f_{cc}和拉伸强度f_{tt}来确定混凝土材料的强度面模型。混凝土材料的强度面示意图见图5.2,表达式为:

$$Z = \begin{cases} 3r(\theta)(f_{tt} + p), & p < 0; \\ r(\theta)[3f_{tt} + 3p(1 - 3f_{tt}/f_{cc})], & 0 < p < f_{cc}/3; \\ r(\theta)[f_{cc} + Bf'_c(p/f'_c - f_{cc}/3f'_c)^N], & p > f_{cc}/3. \end{cases} \tag{5.7}$$

式中，$r(\theta)$ 表示 Lode 角效应，B 和 N 表示材料参数。

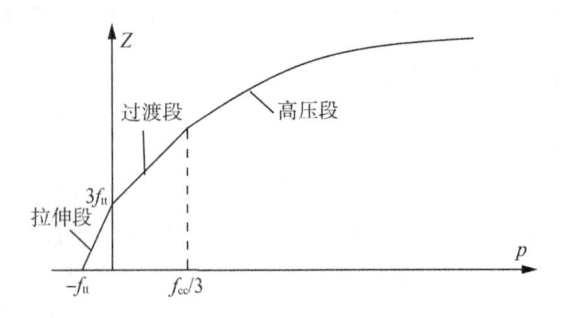

图 5.2　混凝土材料强度面示意图

式(5.7)中强度面模型考虑到了 Lode 角效应、剪切和拉伸损伤，以及应变率影响几个因素，下面分别加以论述。

(1) Lode 角效应

根据 Willam-Warnke 模型[3]，Lode 角效应关系式为：

$$r(\theta, g(p)) = \frac{2[1-g^2(p)]\cos\theta + [2g(p)-1]\sqrt{5g^2(p)-4g(p)+4[1-g^2(p)]\cos^2\theta}}{4[1-g^2(p)]\cos^2\theta + [2g(p)-1]^2} \tag{5.8}$$

$$g(p) = g_1 + g_2\frac{p}{f'_c} + (g_1 - 0.5)\mathrm{EXP}\left(-\frac{g_3 p}{f'_c}\right) \tag{5.9}$$

式中，$g(p)$ 表示形状函数，g_1、g_2、g_3 为材料参数，$g_1 = 0.65, g_2 = 0.01, g_3 = 5$。

(2) 剪切和拉伸损伤

f_{cc} 和 f_{tt} 表达式为：

$$f_{cc} = \eta_c F_c^{\mathrm{DI}} f'_c \tag{5.10}$$

$$f_{tt} = \eta_t F_t^{\mathrm{DI}} f_t \tag{5.11}$$

式中，η_c、η_t 分别表示压缩强度形状函数和拉伸强度形状函数，F_c^{DI}、F_t^{DI} 分别表示压缩动态增强因子和拉伸动态增强因子，f'_c、f_t 分别表示准静态单轴压缩强度和单轴拉伸强度。

不同阶段压缩强度形状函数 η_c 的表达式为：

$$\eta_c = \begin{cases} l + (1-l)\eta(\lambda), & \lambda \leqslant \lambda_m; \\ r + (1-r)\eta(\lambda), & \lambda > \lambda_m. \end{cases} \tag{5.12}$$

$$\eta(\lambda) = a\lambda(\lambda - 1)\mathrm{EXP}(-b\lambda) \tag{5.13}$$

式中，λ_m 表示混凝土材料达到最大强度时的剪切损伤值，$\lambda_m = 0.3$，根据文献[4]确定；$l = 0.45$，根据文献[5]确定；$r = 0.3$。

于是可得混凝土材料在不同应变率和压力条件下的破坏应变函数表达式：

$$\varepsilon_{\mathrm{f}} = \frac{0.002}{\lambda_{\mathrm{m}}} \mathrm{MAX}\left[1.1 + \lambda_{\mathrm{s}}\left(\frac{p}{f_{\mathrm{c}}'} - \frac{1}{3}\right)\right]\left(\frac{\dot{\varepsilon}_0}{\dot{\varepsilon}_0}\right)^{0.02} \tag{5.14}$$

式中,$\lambda_{\mathrm{s}} = 4.60$,参考应变率 $\dot{\varepsilon}_0 = 3 \times 10^{-5}$。

不同阶段拉伸强度形状函数 η_{t} 的表达式为:

$$\eta_{\mathrm{t}} = \left[\left(c_1 \frac{\varepsilon_{\mathrm{t}}}{\varepsilon_{\mathrm{F}}}\right)^3 + 1\right]\mathrm{EXP}\left(-c_2 \frac{\varepsilon_{\mathrm{t}}}{\varepsilon_{\mathrm{F}}}\right) - \frac{\varepsilon_{\mathrm{t}}}{\varepsilon_{\mathrm{F}}}(c_1^3 + 1)\mathrm{EXP}(-c_2) \tag{5.15}$$

式中,ε_{F} 表示混凝土材料的断裂应变,根据文献[6]确定:$c_1 = 3.00$、$c_2 = 6.93$,ε_{t} 表示混凝土的弹性应变。

(3) 应变率效应

为了表述混凝土材料受动态荷载影响,通过引入动态增强因子来分别定义压缩动态增强因子 $F_{\mathrm{c}}^{\mathrm{DI}}$ 和拉伸动态增强因子 $F_{\mathrm{t}}^{\mathrm{DI}}$。

根据经典 CEB 公式[7],混凝土材料的压缩动态增强因子 $F_{\mathrm{c}}^{\mathrm{DI}}$ 的表达式为:

$$F_{\mathrm{c}}^{\mathrm{DI}} = \begin{cases} \left[\dfrac{\dot{\varepsilon}}{\dot{\varepsilon}_{\mathrm{s}}}\right]^{\frac{1.026}{5+9f_{\mathrm{cs}}/f_{\mathrm{c0}}}}, & \dot{\varepsilon} \leqslant 30 s^{-1}; \\ 10^{\frac{6.156}{5+9f_{\mathrm{cs}}/f_{\mathrm{c0}}}-2}\left[\dfrac{\dot{\varepsilon}}{\dot{\varepsilon}_{\mathrm{s}}}\right]^{\frac{1}{3}}, & \dot{\varepsilon} > 30 s^{-1}。 \end{cases} \tag{5.16}$$

式中,$\dot{\varepsilon}_{\mathrm{s}} = 3 \times 10^{-5} s^{-1}$,$f_{\mathrm{c0}} = 10 \mathrm{MPa}$,$\dot{\varepsilon}$ 表示应变率,s^{-1} 表示时间的倒数,f_{cs} 表示压缩增强后混凝土的强度。

根据文献[8]中拟合的经验公式确定混凝土材料的拉伸动态增强因子 $F_{\mathrm{t}}^{\mathrm{DI}}$。

$$F_{\mathrm{t}}^{\mathrm{DI}} = W_{\mathrm{y}}\left\{\left[\tanh\left(\left(\log\left(\frac{\dot{\varepsilon}}{\dot{\varepsilon}_0}\right) - W_{\mathrm{x}}\right)S\right)\right]\left[\frac{F_{\mathrm{m}}}{W_{\mathrm{y}}} - 1\right] + 1\right\} \tag{5.17}$$

式中,$\dot{\varepsilon}$ 表示应变率,$\dot{\varepsilon}_0$ 表示参考应变率,根据文献[9-10]中对大量试验数据的统计,确定 $W_{\mathrm{x}} = 1.6$,$W_{\mathrm{y}} = 5.5$,$S = 0.8$,$F_{\mathrm{m}} = 10$。

C35 混凝土材料参数取值见表 5.4。

表 5.4 C35 混凝土材料参数取值一览表

	$\rho_0/(\mathrm{kg/m^3})$		$\rho_{\mathrm{s}}/(\mathrm{kg/m^3})$		$p_{\mathrm{C}}/\mathrm{MPa}$		$p_{\mathrm{L}}/\mathrm{MPa}$	
$P \sim \alpha$ 状态方程参数	2 440		2 680		12.83		3 000	
	n		K_1		K_2		K_3	
	3		20		30		10	
本构参数	E/GPa	$f_{\mathrm{c}}/\mathrm{MPa}$	$f_{\mathrm{t}}/\mathrm{MPa}$	G	B	N	g_1	g_2	g_3
	31.5	16.7	1.57	15	1.62	0.86	0.65	0.01	5
	ν	F_{m}	W_{x}	S	λ_{m}	λ_{s}	μ_{F}	c_1	c_2
	0.20	10	1.6	0.8	0.30	4.6	0.007	3.00	6.93

2. 钢材料本构参数

钢的本构关系模型主要有 4 种经典的材料选项,包括经典双线性随动强化模型(BKIN),双线性等向强化模型(BISO),多线性随动强化模型(MKIN)和多线性等向强化模型(MISO)。

钢材料本构关系采用双线性随动强化模型(BKIN),该种模型使用一个双线性来表示应力-应变曲线关系,关系中有 2 个斜率,一个表示弹性斜率,另一个表示塑性斜率。并采用 von Mises 屈服准则,根据试验测定参数,以及推荐强化模型,钢材料弹性模量取为 $E_s = 206\text{GPa}$,强化模量取为 $E'_s = 0.01E_s = 2.06\text{GPa}$,所得应力-应变曲线关系表达式为:

$$\sigma_s = \begin{cases} E_s\varepsilon, & (\varepsilon \leqslant \varepsilon_y); \\ f_y + E'_s\varepsilon, & (\varepsilon \geqslant \varepsilon_y)。 \end{cases} \quad (5.18)$$

式中,σ_s 表示钢材强度,f_y 表示钢材屈服应力,ε_y 表示屈服应变。

钢材料参数见表 5.5 所示。

表 5.5 钢材料参数一览表

密度 $\rho_s/(\text{kg/m}^3)$	弹性模量 E_s/Gpa	泊松比 υ_s	温度 $t/℃$	屈服强度 f_y/Mpa	强化模量 E'_s/Gpa	体积模量 K_s/Gpa	剪切模量 G_s/Gpa
7 850	206	0.30	22	300	2.06	137.33	82.4

3. 服役韧性性态响应谱参数

阻尼作为结构动力分析的参数之一,其实质是表征结构振动过程中的能量耗散特性[11]。其能量耗散成因主要表现在以下几个方面:①空气阻尼因素;②地基中能量耗散;③结构内部摩擦;④节点处摩擦损失。据目前大量的研究表明,以地基以上的上部结构为主的结构系统,其阻尼耗能因素也是多方面的[12-13]。笔者认为,上部结构阻尼耗能中,空气阻尼耗能只占总耗能的 1% 左右,摩擦耗能是主要因素。摩擦耗能又分为材料内摩擦耗能和构件间干摩擦耗能。材料内摩擦是微观意义上的摩擦,其占比较小;构件间干摩擦是宏观意义上的摩擦,其占比较大。总之,阻尼耗能与结构的质量(表征附属构件大小)、刚度(表征位移大小)有关,而干摩擦耗能则与质量和刚度均有关。因此,据《型钢混凝土组合结构技术规程》(JGJ 138—2001)[14]中相关规定,对于型钢混凝土框架结构而言,其结构分析时阻尼比取值为 0.04。

目前,对于单一的结构体系,结构的质量阻尼系数(α)和刚度阻尼系数(β)可通过 Rayleigh 阻尼公式 $\alpha/(2\omega) + \beta\omega/2 = \xi$ 求得。然而,对于复杂结构体系,尤其是近些年出现的钢-混凝土水工钢混复合框架塔楼结构体系,阻尼表现出千差万别的特征。因此,对于复杂结构体系的复杂阻尼,亟须找到合理的方法进行处理。如前面所述,阻尼耗能机制以干摩擦为主,那么,不同结构组合而成的结构体系均应遵循一样的耗能机制,即单元层次耗能与由单元层次组合成的整体耗能满足相同的耗能机理。因此,本书提出"离散分配法",通过单元层次的阻尼进一步推导出复杂结构体系的阻尼。定义阻尼耗能表达式(DE)和单元应变能表达式(U_{ij})分别为:

第5章 水工钢混复合框架结构服役韧性提升应用研究

$$DE = \sum_{i=1}^{n}\sum_{j=1}^{m} DE_{ij} = \sum_{i=1}^{n}\sum_{j=1}^{m}\int_{0}^{\frac{2\pi}{\omega_j}}\left[\frac{\partial s_{ij}}{\partial t}\right]^T c_i \frac{\partial s_{ij}}{\partial t}\mathrm{d}t \tag{5.19}$$

$$U_{ij} = \frac{1}{2}\varphi_{ij}^T k_i \varphi_{ij} \tag{5.20}$$

式中，$s_{ij} = \varphi_{ij}\sin(\omega_j t)$，$\varphi_{ij}$ 表示第 j 振型向量中与 i 单元相关的向量，ω_j 表示 j 阶的角频率，c_i 表示阻尼比，$c_i = \alpha_i m_i + \beta_i k_i$，$k_i$ 表示刚度。

于是得到 i 单元相对于 j 振型的阻尼比 ξ_{ij}。

$$\xi_{ij} = \frac{\alpha_i \omega_j \varphi_{ij}^T m_i \varphi_{ij}}{2\varphi_{ij}^T k_i \varphi_{ij}} + \frac{\beta_i \omega_j}{2} \tag{5.21}$$

进一步得到：

$$\alpha_i = \frac{2\omega_{im}^2 \omega_{in}^2 (\xi_{im}\omega_n - \xi_{in}\omega_m)}{\omega_m \omega_n (\omega_{in}^2 - \omega_{im}^2)} \tag{5.22}$$

$$\beta_i = \frac{2(\omega_m \omega_{in}^2 \xi_{im} - \omega_n \omega_{im}^2)}{\omega_m \omega_n (\omega_{in}^2 - \omega_{im}^2)} \tag{5.23}$$

基于自主研发的"加速度人工反应谱"程序及输出界面，依据我国主要城镇抗震设防烈度9度及相对应的设计基本地震加速度区划分布进行工况建立，见表5.6。

表5.6 水工钢混复合框架塔楼结构加速度人工反应谱参数输入一览表

工况组合	水平地震影响系数最大值 $\alpha_{\max}$ 7度 多遇地震	7度 罕遇地震	8度 多遇地震	8度 罕遇地震	9度 多遇地震	9度 罕遇地震	阻尼比 ζ 型钢混凝土组合结构	特征周期 T_g 场地类别 Ⅱ
工况1	0.12	—	—	—	—	—	0.04	0.40
工况2	—	0.72	—	—	—	—	0.04	0.45
工况3	—	—	0.24	—	—	—	0.04	0.40
工况4	—	—	—	1.20	—	—	0.04	0.45
工况5	—	—	—	—	0.32	—	0.04	0.40
工况6	—	—	—	—	—	1.40	0.04	0.45

根据表5.6中相关输入参数，代入开发的"加速度人工反应谱程序"，取30个频率点，分别对6种工况计算加速度频率响应谱，计算所得频率及其对应的加速度见表5.7~表5.12。

表5.7 工况1加速度频率响应谱

频率 f/Hz	加速度 a/(mm/s²)	频率 f/Hz	加速度 a/(mm/s²)	频率 f/Hz	加速度 a/(mm/s²)
1 000	537.032	2.083	1 064.822	1.000	542.614
500	544.324	2.000	10 231.635	0.800	442.056

续表

频率 f/Hz	加速度 a/(mm/s²)	频率 f/Hz	加速度 a/(mm/s²)	频率 f/Hz	加速度 a/(mm/s²)
200	566.200	1.818	939.665	0.769	426.414
100	602.660	1.667	867.488	0.741	411.886
50	6 731.581	1.538	8 031.997	0.714	398.354
20	894.342	1.429	752.959	0.690	3831.719
10	1 258.945	1.333	706.724	0.667	373.893
5	1 258.945	1.250	666.047	0.645	362.800
2.50	1 258.945	1.176	628.972	0.625	352.373
2.22	1 128.853	1.111	597.751	0.606	342.553

表 5.8　工况 2 加速度频率响应谱

频率 f/Hz	加速度 a/(mm/s²)	频率 f/Hz	加速度 a/(mm/s²)	频率 f/Hz	加速度 a/(mm/s²)
1 000	3 222.192	2.083	7 118.902	1.000	3 627.661
500	32 631.945	2.000	6 856.915	0.800	29 531.377
200	3 397.201	1.818	6 282.156	0.769	2 850.805
100	36 131.963	1.667	5 799.615	0.741	2 753.674
50	4 053.486	1.538	5 388.520	0.714	2 663.208
20	5 366.054	1.429	5 033.931	0.690	2 578.736
10	7 553.669	1.333	4 724.822	0.667	2 499.674
5	7 553.669	1.250	4 452.875	0.645	24 231.511
2.50	7 553.669	1.176	4 211.694	0.625	23 531.800
2.22	7 553.669	1.111	3 996.280	0.606	2 290.147

表 5.9　工况 3 加速度频率响应谱

频率 f/Hz	加速度 a/(mm/s²)	频率 f/Hz	加速度 a/(mm/s²)	频率 f/Hz	加速度 a/(mm/s²)
1 000	1 074.064	2.083	2 128.645	1.000	10 831.228
500	1 088.648	2.000	2 051.270	0.800	884.111
200	1 132.400	1.818	1 879.329	0.769	852.828
100	12 031.321	1.667	1 734.975	0.741	823.771
50	1351.162	1.538	1 611.995	0.714	796.708
20	1 788.685	1.429	15 031.918	0.690	771.438
10	2 517.890	1.333	1 413.447	0.667	747.786
5	2 517.890	1.250	1 332.093	0.645	7 231.600
2.50	2 517.890	1.176	1 259.943	0.625	704.746
2.22	2 259.707	1.111	11 931.501	0.606	6 831.106

表5.10　工况4加速度频率响应谱

频率 f/Hz	加速度 a/(mm/s²)	频率 f/Hz	加速度 a/(mm/s²)	频率 f/Hz	加速度 a/(mm/s²)
1 000	5 370.320	2.083	11 864.830	1.000	6 046.102
500	5 443.241	2.000	11 428.190	0.800	49 231.628
200	5 662.002	1.818	10 470.260	0.769	4 751.341
100	6 026.605	1.667	9 666.026	0.741	4 589.457
50	67 531.810	1.538	8 980.867	0.714	4 438.681
20	8 943.424	1.429	8 389.885	0.690	4 297.894
10	12 589.440	1.333	7 874.703	0.667	4 166.123
5	12 589.440	1.250	7 421.458	0.645	4 042.518
2.50	12 589.440	1.176	7 019.490	0.625	3 926.333
2.22	12 589.440	1.111	6 660.466	0.606	3 816.911

表5.11　工况5加速度频率响应谱

频率 f/Hz	加速度 a/(mm/s²)	频率 f/Hz	加速度 a/(mm/s²)	频率 f/Hz	加速度 a/(mm/s²)
1 000	1 432.085	2.083	2 839.526	1.000	1 446.970
500	1 451.531	2.000	27 331.027	0.800	1 178.815
200	1 509.867	1.818	25 031.772	0.769	1 137.104
100	1 607.095	1.667	2 313.301	0.741	1 098.362
50	1 801.549	1.538	2 149.326	0.714	1 062.278
20	2 384.913	1.429	2 007.891	0.690	1 028.584
10	3 357.186	1.333	1 884.596	0.667	997.048
5	3 357.186	1.250	1 776.124	0.645	967.467
2.50	3 357.186	1.176	1 679.924	0.625	939.661
2.22	3 012.942	1.111	1 594.001	0.606	913.474

表5.12　工况6加速度频率响应谱

频率 f/Hz	加速度 a/(mm/s²)	频率 f/Hz	加速度 a/(mm/s²)	频率 f/Hz	加速度 a/(mm/s²)
1 000	62 631.374	2.083	13 842.300	1.000	7 053.785
500	6 350.448	2.000	13 332.890	0.800	5 746.567
200	66 031.669	1.818	122 131.300	0.769	5 543.231
100	7 031.039	1.667	11 277.030	0.741	5 354.366
50	7 881.778	1.538	10 477.670	0.714	5 178.461

续表

频率 f/Hz	加速度 a/(mm/s²)	频率 f/Hz	加速度 a/(mm/s²)	频率 f/Hz	加速度 a/(mm/s²)
20	10 433.990	1.429	9 788.199	0.690	5 014.210
10	14 687.680	1.333	9 187.153	0.667	4 860.477
5	14 687.680	1.250	8 658.367	0.645	4 716.271
2.50	14 687.680	1.176	8 189.405	0.625	4 580.722
2.22	14 687.680	1.111	7 770.543	0.606	4 453.063

5.2.3 服役韧性性态响应谱分析

1. 服役韧性性态模态分析（OMA）

服役韧性性态模态分析是研究结构动力特性的一种近代方法，也是系统辨别方法在工程振动领域中的应用[15-17]。框架结构中的模态分析（Operational Modal Analysis，OMA）的主要作用在于找出结构在服役性态过程中的自振特性，为结构承受动荷载的设计提供参考指标，同时又为结构响应谱分析提供基础分析平台[18]。本次对提出的水工钢混复合框架塔楼全结构进行模态分析，借助 ANSYS 分析模块计算前 20 阶振型及自振频率，前 20 阶振型分布如图 5.3 所示，振型特征值见表 5.13。

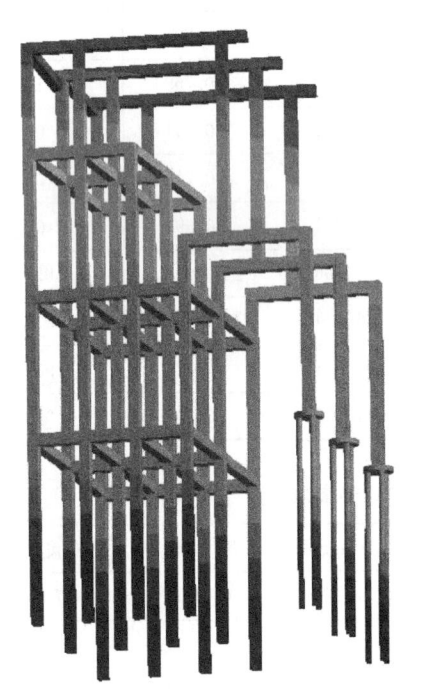

(a) 第 1 阶振型云图 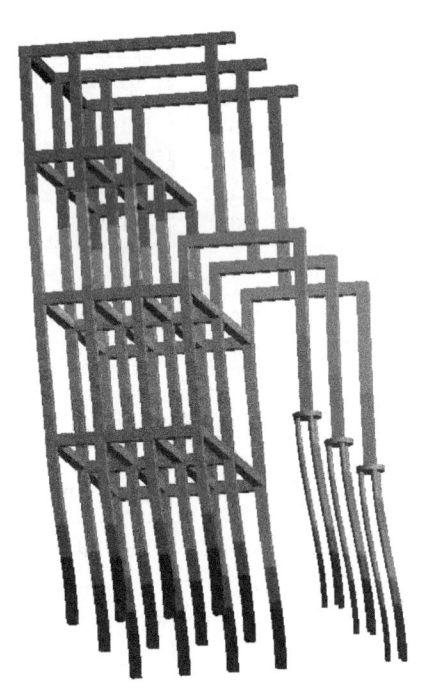　　　　(b) 第 2 阶振型云图

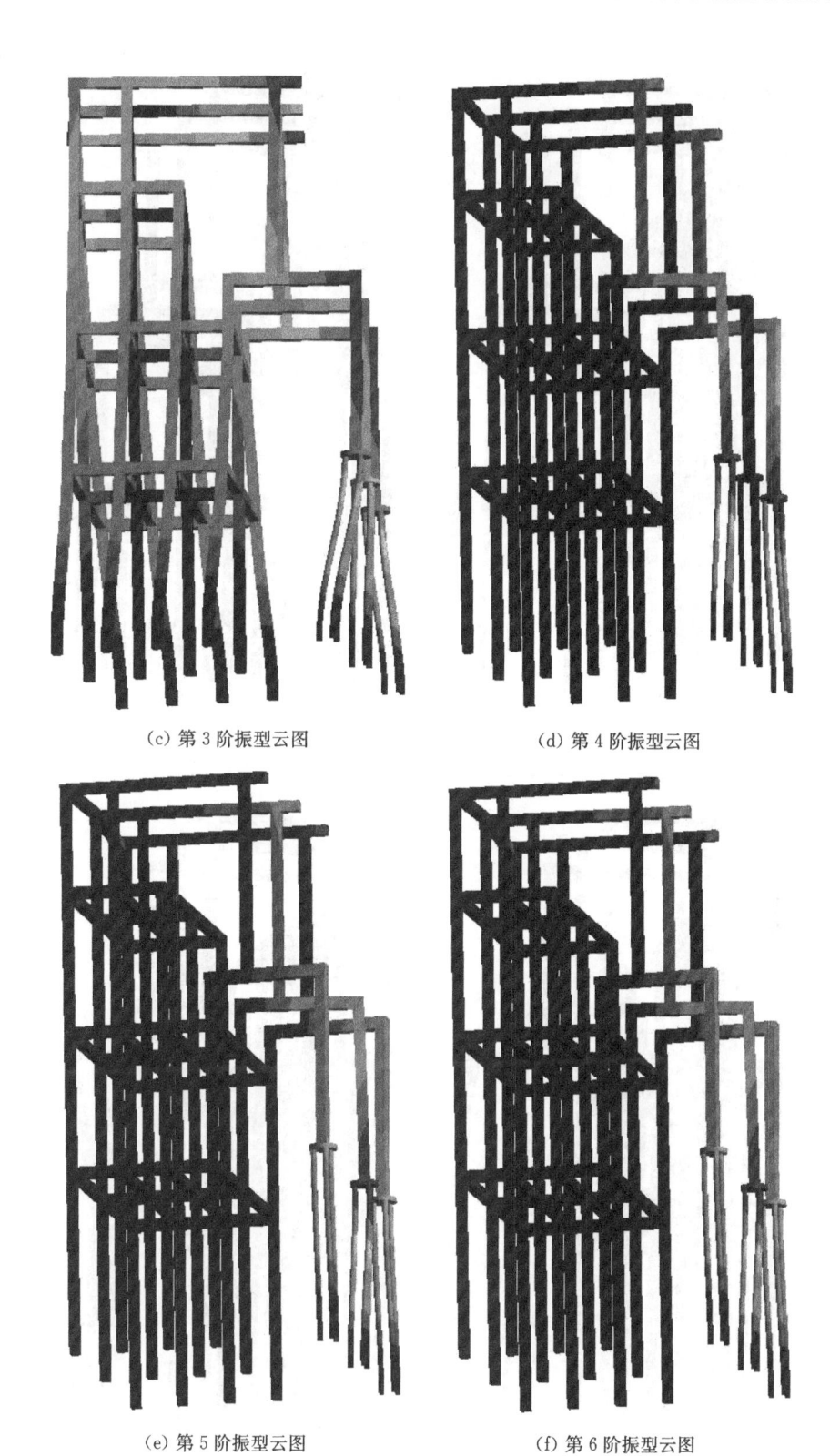

(c) 第 3 阶振型云图　　　　　　　　(d) 第 4 阶振型云图

(e) 第 5 阶振型云图　　　　　　　　(f) 第 6 阶振型云图

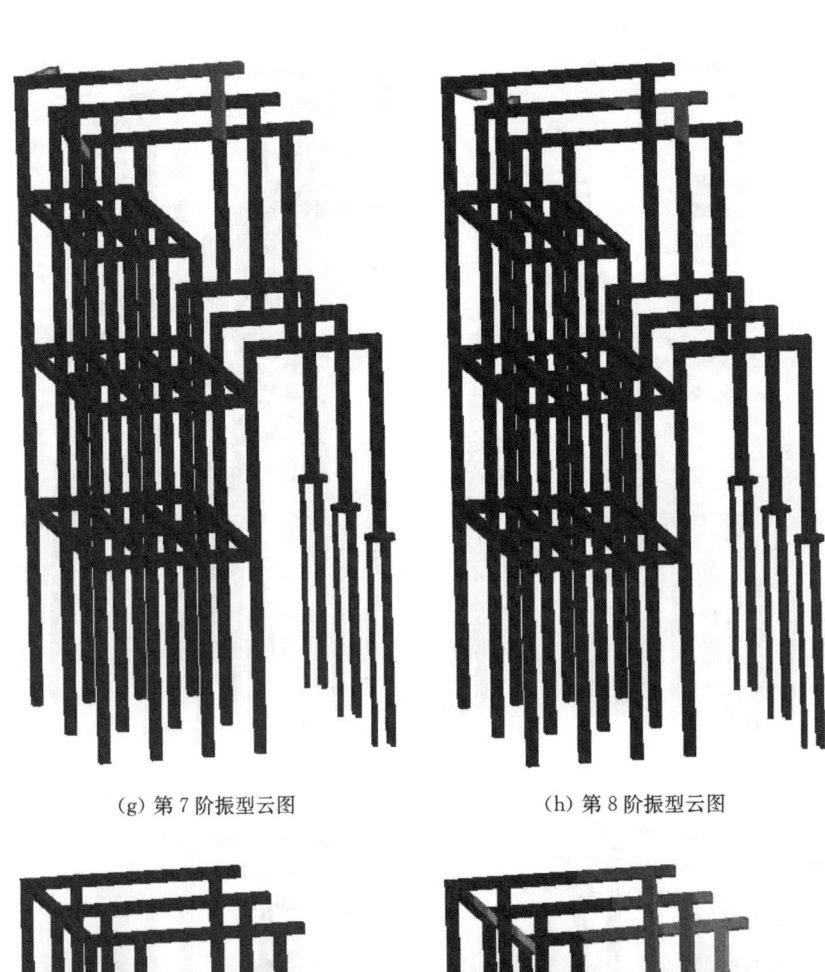

(g) 第 7 阶振型云图　　(h) 第 8 阶振型云图

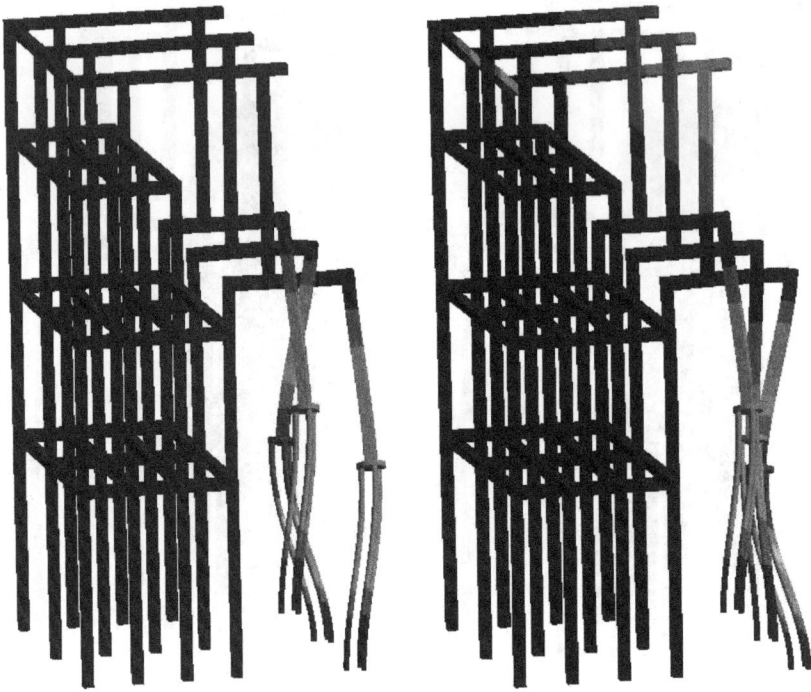

(i) 第 9 阶振型云图　　(j) 第 10 阶振型云图

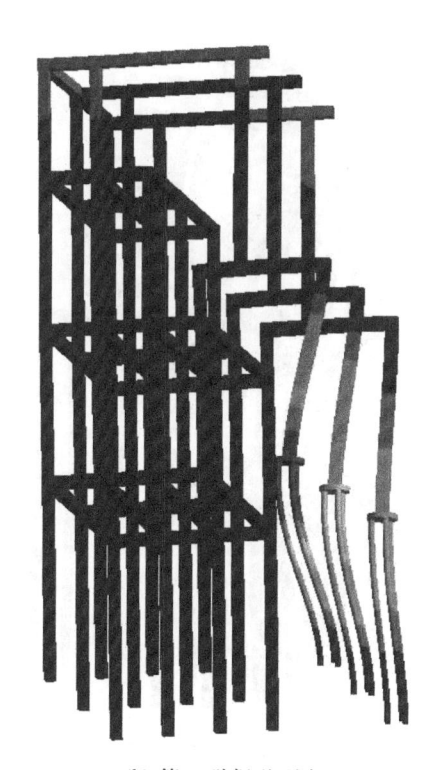

第 5 章 水工钢混复合框架结构服役韧性提升应用研究

(k) 第 11 阶振型云图 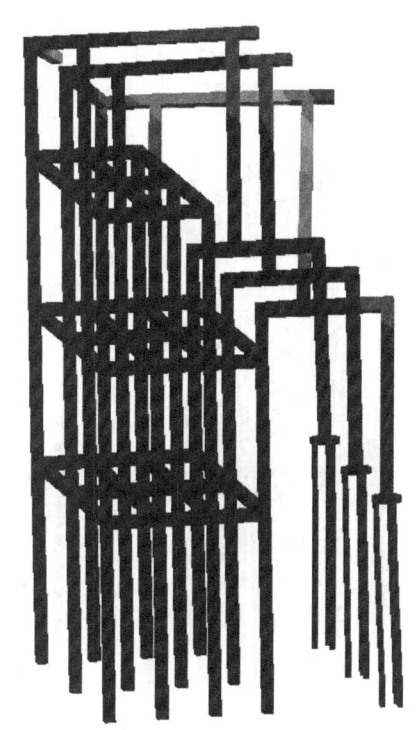　　　　　　　(l) 第 12 阶振型云图

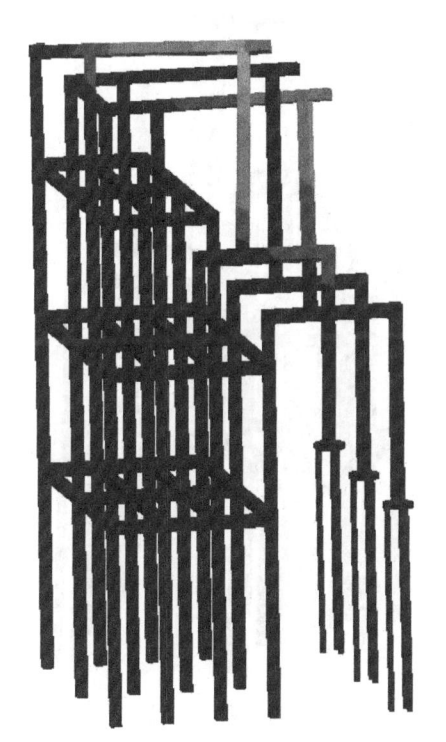

(m) 第 13 阶振型云图 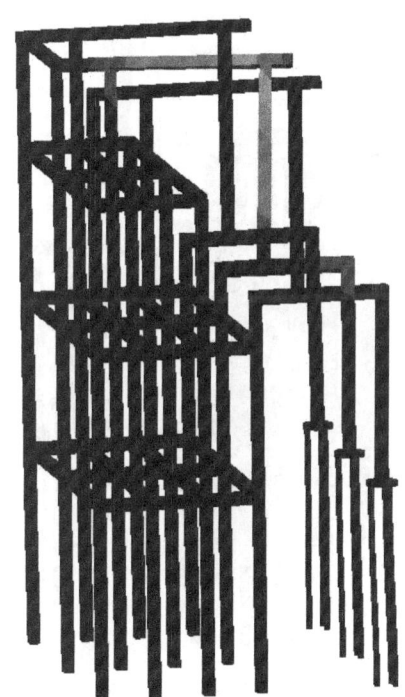　　　　　　　(n) 第 14 阶振型云图

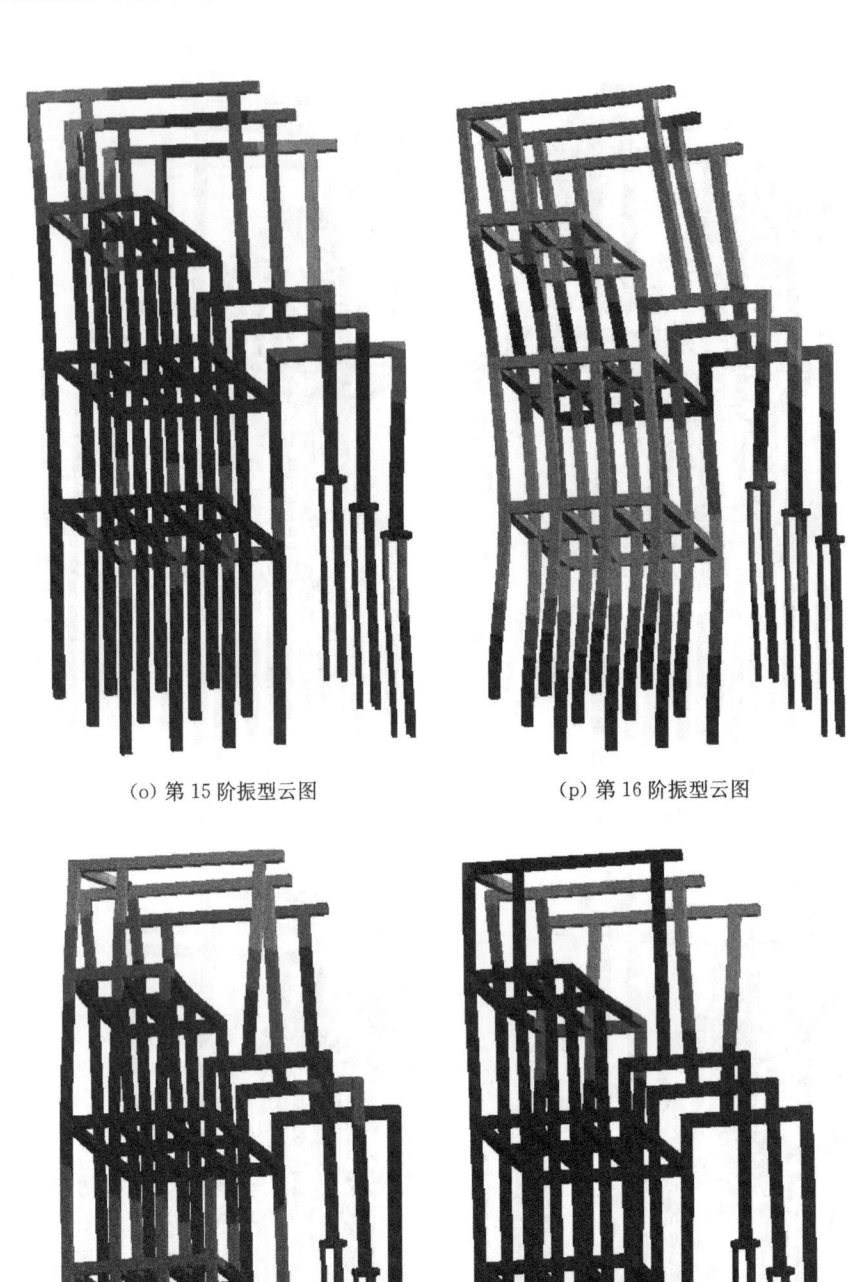

(o) 第15阶振型云图　　　　　　　　(p) 第16阶振型云图

(q) 第17阶振型云图　　　　　　　　(r) 第18阶振型云图

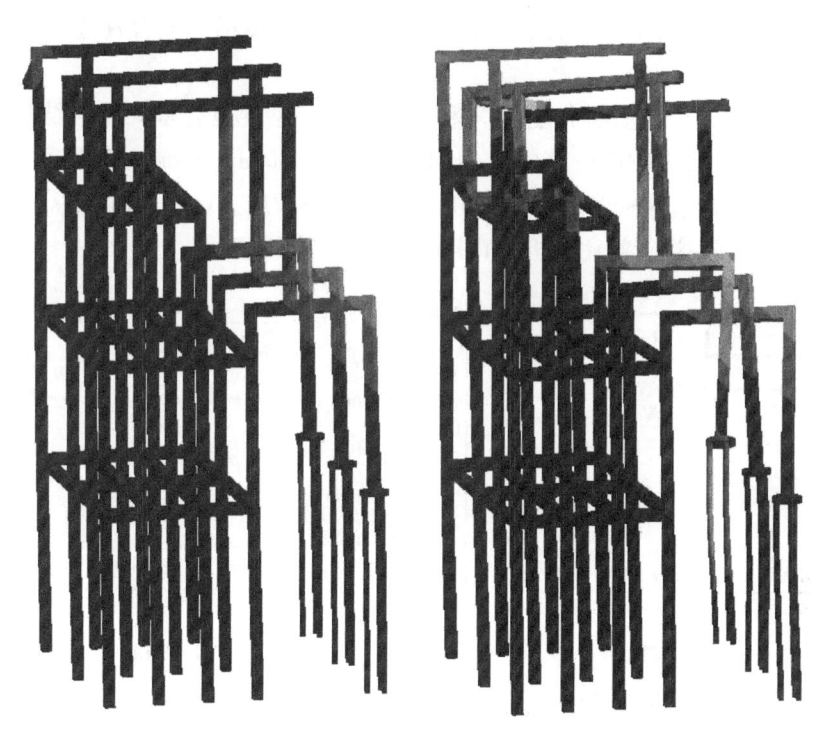

(s) 第 19 阶振型云图　　　　　　(t) 第 20 阶振型云图

图 5.3　水工钢混复合框架塔楼结构前 20 阶振型云图

表 5.13　水工钢混复合框架塔楼结构自振频率列表

振型	频率 f/Hz	振型	频率 f/Hz	振型	频率 f/Hz	振型	频率 f/Hz
1	0.783	6	1.510	11	1.977	16	2.818
2	0.924	7	1.657	12	2.112	17	2.984
3	0.979	8	1.676	13	2.174	18	3.215
4	1.451	9	1.921	14	2.217	19	3.680
5	1.455	10	1.972	15	2.574	20	3.831

2. 服役韧性性态响应谱分析（RSA）

根据确定的 6 种不同工况下的计算频率及其加速度，以计算所得水工钢混复合框架塔楼结构模型前 20 阶振型及自振频率为基础，借助 ANSYS 中的"RSA 分析模块"，分别从 x 向动力输入、y 向动力输入，对各阶振型的动力作用进行组合分析，从而计算整个水工钢混复合框架塔楼结构的动力作用响应情况。

对 6 种不同工况水工钢混复合框架塔楼结构响应谱的分析可得：三榀组合框架塔楼结构上层对比下层 x 向水平方向地震响应位移普遍较大，且不同榀组合塔楼表现出不同的响应位移分布规律；不同类型复合柱的上部对比柱脚及复合柱下部 x 向水平方向地震响应位移大，且不同类型复合柱表现出不同程度的响应位移分布情况；x 向水平方向响应应力极大值均出现在节点部位（钢梁与复合柱节点、复合柱柱脚部位），x 向水平方向响应等效应力极大值出现在复合柱柱脚及柱脚一定区域内、钢梁与复合柱连接节点及其附近、钢梁两端部位。

在 x 向 RSA 分析的基础上，选取 6 种工况下水工钢混复合框架塔楼结构服役性态响应谱分析的三向极大响应位移（Maximal Response Displacement，MRD）、三向极大响应应力（Maximal Response Stress，MRS）、极大响应等效应力（Maximal Response Equivalent Stress，MRES）进行类比分析，如图 5.4～图 5.10 所示。

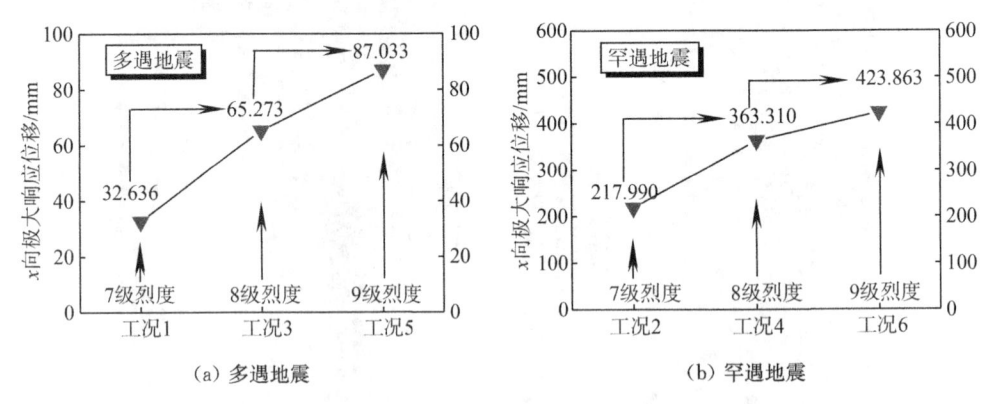

图 5.4 不同工况下 x 向作用响应谱 x 向极大响应位移对比

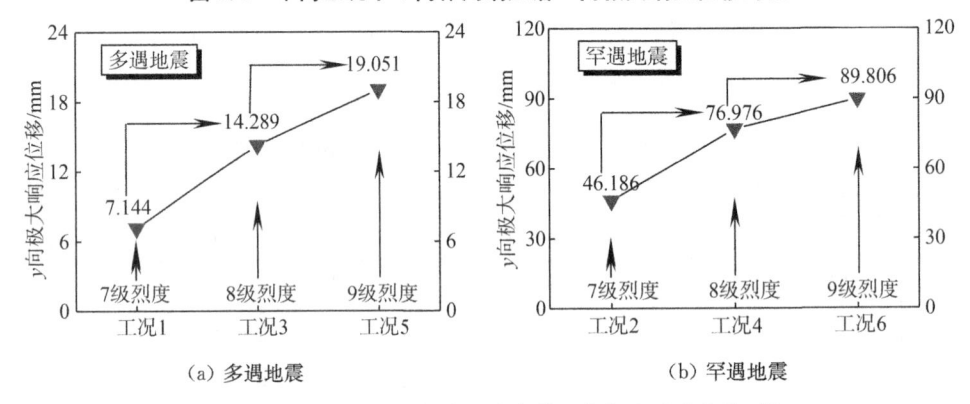

图 5.5 不同工况下 x 向作用响应谱 y 向极大响应位移对比

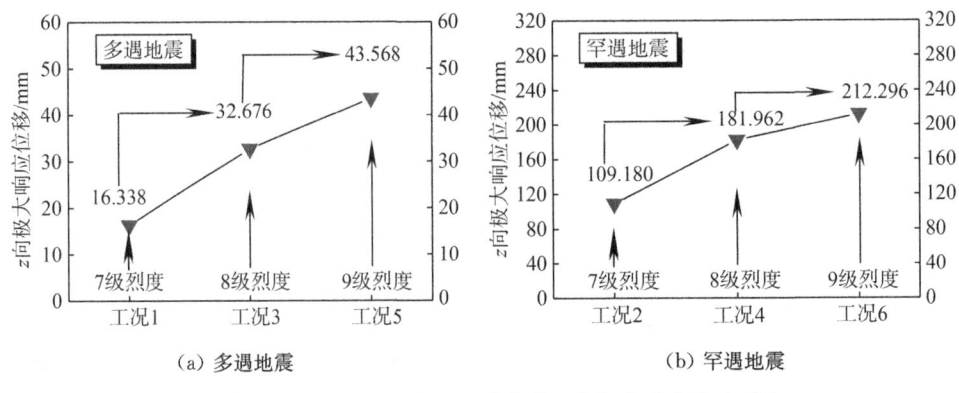

图 5.6 不同工况下 x 向作用响应谱 z 向极大响应位移对比

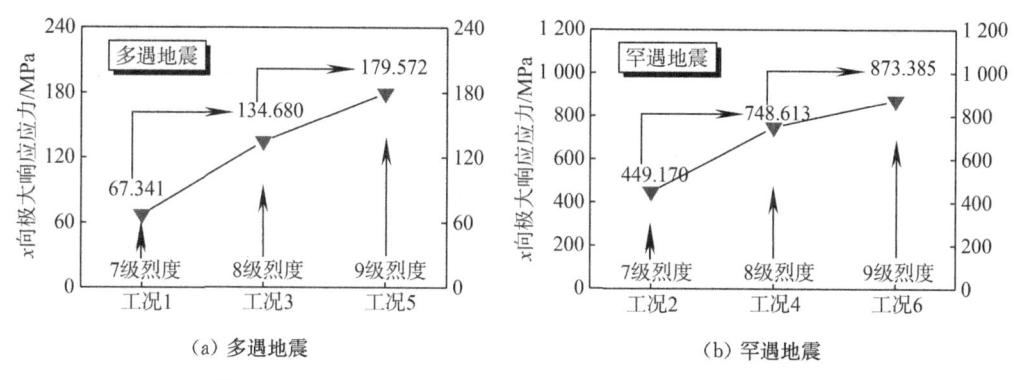

第 5 章 水工钢混复合框架结构服役韧性提升应用研究

(a) 多遇地震　　　　　　　　　　　　(b) 罕遇地震

图 5.7 不同工况下 x 向作用响应谱 x 向极大响应应力对比

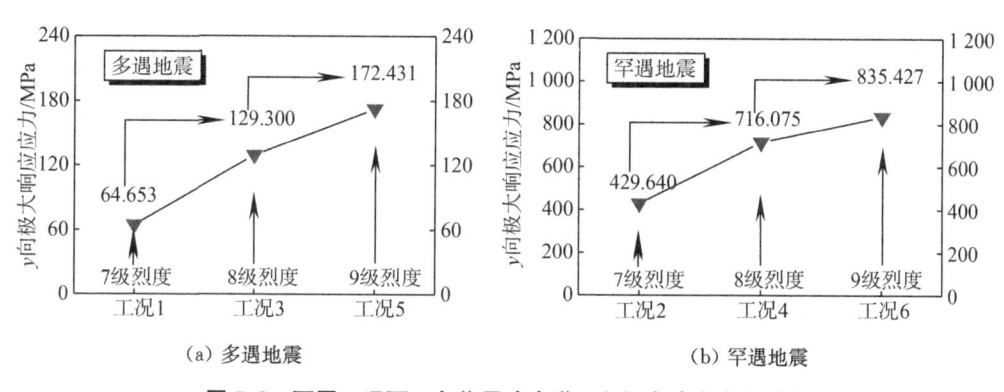

(a) 多遇地震　　　　　　　　　　　　(b) 罕遇地震

图 5.8 不同工况下 x 向作用响应谱 y 向极大响应应力对比

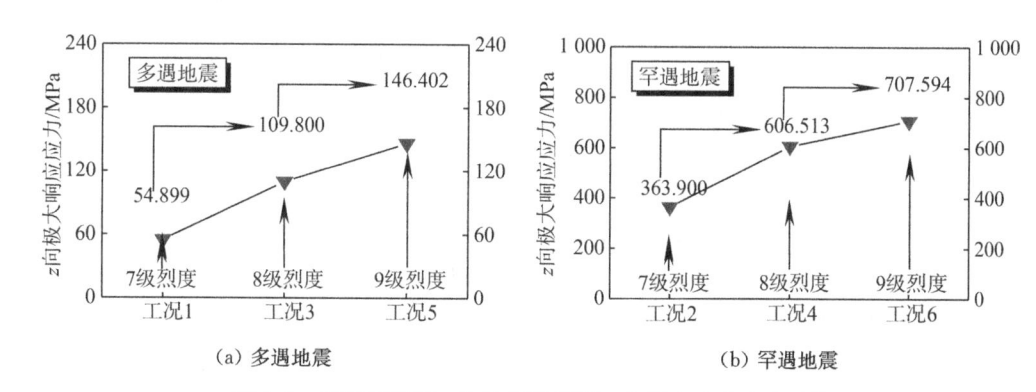

(a) 多遇地震　　　　　　　　　　　　(b) 罕遇地震

图 5.9 不同工况下 x 向作用响应谱 z 向极大响应应力对比

(a) 多遇地震

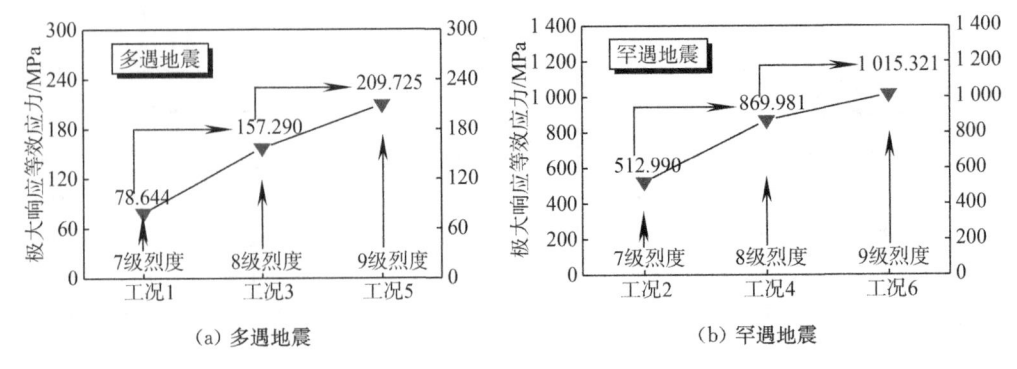

(b) 罕遇地震

图 5.10　不同工况下 x 向作用响应谱极大响应等效应力对比

由图 5.4(a)分析可知,对于多遇地震情况,随着设防抗震烈度等级的增加,水工钢混复合框架塔楼结构服役性态响应谱 x 向极大响应位移由 32.636 mm 增加到 65.273 mm,保持极其稳定的倍数增长趋势,进一步增加到 87.033 mm,呈现出非线性增长趋势。而对于图 5.4(b)中罕遇地震情况,x 向极大响应位移由 217.990 mm 增加到 363.310 mm,进一步增加到 423.863 mm,均呈现显著的非线性增长趋势。

由图 5.5(a)分析可知,对于多遇地震情况,随着设防抗震烈度等级的增加,水工钢混复合框架塔楼结构服役性态响应谱 y 向极大响应位移由 7.144 mm 增加到 14.289 mm,保持极其稳定的倍数增长趋势,进一步增加到 19.051mm,呈现出非线性增长趋势。而对于图 5.5(b)中罕遇地震情况,y 向极大响应位移由 46.186 mm 增加到 76.976 mm,进一步增加到 89.806 mm,均呈现显著的非线性增长趋势。

由图 5.6(a)分析可知,对于多遇地震情况,随着设防抗震烈度等级的增加,水工钢混复合框架塔楼结构服役性态响应谱 z 向极大响应位移由 16.338 mm 增加到 32.676 mm,保持极其稳定的倍数增长趋势,进一步增加到 43.568 mm,呈现出非线性增长趋势。而对于图 5.6(b)中罕遇地震情况,z 向极大响应位移由 109.180 mm 增加到 181.962 mm,进一步增加到 212.296 mm,均呈现显著的非线性增长趋势。

由图 5.7(a)分析可知,对于多遇地震情况,随着设防抗震烈度等级的增加,水工钢混复合框架塔楼结构服役性态响应谱 x 向极大响应应力由 67.341 MPa 增加到 134.680 MPa,保持极其稳定的倍数增长趋势,进一步增加到 179.572 MPa,呈现出非线性增长趋势。而对于图 5.7(b)中罕遇地震情况,x 向极大响应应力由 449.170 MPa 增加到 748.613 MPa,进一步增加到 873.385 MPa,均呈现显著的非线性增长趋势。

由图 5.8(a)分析可知,对于多遇地震情况,随着设防抗震烈度等级的增加,水工钢混复合框架塔楼结构服役性态响应谱 y 向极大响应应力由 64.653 MPa 增加到 128.300 MPa,保持极其稳定的倍数增长趋势,进一步增加到 172.431 MPa,呈现出非线性增长趋势。而对于图 5.8(b)中罕遇地震情况,y 向极大响应应力由 429.640 MPa 增加到 716.075 MPa,进一步增加到 835.427 MPa,均呈现显著的非线性增长趋势。

由图 5.9(a)分析可知,对于多遇地震情况,随着设防抗震烈度等级的增加,水工钢混复合框架塔楼结构服役性态响应谱 z 向极大响应应力由 54.899 MPa 增加到 109.800 MPa,保持极其稳定的倍数增长趋势,进一步增加到 146.402 MPa,呈现出非线性增长趋势。而对于图 5.9(b)中罕遇地震情况,z 向极大响应应力由 363.900 MPa 增加到 606.513 MPa,进一步增加到 707.594 MPa,均呈现显著的非线性增长趋势。

由图 5.10(a)分析可知,对于多遇地震情况,随着设防抗震烈度等级的增加,水工钢混复合框架塔楼结构服役性态响应谱极大响应等效应力由 78.644 MPa 增加到 157.290 MPa,保持极其稳定的倍数增长趋势,进一步增加到 209.725 MPa,呈现出非线性增长趋势。而对于图 5.10(b)中罕遇地震情况,极大响应等效应力由 512.990 MPa 增加到 869.981 MPa,进一步增加到 1 015.321 MPa,均呈现显著的非线性增长趋势。

在 y 向 RSA 分析的基础上,选取 6 种工况下水工钢混复合框架塔楼结构服役性态响应谱分析的三向极大响应位移(MRD)、三向极大响应应力(MRS)、极大响应等效应力(MRES)进行对比分析,如图 5.11~图 5.17 所示。

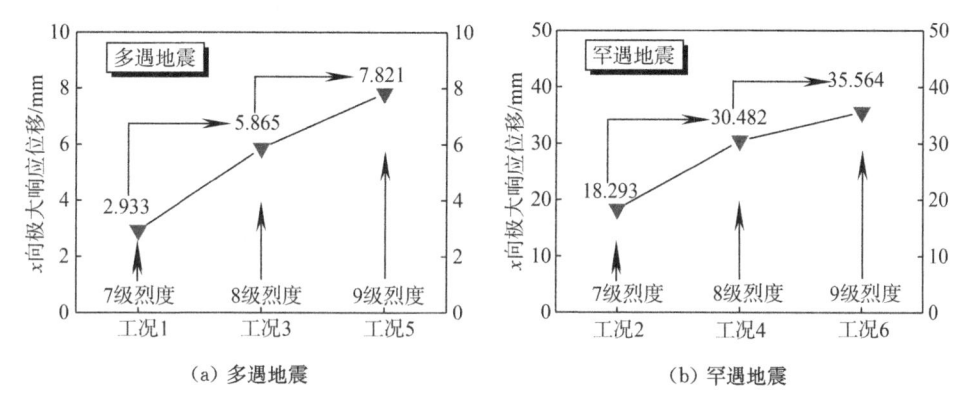

(a) 多遇地震 　　(b) 罕遇地震

图 5.11　不同工况下 y 向作用响应谱 x 向极大响应位移对比

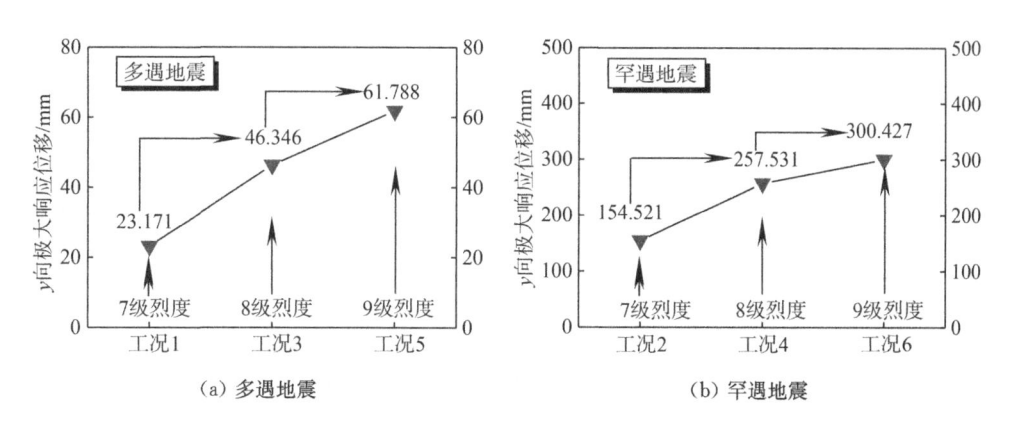

(a) 多遇地震 　　(b) 罕遇地震

图 5.12　不同工况下 y 向作用响应谱 y 向极大响应位移对比

(a) 多遇地震　　　　　　　　　　　(b) 罕遇地震

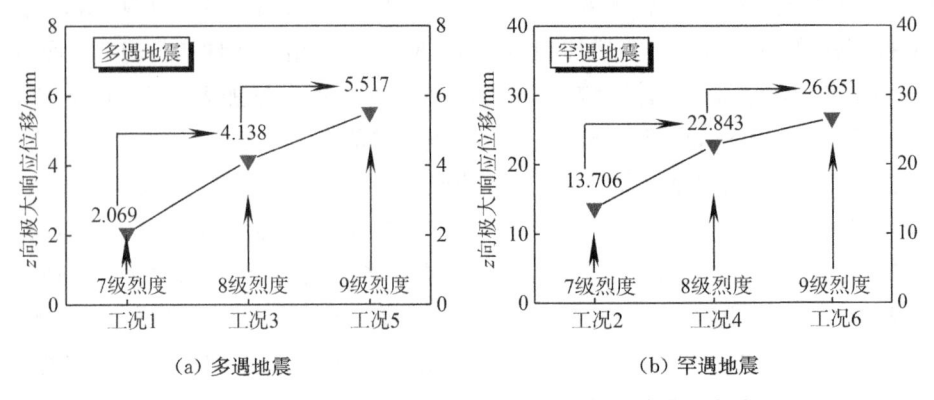

图 5.13　不同工况下 y 向作用响应谱 z 向极大响应位移对比

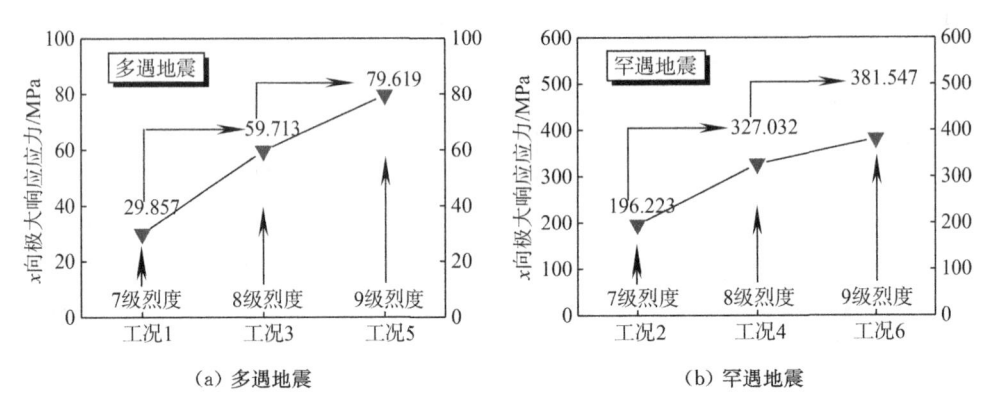

(a) 多遇地震　　　　　　　　　　　(b) 罕遇地震

图 5.14　不同工况下 y 向作用响应谱 x 向极大响应应力对比

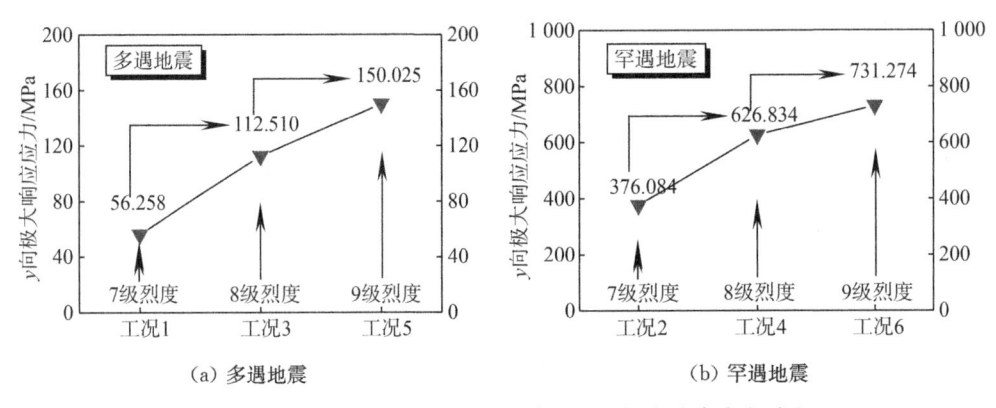

(a) 多遇地震　　　　　　　　　　　(b) 罕遇地震

图 5.15　不同工况下 y 向作用响应谱 y 向极大响应应力对比

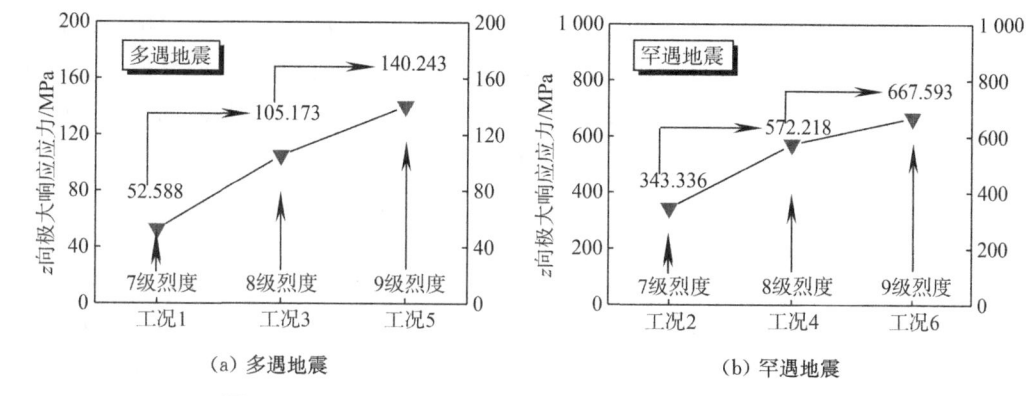

图 5.16　不同工况下 y 向作用响应谱 z 向极大响应应力对比

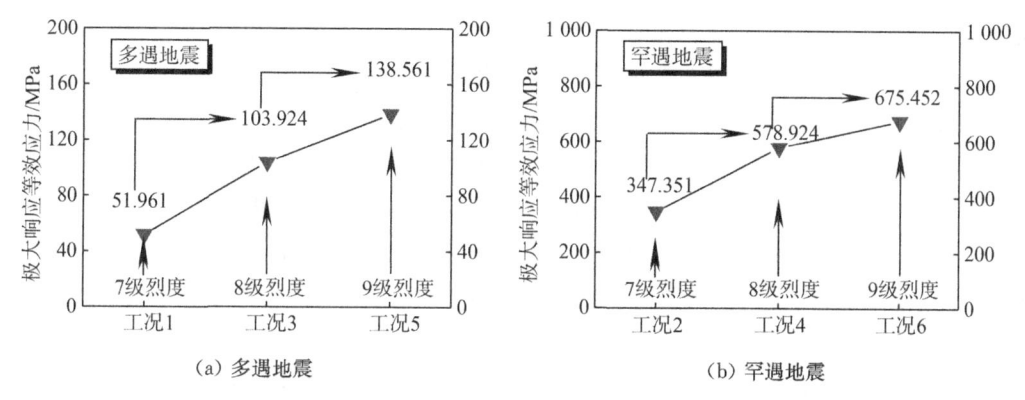

图 5.17　不同工况下 y 向作用响应谱极大响应等效应力对比

由图 5.11(a)分析可知,对于多遇地震情况,随着设防抗震烈度等级的增加,水工钢混复合框架塔楼结构服役性态响应谱 x 向极大响应位移由 2.933 mm 增加到 5.865 mm,保持极其稳定的倍数增长趋势,进一步增加到 7.821 mm,呈现出非线性增长趋势。而对于图 5.11(b)中罕遇地震情况,x 向极大响应位移由 18.293 mm 增加到 30.482 mm,进一步增加到 35.564 mm,均呈现显著的非线性增长趋势。

由图 5.12(a)分析可知,对于多遇地震情况,随着设防抗震烈度等级的增加,水工钢混复合框架塔楼结构服役性态响应谱 y 向极大响应位移由 23.171 mm 增加到 46.346 mm,保持极其稳定的倍数增长趋势,进一步增加到 61.788 mm,呈现出非线性增长趋势。而对于图 5.12(b)中罕遇地震情况,y 向极大响应位移由 154.521 mm 增加到 257.531 mm,进一步增加到 300.427 mm,均呈现显著的非线性增长趋势。

由图 5.13(a)分析可知,对于多遇地震情况,随着设防抗震烈度等级的增加,水工钢混复合框架塔楼结构服役性态响应谱 z 向极大响应位移由 2.069 mm 增加到 4.138 mm,保持极其稳定的倍数增长趋势,进一步增加到 5.517 mm,呈现出非线性增长趋势。而对于图 5.13(b)中罕遇地震情况,z 向极大响应位移由 13.706 mm 增加到 22.843 mm,进一步增加到 26.651 mm,均呈现显著的非线性增长趋势。

由图 5.14(a)分析可知,对于多遇地震情况,随着设防抗震烈度等级的增加,水工钢混复合框架塔楼结构服役性态响应谱 x 向极大响应应力由 29.857 MPa 增加到 59.713 MPa,保持极其稳定的倍数增长趋势,进一步增加到 79.619 MPa,呈现出非线性增长趋势。而对于图 5.14(b)中罕遇地震情况,x 向极大响应应力由 196.223 MPa 增加到 327.032 MPa,进一步增加到 381.547 MPa,均呈现显著的非线性增长趋势。

由图 5.15(a)分析可知,对于多遇地震情况,随着设防抗震烈度等级的增加,水工钢混复合框架塔楼结构服役性态响应谱 y 向极大响应应力由 56.258 MPa 增加到 112.510 MPa,保持极其稳定的倍数增长趋势,进一步增加到 150.025 MPa,呈现出非线性增长趋势。而对于图 5.15(b)中罕遇地震情况,y 向极大响应应力由 376.084 MPa 增加到 626.834 MPa,进一步增加到 731.274 MPa,均呈现显著的非线性增长趋势。

由图 5.16(a)分析可知,对于多遇地震情况,随着设防抗震烈度等级的增加,水工钢混复合框架塔楼结构服役性态响应谱 z 向极大响应应力由 52.588 MPa 增加到 105.173 MPa,保持极其稳定的倍数增长趋势,进一步增加到 140.243 MPa,呈现出非线性增长趋势。而对于图 5.16(b)中罕遇地震情况,z 向极大响应应力由 343.336 MPa 增加到 572.218 MPa,进一步增加到 667.593 MPa,均呈现显著的非线性增长趋势。

由图 5.17(a)分析可知,对于多遇地震情况,随着设防抗震烈度等级的增加,水工钢混复合框架塔楼结构服役性态响应谱极大响应等效应力由 51.961 MPa 增加到 103.924 MPa,保持极其稳定的倍数增长趋势,进一步增加到 138.561 MPa,呈现出非线性增长趋势。而对于图 5.17(b)中罕遇地震情况,极大响应等效应力由 347.351 MPa 增加到 578.924 MPa,进一步增加到 675.452 MPa,均呈现显著的非线性增长趋势。

5.3 水工钢混复合办公楼韧性特性优化与安全评估分析

5.3.1 水工钢混复合柱优化设计

1. 原有框架柱混凝土和用钢量统计

办公楼原有结构柱采用钢管混凝土柱,统计得到钢管混凝土柱用钢量约为 1 027.99 t,混凝土用量约为 911.24 m³。

2. 建筑结构荷载规定

该建筑混凝土剪力墙结构抗震等级为二级,框架抗震等级为三级。场地地震基本烈度为 6 度,场地土类别为Ⅱ类。

(1)屋面活荷载(表 5.14)

表 5.14 屋面活荷载

不上人屋面	0.5 kN/m²
上人屋面	2.0 kN/m²
屋顶花园	3.0 kN/m²

(2)楼面活荷载(表 5.15)

表 5.15　楼面活荷载

办公室	2.0 kN/m²
车库	4.0 kN/m²
办公室挑出阳台	2.5 kN/m²
消防疏散楼梯	3.5 kN/m²
会议室(小)	2.0 kN/m²
会议室(大)	3.0 kN/m²
图书馆	3.5 kN/m²
管理室	2.0 kN/m²
卫生间(无浴缸)	2.5 kN/m²
卫生间(有浴缸)	4.0 kN/m²
厨房	4.0 kN/m²
餐厅	2.5 kN/m²
游泳池	15.0 kN/m²
设备用房	5.0 kN/m²
一般资料档案室	2.5 kN/m²

(3)场地基本风压:0.45 kN/m²,场地地面粗糙度取 C 类。
(4)地震分组为一组,地震加速度为 0.05 g,丙类建筑抗震设防。
(5)结构受力分析情况。

钢混复合柱轴力包络图见图 5.18。

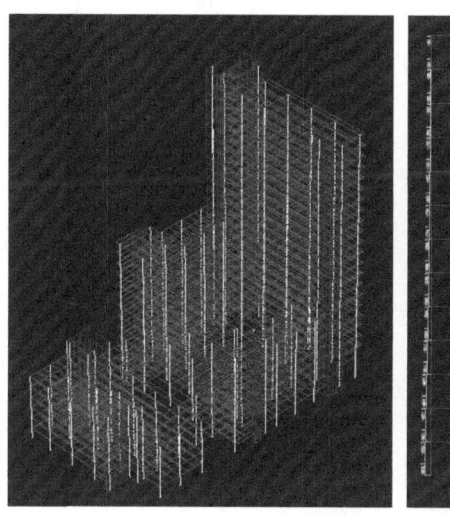

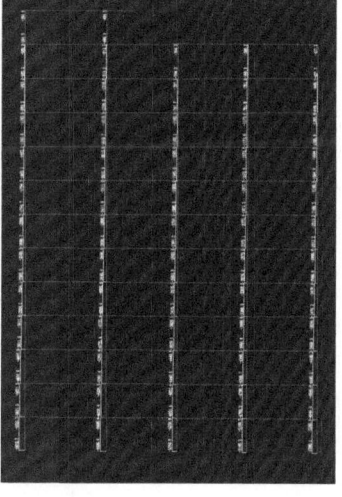

图 5.18　钢混复合柱轴力包络图

2. 按承载力设计计算钢混复合柱

矩形钢管混凝土柱轴压承载力计算公式见式(5.1)~式(5.3),系数 α、$[\theta]$ 取值见表 5-16。

表 5.16 矩形钢管混凝土柱轴后承载力公式系数表

混凝土等级	≤C50	C55~C80
α	2.00	1.80
$[\theta]$	1.00	1.56

轴压承载力计算结果见表 5.17。

表 5.17 办公楼轴压承载力计算结果

柱编号	b/mm	h/mm	t/mm	f_a/MPa	f_c/MPa	N_0/kN
1C-2	510	710	30	295	23.1	35 160.392 38
1C-3	510	710	30	295	23.1	35 160.392 38
1C-4	960	960	30	295	23.1	68 807.176 78
1C-5	960	960	30	295	23.1	68 807.176 78
1C-6	860	860	30	295	23.1	58 507.081 77
1C-7	510	710	30	295	23.1	35 160.392 38
1C-8	960	960	30	295	23.1	68 807.176 78
1C-9	960	960	30	295	23.1	68 807.176 78
1C-10	710	710	30	295	23.1	44 243.455 52
1C-12	660	660	30	295	23.1	39 812.846 36
1C-14	560	560	30	295	23.1	31 451.541 32
1C-15	660	660	30	295	23.1	39 812.846 36
1C-16	560	560	30	295	23.1	31 451.541 32
1C-17	560	560	30	295	23.1	31 451.541 32
1C-18	560	560	30	295	23.1	31 451.541 32
1C-19	560	560	30	295	23.1	31 451.541 32
1C-20	660	660	30	295	23.1	39 812.846 36
1C-21	660	660	30	295	23.1	39 812.846 36
1C-22	560	560	30	295	23.1	31 451.541 32
1C-23	560	560	30	295	23.1	31 451.541 32
1C-24	610	610	30	295	23.1	35 547.974 96
1C-25	660	660	30	295	23.1	39 812.846 36
1C-26	560	560	30	295	23.1	31 451.541 32
1C-27	560	560	30	295	23.1	31 451.541 32
1C-28	560	560	30	295	23.1	31 451.541 32
1C-29	660	660	30	295	23.1	39 812.846 36
1C-30	660	660	30	295	23.1	39 812.846 36

续表

柱编号	b/mm	h/mm	t/mm	f_a/MPa	f_c/MPa	N_0/kN
1C-31	660	660	30	295	23.1	39 812.846 36
1C-32	560	560	30	295	23.1	31 451.541 32
1C-33	710	710	30	295	23.1	44 243.455 52
1C-34	610	610	30	295	23.1	35 547.974 96
1C-35	610	610	30	295	23.1	35 547.974 96
1C-36	560	560	30	295	23.1	31 451.541 32
1C-37	560	560	30	295	23.1	31 451.541 32
1C-38	510	510	30	295	23.1	27 526.633 53
1C-39	560	560	30	295	23.1	31 451.541 32
1C-40	560	560	30	295	23.1	31 451.541 32
1C-41	710	710	30	295	23.1	44 243.455 52
1C-42	610	610	30	295	23.1	35 547.974 96
1C-43	610	610	30	295	23.1	35 547.974 96
1C-44	610	610	30	295	23.1	35 547.974 96
1C-45	560	560	30	295	23.1	31 451.541 32
1C-46	560	560	30	295	23.1	31 451.541 32
1C-47	560	560	30	295	23.1	31 451.541 32
1C-48	660	660	30	295	23.1	39 812.846 36
1C-49	560	560	30	295	23.1	31 451.541 32
1C-50	560	560	30	295	23.1	31 451.541 32
1C-51	560	560	30	295	23.1	31 451.541 32
1C-52	560	560	30	295	23.1	31 451.541 32
1C-53	560	560	30	295	23.1	31 451.541 32
1C-54	560	560	30	295	23.1	31 451.541 32
1C-55	560	560	30	295	23.1	31 451.541 32
1C-56	560	560	30	295	23.1	31 451.541 32
1C-57	500	500	14	310	23.1	18 155.336 61
1C-58	500	500	14	310	23.1	18 155.336 61
1C-59	510	510	30	295	23.1	27 526.633 53
1C-63	560	560	30	295	23.1	31 451.541 32
1C-76	560	560	30	295	23.1	31 451.541 32
1C-85	510	510	30	295	23.1	27 526.633 53
1C-93	710	710	30	295	23.1	44 243.455 52
2C-1	650	650	18	295	23.1	29 649.95
2C-2	450	650	16	310	23.1	22 061.69

续表

柱编号	b/mm	h/mm	t/mm	f_a/MPa	f_c/MPa	N_0/kN
2C-4	850	850	25	295	23.1	52 281.04
2C-5	450	650	16	310	23.1	22 061.69
2C-6	800	800	22	295	23.1	44 755.88
2C-7	900	900	25	295	23.1	56 932.27
2C-8	450	650	16	310	23.1	22 061.69
2C-9	850	850	25	295	23.1	52 281.04
2C-10	900	900	25	295	23.1	56 932.27
2C-11	500	500	14	310	23.1	18 155.34
2C-12	500	500	14	310	23.1	18 155.34
2C-13	600	600	16	310	23.1	25 498.49
2C-14	600	600	16	310	23.1	25 498.49
2C-15	500	500	14	310	23.1	18 155.34
2C-16	600	600	16	310	23.1	25 498.49
2C-17	600	600	16	310	23.1	25 498.49
2C-18	600	600	16	310	23.1	25 498.49
2C-19	450	450	12	310	23.1	14 342.9
2C-20	450	450	12	310	23.1	14 342.9
2C-21	550	550	20	295	23.1	24 466.8
2C-22	550	550	20	295	23.1	24 466.8
2C-23	650	650	18	295	23.1	29 649.95
2C-24	650	650	18	295	23.1	29 649.95
2C-25	600	600	16	310	23.1	25 498.49
2C-26	500	500	16	310	23.1	19 468.99
2C-27	500	500	14	310	23.1	18 155.34
2C-28	500	500	14	310	23.1	18 155.34
2C-29	500	500	14	310	23.1	18 155.34
2C-30	500	500	14	310	23.1	18 155.34
2C-31	600	600	16	310	23.1	25 498.49
2C-32	600	600	16	310	23.1	25 498.49
2C-33	500	500	14	310	23.1	18 155.34
2C-34	500	500	14	310	23.1	18 155.34
2C-35	450	450	12	310	23.1	14 342.9
2C-36	600	600	16	310	23.1	25 498.49
2C-37	450	450	12	310	23.1	14 342.9
2C-38	450	450	12	310	23.1	14 342.9

续表

柱编号	b/mm	h/mm	t/mm	f_a/MPa	f_c/MPa	N_0/kN
2C-39	500	500	14	310	23.1	18 155.34
2C-40	500	500	14	310	23.1	18 155.34
2C-41	500	500	14	310	23.1	18 155.34
2C-42	500	500	14	310	23.1	18 155.34
2C-43	500	500	14	310	23.1	18 155.34
2C-44	450	450	12	310	23.1	14 342.9
2C-45	500	500	14	310	23.1	18 155.34
2C-46	550	550	20	295	23.1	24 466.8
2C-47	650	650	18	295	23.1	29 649.95
2C-48	500	500	14	310	23.1	18 155.34
2C-49	500	500	14	310	23.1	18 155.34
2C-50	500	500	14	310	23.1	18 155.34
2C-51	550	550	20	295	23.1	24 466.8
2C-52	500	500	16	310	23.1	19 468.99
2C-53	500	500	14	310	23.1	18 155.34
2C-54	500	500	14	310	23.1	18 155.34
2C-55	500	500	14	310	23.1	18 155.34
2C-56	550	550	20	295	23.1	24 466.8
2C-57	500	500	14	310	23.1	18 155.34
2C-58	500	500	14	310	23.1	18 155.34
2C-59	500	500	14	310	23.1	18 155.34
2C-60	500	500	14	310	23.1	18 155.34
2C-61	500	500	14	310	23.1	18 155.34
2C-62	500	500	14	310	23.1	18 155.34
2C-63	500	500	14	310	23.1	18 155.34
2C-64	500	500	14	310	23.1	18 155.34
2C-65	500	500	14	310	23.1	18 155.34
2C-96	450	450	16	310	23.1	16 687.69
3C-1	500	500	14	310	23.1	18 155.34
3C-3	850	850	25	295	23.1	52 281.04
3C-4	850	850	25	295	23.1	52 281.04
3C-5	450	650	16	310	23.1	22 061.69
3C-6	450	650	16	310	23.1	22 061.69
3C-7	450	650	16	310	23.1	22 061.69
3C-8	500	500	14	310	23.1	18 155.34

续表

柱编号	b/mm	h/mm	t/mm	f_a/MPa	f_c/MPa	N_0/kN
3C-9	450	650	16	310	23.1	22 061.69
3C-10	850	850	25	295	23.1	52 281.04
3C-11	850	850	25	295	23.1	52 281.04
3C-14	500	500	14	310	23.1	18 155.34
3C-15	500	500	14	310	23.1	18 155.34
3C-16	500	500	16	310	23.1	19 468.99
3C-17	650	650	18	295	23.1	29 649.95
3C-19	500	500	14	310	23.1	18 155.34
3C-20	500	500	14	310	23.1	18 155.34
3C-21	450	450	14	310	23.1	15 536.46
3C-22	600	600	16	310	23.1	25 498.49
3C-23	550	550	20	295	23.1	24 466.8
3C-24	550	550	20	295	23.1	24 466.8
3C-25	650	650	18	295	23.1	29 649.95
3C-26	500	500	14	310	23.1	18 155.34
3C-27	500	500	14	310	23.1	18 155.34
3C-28	500	500	14	310	23.1	18 155.34
3C-29	550	550	20	295	23.1	24 466.8
3C-30	500	500	16	310	23.1	19 468.99
3C-31	500	500	14	310	23.1	18 155.34
3C-32	500	500	14	310	23.1	18 155.34
3C-33	500	500	14	310	23.1	18 155.34
3C-34	800	800	22	295	23.1	44 755.88
3C-35	550	550	20	295	23.1	24 466.8
3C-36	500	500	14	310	23.1	18 155.34
3C-37	500	500	14	310	23.1	18 155.34
3C-38	500	500	14	310	23.1	18 155.34
3C-39	550	550	20	295	23.1	24 466.8
3C-40	500	500	14	310	23.1	18 155.34
3C-41	500	500	14	310	23.1	18 155.34
3C-42	500	500	14	310	23.1	18 155.34
3C-43	500	500	14	310	23.1	18 155.34
3C-44	600	600	16	310	23.1	25 498.49
3C-45	600	600	16	310	23.1	25 498.49
3C-46	500	500	14	310	23.1	18 155.34

续表

柱编号	b/mm	h/mm	t/mm	f_a/MPa	f_c/MPa	N_0/kN
3C-47	600	600	18	295	23.1	26 316.34
3C-48	500	500	14	310	23.1	18 155.34
3C-49	500	500	16	310	23.1	19 468.99
3C-50	500	500	14	310	23.1	18 155.34
3C-63	450	450	16	310	23.1	16 687.69
4C-2	850	850	25	295	23.1	52 281.04
4C-4	850	850	25	295	23.1	52 281.04
4C-5	450	650	16	310	23.1	22 061.69
4C-6	450	650	16	310	23.1	22 061.69
4C-7	850	850	25	295	23.1	52 281.04
4C-8	450	650	16	310	23.1	22 061.69
4C-9	450	650	16	310	23.1	22 061.69
4C-10	850	850	25	295	23.1	52 281.04
4C-11	650	650	18	295	23.1	29 649.95
4C-12	500	500	16	310	23.1	19 468.99
4C-13	500	500	14	310	23.1	18 155.34
4C-14	500	500	16	310	23.1	19 468.99
4C-16	500	500	14	310	23.1	18 155.34
4C-17	500	500	14	310	23.1	18 155.34
4C-18	500	500	14	310	23.1	18 155.34
4C-19	500	500	14	310	23.1	18 155.34
4C-20	500	500	14	310	23.1	18 155.34
4C-21	550	550	20	295	23.1	24 466.8
4C-22	500	500	14	310	23.1	18 155.34
4C-23	500	500	14	310	23.1	18 155.34
4C-24	550	550	20	295	23.1	24 466.8
4C-25	500	500	14	310	23.1	18 155.34
4C-26	650	650	18	295	23.1	29 649.95
4C-27	500	500	14	310	23.1	18 155.34
4C-28	600	600	16	310	23.1	25 498.49
4C-29	600	600	16	310	23.1	25 498.49
4C-30	550	550	20	295	23.1	24 466.8
4C-31	500	500	14	310	23.1	18 155.34
4C-32	500	500	14	310	23.1	18 155.34
4C-33	500	500	14	310	23.1	18 155.34

续表

柱编号	b/mm	h/mm	t/mm	f_a/MPa	f_c/MPa	N_0/kN
4C-34	500	500	14	310	23.1	18 155.34
4C-35	550	550	20	295	23.1	24 466.8
4C-36	500	500	14	310	23.1	18 155.34
4C-37	500	500	14	310	23.1	18 155.34
4C-38	550	550	20	295	23.1	24 466.8
4C-39	500	500	14	310	23.1	18 155.34
4C-40	500	500	14	310	23.1	18 155.34
4C-41	500	500	14	310	23.1	18 155.34
4C-42	500	500	14	310	23.1	18 155.34
4C-43	500	500	14	310	23.1	18 155.34
4C-44	500	500	14	310	23.1	18 155.34
4C-45	500	500	14	310	23.1	18 155.34
4C-46	500	500	16	310	23.1	19 468.99
4C-47	500	500	14	310	23.1	18 155.34
4C-48	600	600	16	310	23.1	25 498.49
4C-49	500	500	16	310	23.1	19 468.99
4C-50	500	500	14	310	23.1	18 155.34
4C-51	500	500	14	310	23.1	18 155.34
4C-64	500	500	14	310	23.1	18 155.34
5C-1	800	800	22	295	23.1	44 755.88
5C-2	800	800	22	295	23.1	44 755.88
5C-3	450	650	14	310	23.1	20 591.67
5C-4	450	650	14	310	23.1	20 591.67
5C-5	450	650	14	310	23.1	20 591.67
5C-6	650	650	18	295	23.1	29 649.95
5C-7	850	850	25	295	23.1	52 281.04
5C-8	850	850	25	295	23.1	52 281.04
5C-9	450	650	14	310	23.1	20 591.67
5C-10	500	500	14	310	23.1	18 155.34
5C-11	500	500	14	310	23.1	18 155.34
5C-12	500	500	14	310	23.1	18 155.34
5C-13	500	500	16	310	23.1	19 468.99
5C-14	500	500	16	310	23.1	19 468.99
5C-15	500	500	14	310	23.1	18 155.34
5C-16	500	500	14	310	23.1	18 155.34

续表

柱编号	b/mm	h/mm	t/mm	f_a/MPa	f_c/MPa	N_0/kN
5C-17	500	500	14	310	23.1	18 155.34
5C-18	500	500	14	310	23.1	18 155.34
5C-19	500	500	14	310	23.1	18 155.34
5C-20	500	500	14	310	23.1	18 155.34
5C-21	500	500	16	310	23.1	19 468.99
5C-22	600	600	16	310	23.1	25 498.49
6C-1	650	650	18	295	23.1	29 649.95
6C-2	650	650	18	295	23.1	29 649.95
6C-3	450	650	14	310	23.1	20 591.67
6C-4	450	650	14	310	23.1	20 591.67
6C-5	450	650	14	310	23.1	20 591.67
6C-6	650	650	18	295	23.1	29 649.95
6C-7	650	650	18	295	23.1	29 649.95
6C-8	800	800	22	295	23.1	44 755.88
6C-9	450	650	14	310	23.1	20 591.67
6C-10	500	500	14	310	23.1	18 155.34
6C-11	500	500	14	310	23.1	18 155.34
6C-12	500	500	14	310	23.1	18 155.34
6C-13	500	500	14	310	23.1	18 155.34
6C-14	500	500	14	310	23.1	18 155.34
6C-15	500	500	14	310	23.1	18 155.34
6C-16	500	500	14	310	23.1	18 155.34
6C-17	500	500	14	310	23.1	18 155.34
6C-18	500	500	14	310	23.1	18 155.34
7C-1	450	650	14	310	23.1	20 591.67
7C-2	450	650	14	310	23.1	20 591.67
7C-3	650	650	18	295	23.1	29 649.95
7C-4	650	650	18	295	23.1	29 649.95
7C-5	450	650	14	310	23.1	20 591.67
7C-6	450	650	14	310	23.1	20 591.67
7C-7	650	650	18	295	23.1	29 649.95
7C-8	650	650	18	295	23.1	29 649.95
7C-9	450	650	14	310	23.1	20 591.67
8C-1	450	650	14	310	23.1	20 591.67
8C-2	450	650	14	310	23.1	20 591.67

续表

柱编号	b/mm	h/mm	t/mm	f_a/MPa	f_c/MPa	N_0/kN
8C-3	450	650	14	310	23.1	20 591.67
8C-4	450	650	14	310	23.1	20 591.67
8C-5	450	650	14	310	23.1	20 591.67
8C-6	450	650	14	310	23.1	20 591.67
8C-7	650	650	18	295	23.1	29 649.95
8C-8	650	650	18	295	23.1	29 649.95
8C-9	450	650	14	310	23.1	20 591.67
9C-1	450	650	14	310	23.1	20 591.67
9C-2	450	650	14	310	23.1	20 591.67
9C-3	450	650	14	310	23.1	20 591.67
9C-4	450	650	14	310	23.1	20 591.67
9C-5	450	650	14	310	23.1	20 591.67
9C-6	450	650	14	310	23.1	20 591.67
9C-7	450	650	14	310	23.1	20 591.67
9C-8	450	650	14	310	23.1	20 591.67
9C-9	450	650	14	310	23.1	20 591.67
10C-1	450	650	14	310	23.1	20 591.67
10C-2	450	650	14	310	23.1	20 591.67

当纵向普通钢筋的配筋率大于3%时,计算得到的各柱配筋如表5.18所示。

表5.18 办公楼钢筋混凝土柱截面配筋计算结果

柱编号	b/mm	h/mm	t/mm	f_a/MPa	f_c/MPa	A_s/mm^2
1C-2	510	710	30	295	23.1	112 918.693 1
1C-3	510	710	30	295	23.1	112 918.693 1
1C-4	960	960	30	295	23.1	202 881.422
1C-5	960	960	30	295	23.1	202 881.422
1C-6	860	860	30	295	23.1	176 252.698 2
1C-7	510	710	30	295	23.1	112 918.693 1
1C-8	960	960	30	295	23.1	202 881.422
1C-9	960	960	30	295	23.1	202 881.422
1C-10	710	710	30	295	23.1	137 972.361 3
1C-12	660	660	30	295	23.1	125 686.413 9
1C-14	560	560	30	295	23.1	101 883.034 3
1C-15	660	660	30	295	23.1	125 686.413 9
1C-16	560	560	30	295	23.1	101 883.034 3

续表

柱编号	b/mm	h/mm	t/mm	f_a/MPa	f_c/MPa	A_s/mm²
1C-17	560	560	30	295	23.1	101 883.034 3
1C-18	560	560	30	295	23.1	101 883.034 3
1C-19	560	560	30	295	23.1	101 883.034 3
1C-20	660	660	30	295	23.1	125 686.413 9
1C-21	660	660	30	295	23.1	125 686.413 9
1C-22	560	560	30	295	23.1	101 883.034 3
1C-23	560	560	30	295	23.1	101 883.034 3
1C-24	610	610	30	295	23.1	113 652.960 5
1C-25	660	660	30	295	23.1	125 686.413 9
1C-26	560	560	30	295	23.1	101 883.034 3
1C-27	560	560	30	295	23.1	101 883.034 3
1C-28	560	560	30	295	23.1	101 883.034 3
1C-29	660	660	30	295	23.1	125 686.413 9
1C-30	660	660	30	295	23.1	125 686.413 9
1C-31	660	660	30	295	23.1	125 686.413 9
1C-32	560	560	30	295	23.1	101 883.034 3
1C-33	710	710	30	295	23.1	137 972.361 3
1C-34	610	610	30	295	23.1	113 652.960 5
1C-35	610	610	30	295	23.1	113 652.960 5
1C-36	560	560	30	295	23.1	101 883.034 3
1C-37	560	560	30	295	23.1	101 883.034 3
1C-38	510	510	30	295	23.1	90 389.254 74
1C-39	560	560	30	295	23.1	101 883.034 3
1C-40	560	560	30	295	23.1	101 883.034 3
1C-41	710	710	30	295	23.1	137 972.361 3
1C-42	610	610	30	295	23.1	113 652.960 5
1C-43	610	610	30	295	23.1	113 652.960 5
1C-44	610	610	30	295	23.1	113 652.960 5
1C-45	560	560	30	295	23.1	101 883.034 3
1C-46	560	560	30	295	23.1	101 883.034 3
1C-47	560	560	30	295	23.1	101 883.034 3
1C-48	660	660	30	295	23.1	125 686.413 9
1C-49	560	560	30	295	23.1	101 883.034 3
1C-50	560	560	30	295	23.1	101 883.034 3
1C-51	560	560	30	295	23.1	101 883.034 3

续表

柱编号	b/mm	h/mm	t/mm	f_a/MPa	f_c/MPa	A_s/mm^2
1C-52	560	560	30	295	23.1	101 883.034 3
1C-53	560	560	30	295	23.1	101 883.034 3
1C-54	560	560	30	295	23.1	101 883.034 3
1C-55	560	560	30	295	23.1	101 883.034 3
1C-56	560	560	30	295	23.1	101 883.034 3
1C-57	500	500	14	310	23.1	50 183.326 03
1C-58	500	500	14	310	23.1	50 183.326 03
1C-59	510	510	30	295	23.1	90 389.254 74
1C-63	560	560	30	295	23.1	101 883.034 3
1C-76	560	560	30	295	23.1	101 883.034 3
1C-85	510	510	30	295	23.1	90 389.254 74
1C-93	710	710	30	295	23.1	137 972.361 3
2C-1	650	650	18	295	23.1	85 268.996 53
2C-2	450	650	16	310	23.1	61 890.004 46
2C-4	850	850	25	295	23.1	152 262.936 3
2C-5	450	650	16	310	23.1	61 890.004 46
2C-6	800	800	22	295	23.1	128 520.597 1
2C-7	900	900	25	295	23.1	163 836.236 1
2C-8	450	650	16	310	23.1	61 890.004 46
2C-9	850	850	25	295	23.1	152 262.936 3
2C-10	900	900	25	295	23.1	163 836.236 1
2C-11	500	500	14	310	23.1	50 183.326 03
2C-12	500	500	14	310	23.1	50 183.326 03
2C-13	600	600	16	310	23.1	69 765.260 68
2C-14	600	600	16	310	23.1	69 765.260 68
2C-15	500	500	14	310	23.1	50 183.326 03
2C-16	600	600	16	310	23.1	69 765.260 68
2C-17	600	600	16	310	23.1	69 765.260 68
2C-18	600	600	16	310	23.1	69 765.260 68
2C-19	450	450	12	310	23.1	39 242.959 13
2C-20	450	450	12	310	23.1	39 242.959 13
2C-21	550	550	20	295	23.1	74 283.125 95
2C-22	550	550	20	295	23.1	74 283.125 95
2C-23	650	650	18	295	23.1	85 268.996 53
2C-24	650	650	18	295	23.1	85 268.996 53

续表

柱编号	b/mm	h/mm	t/mm	f_a/MPa	f_c/MPa	A_s/mm²
2C-25	600	600	16	310	23.1	69 765.260 68
2C-26	500	500	16	310	23.1	55 270.882 87
2C-27	500	500	14	310	23.1	50 183.326 03
2C-28	500	500	14	310	23.1	50 183.326 03
2C-29	500	500	14	310	23.1	50 183.326 03
2C-30	500	500	14	310	23.1	50 183.326 03
2C-31	600	600	16	310	23.1	69 765.260 68
2C-32	600	600	16	310	23.1	69 765.260 68
2C-33	500	500	14	310	23.1	50 183.326 03
2C-34	500	500	14	310	23.1	50 183.326 03
2C-35	450	450	12	310	23.1	39 242.959 13
2C-36	600	600	16	310	23.1	69 765.260 68
2C-37	450	450	12	310	23.1	39 242.959 13
2C-38	450	450	12	310	23.1	39 242.959 13
2C-39	500	500	14	310	23.1	50 183.326 03
2C-40	500	500	14	310	23.1	50 183.326 03
2C-41	500	500	14	310	23.1	50 183.326 03
2C-42	500	500	14	310	23.1	50 183.326 03
2C-43	500	500	14	310	23.1	50 183.326 03
2C-44	450	450	12	310	23.1	39 242.959 13
2C-45	500	500	14	310	23.1	50 183.326 03
2C-46	550	550	20	295	23.1	74 283.125 95
2C-47	650	650	18	295	23.1	85 268.996 53
2C-48	500	500	14	310	23.1	50 183.326 03
2C-49	500	500	14	310	23.1	50 183.326 03
2C-50	500	500	14	310	23.1	50 183.326 03
2C-51	550	550	20	295	23.1	74 283.125 95
2C-52	500	500	16	310	23.1	55 270.882 87
2C-53	500	500	14	310	23.1	50 183.326 03
2C-54	500	500	14	310	23.1	50 183.326 03
2C-55	500	500	14	310	23.1	50 183.326 03
2C-56	550	550	20	295	23.1	74 283.125 95
2C-57	500	500	14	310	23.1	50 183.326 03
2C-58	500	500	14	310	23.1	50 183.326 03
2C-59	500	500	14	310	23.1	50 183.326 03

续表

柱编号	b/mm	h/mm	t/mm	f_a/MPa	f_c/MPa	A_s/mm²
2C-60	500	500	14	310	23.1	50 183.326 03
2C-61	500	500	14	310	23.1	50 183.326 03
2C-62	500	500	14	310	23.1	50 183.326 03
2C-63	500	500	14	310	23.1	50 183.326 03
2C-64	500	500	14	310	23.1	50 183.326 03
2C-65	500	500	14	310	23.1	50 183.326 03
2C-96	450	450	16	310	23.1	48 323.898 99
3C-1	500	500	14	310	23.1	50 183.326 03
3C-3	850	850	25	295	23.1	152 262.936 3
3C-4	850	850	25	295	23.1	152 262.936 3
3C-5	450	650	16	310	23.1	61 890.004 46
3C-6	450	650	16	310	23.1	61 890.004 46
3C-7	450	650	16	310	23.1	61 890.004 46
3C-8	500	500	14	310	23.1	50 183.326 03
3C-9	450	650	16	310	23.1	61 890.004 46
3C-10	850	850	25	295	23.1	152 262.936 3
3C-11	850	850	25	295	23.1	152 262.936 3
3C-14	500	500	14	310	23.1	50 183.326 03
3C-15	500	500	14	310	23.1	50 183.326 03
3C-16	500	500	16	310	23.1	55 270.882 87
3C-17	650	650	18	295	23.1	85 268.996 53
3C-19	500	500	14	310	23.1	50 183.326 03
3C-20	500	500	14	310	23.1	50 183.326 03
3C-21	450	450	14	310	23.1	43 865.390 57
3C-22	600	600	16	310	23.1	69 765.260 68
3C-23	550	550	20	295	23.1	74 283.125 95
3C-24	550	550	20	295	23.1	74 283.125 95
3C-25	650	650	18	295	23.1	85 268.996 53
3C-26	500	500	14	310	23.1	50 183.326 03
3C-27	500	500	14	310	23.1	50 183.326 03
3C-28	500	500	14	310	23.1	50 183.326 03
3C-29	550	550	20	295	23.1	74 283.125 95
3C-30	500	500	16	310	23.1	55 270.882 87
3C-31	500	500	14	310	23.1	50 183.326 03
3C-32	500	500	14	310	23.1	50 183.326 03

续表

柱编号	b/mm	h/mm	t/mm	f_a/MPa	f_c/MPa	A_s/mm²
3C-33	500	500	14	310	23.1	50 183.326 03
3C-34	800	800	22	295	23.1	128 520.597 1
3C-35	550	550	20	295	23.1	74 283.125 95
3C-36	500	500	14	310	23.1	50 183.326 03
3C-37	500	500	14	310	23.1	50 183.326 03
3C-38	500	500	14	310	23.1	50 183.326 03
3C-39	550	550	20	295	23.1	74 283.125 95
3C-40	500	500	14	310	23.1	50 183.326 03
3C-41	500	500	14	310	23.1	50 183.326 03
3C-42	500	500	14	310	23.1	50 183.326 03
3C-43	500	500	14	310	23.1	50 183.326 03
3C-44	600	600	16	310	23.1	69 765.260 68
3C-45	600	600	16	310	23.1	69 765.260 68
3C-46	500	500	14	310	23.1	50 183.326 03
3C-47	600	600	18	295	23.1	76 956.147 85
3C-48	500	500	14	310	23.1	50 183.326 03
3C-49	500	500	16	310	23.1	55 270.882 87
3C-50	500	500	14	310	23.1	50 183.326 03
3C-63	450	450	16	310	23.1	48 323.898 99
4C-2	850	850	25	295	23.1	152 262.936 3
4C-4	850	850	25	295	23.1	152 262.936 3
4C-5	450	650	16	310	23.1	61 890.004 46
4C-6	450	650	16	310	23.1	61 890.004 46
4C-7	850	850	25	295	23.1	152 262.936 3
4C-8	450	650	16	310	23.1	61 890.004 46
4C-9	450	650	16	310	23.1	61 890.004 46
4C-10	850	850	25	295	23.1	152 262.936 3
4C-11	650	650	18	295	23.1	85 268.996 53
4C-12	500	500	16	310	23.1	55 270.882 87
4C-13	500	500	14	310	23.1	50 183.326 03
4C-14	500	500	16	310	23.1	55 270.882 87
4C-16	500	500	14	310	23.1	50 183.326 03
4C-17	500	500	14	310	23.1	50 183.326 03
4C-18	500	500	14	310	23.1	50 183.326 03
4C-19	500	500	14	310	23.1	50 183.326 03

续表

柱编号	b/mm	h/mm	t/mm	f_a/MPa	f_c/MPa	A_s/mm²
4C-20	500	500	14	310	23.1	50 183.326 03
4C-21	550	550	20	295	23.1	74 283.125 95
4C-22	500	500	14	310	23.1	50 183.326 03
4C-23	500	500	14	310	23.1	50 183.326 03
4C-24	550	550	20	295	23.1	74 283.125 95
4C-25	500	500	14	310	23.1	50 183.326 03
4C-26	650	650	18	295	23.1	85 268.996 53
4C-27	500	500	14	310	23.1	50 183.326 03
4C-28	600	600	16	310	23.1	69 765.260 68
4C-29	600	600	16	310	23.1	69 765.260 68
4C-30	550	550	20	295	23.1	74 283.125 95
4C-31	500	500	14	310	23.1	50 183.326 03
4C-32	500	500	14	310	23.1	50 183.326 03
4C-33	500	500	14	310	23.1	50 183.326 03
4C-34	500	500	14	310	23.1	50 183.326 03
4C-35	550	550	20	295	23.1	74 283.125 95
4C-36	500	500	14	310	23.1	50 183.326 03
4C-37	500	500	14	310	23.1	50 183.326 03
4C-38	550	550	20	295	23.1	74 283.125 95
4C-39	500	500	14	310	23.1	50 183.326 03
4C-40	500	500	14	310	23.1	50 183.326 03
4C-41	500	500	14	310	23.1	50 183.326 03
4C-42	500	500	14	310	23.1	50 183.326 03
4C-43	500	500	14	310	23.1	50 183.326 03
4C-44	500	500	14	310	23.1	50 183.326 03
4C-45	500	500	14	310	23.1	50 183.326 03
4C-46	500	500	16	310	23.1	55 270.882 87
4C-47	500	500	14	310	23.1	50 183.326 03
4C-48	600	600	16	310	23.1	69 765.260 68
4C-49	500	500	16	310	23.1	55 270.882 87
4C-50	500	500	14	310	23.1	50 183.326 03
4C-51	500	500	14	310	23.1	50 183.326 03
4C-64	500	500	14	310	23.1	50 183.326 03
5C-1	800	800	22	295	23.1	128 520.597 1
5C-2	800	800	22	295	23.1	128 520.597 1

续表

柱编号	b/mm	h/mm	t/mm	f_a/MPa	f_c/MPa	A_s/mm²
5C-3	450	650	14	310	23.1	56 196.872 45
5C-4	450	650	14	310	23.1	56 196.872 45
5C-5	450	650	14	310	23.1	56 196.872 45
5C-6	650	650	18	295	23.1	85 268.996 53
5C-7	850	850	25	295	23.1	152 262.936 3
5C-8	850	850	25	295	23.1	152 262.936 3
5C-9	450	650	14	310	23.1	56 196.872 45
5C-10	500	500	14	310	23.1	50 183.326 03
5C-11	500	500	14	310	23.1	50 183.326 03
5C-12	500	500	14	310	23.1	50 183.326 03
5C-13	500	500	16	310	23.1	55 270.882 87
5C-14	500	500	16	310	23.1	55 270.882 87
5C-15	500	500	14	310	23.1	50 183.326 03
5C-16	500	500	14	310	23.1	50 183.326 03
5C-17	500	500	14	310	23.1	50 183.326 03
5C-18	500	500	14	310	23.1	50 183.326 03
5C-19	500	500	14	310	23.1	50 183.326 03
5C-20	500	500	14	310	23.1	50 183.326 03
5C-21	500	500	16	310	23.1	55 270.882 87
5C-22	600	600	16	310	23.1	69 765.260 68
6C-1	650	650	18	295	23.1	85 268.996 53
6C-2	650	650	18	295	23.1	85 268.996 53
6C-3	450	650	14	310	23.1	56 196.872 45
6C-4	450	650	14	310	23.1	56 196.872 45
6C-5	450	650	14	310	23.1	56 196.872 45
6C-6	650	650	18	295	23.1	85 268.996 53
6C-7	650	650	18	295	23.1	85 268.996 53
6C-8	800	800	22	295	23.1	128 520.597 1
6C-9	450	650	14	310	23.1	56 196.872 45
6C-10	500	500	14	310	23.1	50 183.326 03
6C-11	500	500	14	310	23.1	50 183.326 03
6C-12	500	500	14	310	23.1	50 183.326 03
6C-13	500	500	14	310	23.1	50 183.326 03
6C-14	500	500	14	310	23.1	50 183.326 03
6C-15	500	500	14	310	23.1	50 183.326 03

续表

柱编号	b/mm	h/mm	t/mm	f_a/MPa	f_c/MPa	A_s/mm²
6C-16	500	500	14	310	23.1	50 183.326 03
6C-17	500	500	14	310	23.1	50 183.326 03
6C-18	500	500	14	310	23.1	50 183.326 03
7C-1	450	650	14	310	23.1	56 196.872 45
7C-2	450	650	14	310	23.1	56 196.872 45
7C-3	650	650	18	295	23.1	85 268.996 53
7C-4	650	650	18	295	23.1	85 268.996 53
7C-5	450	650	14	310	23.1	56 196.872 45
7C-6	450	650	14	310	23.1	56 196.872 45
7C-7	650	650	18	295	23.1	85 268.996 53
7C-8	650	650	18	295	23.1	85 268.996 53
7C-9	450	650	14	310	23.1	56 196.872 45
8C-1	450	650	14	310	23.1	56 196.872 45
8C-2	450	650	14	310	23.1	56 196.872 45
8C-3	450	650	14	310	23.1	56 196.872 45
8C-4	450	650	14	310	23.1	56 196.872 45
8C-5	450	650	14	310	23.1	56 196.872 45
8C-6	450	650	14	310	23.1	56 196.872 45
8C-7	650	650	18	295	23.1	85 268.996 53
8C-8	650	650	18	295	23.1	85 268.996 53
8C-9	450	650	14	310	23.1	56 196.872 45
9C-1	450	650	14	310	23.1	56 196.872 45
9C-2	450	650	14	310	23.1	56 196.872 45
9C-3	450	650	14	310	23.1	56 196.872 45
9C-4	450	650	14	310	23.1	56 196.872 45
9C-5	450	650	14	310	23.1	56 196.872 45
9C-6	450	650	14	310	23.1	56 196.872 45
9C-7	450	650	14	310	23.1	56 196.872 45
9C-8	450	650	14	310	23.1	56 196.872 45
9C-9	450	650	14	310	23.1	56 196.872 45
10C-1	450	650	14	310	23.1	56 196.872 45
10C-2	450	650	14	310	23.1	56 196.872 45

经计算得到采用钢筋混凝土柱,所需钢筋约 1 833.49 t,混凝土约 808.63 m³。钢管柱加工费用按 7 000 元/t,商品混凝土 C50 按 700 元/m³。钢筋价格按 6 000 元/t,商品混凝土 C50 综合造价(含模板支撑等费用)按 1 300 元/m³。钢管混凝土柱与钢筋混凝土

柱造价对比见表 5.19。

表 5.19 造价对比

	钢管(或钢筋)用量/t	混凝土用量/m³	总造价/元
钢管混凝土柱	1 027.99	911.24	7 833 798
钢筋混凝土柱	1 833.49	808.63	12 052 159
总造价比值	—	—	0.65

统计了总共 60 根复合柱的钢筋和钢材用量，并按照柱截面相同、承载力等效和材料等强原则，等效换算钢筋混凝土柱截面混凝土和钢筋用量。结果表明，采用钢管混凝土复合柱总造价比采用钢筋混凝土柱总造价约低 35%。

5.3.2 韧性特性优化与安全评估分析

根据《建筑抗震设计规范》(GB 50011—2010)[19]中的反应谱，及其相关参数($c=-0.2, p=0.9, t_1=4$ s, $t_2=15$ s, $t_3=30$ s)，开发人工地震波生成程序包，用于动力安全保障分析。首先，借助 Visual Basic 编程软件，建立基于对话框的应用程序框架(人工地震波)，应用程序框架由"人工地震波参数输入"和"人工地震波输出"2 个部分组成。其中，添加的主要控件有 4 个编辑框和 3 个按钮。4 个编辑框分别作为程序中的"阻尼比 ξ""特征周期值 T_g(s)""水平地震影响系数最大值""时程分析地震加速度时程最大值(cm/s²)"，4 个数据交互输入；3 个按钮分别为"生成人工地震波""输出人工地震波数据""退出"。人工地震波生成程序包运行界面如图 5.19 所示。水平地震影响系数最大值见表 5.20，时程分析所用地震加速度时程的最大值见表 5.21。

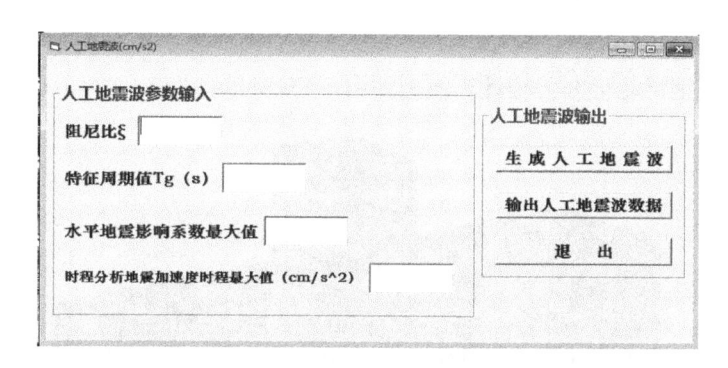

图 5.19 人工地震波生成程序运行界面

表 5.20 水平地震影响系数最大值

地震影响	6 度	7 度	8 度	9 度
多遇地震	0.04	0.08(0.12)	0.16(0.24)	0.32
罕遇地震	0.28	0.50(0.72)	0.90(1.20)	1.40

注：括号外、括号内数值分别用于设计基本地震加速度为 $0.15g$ 和 $0.30g$ 的地区。

表 5.21　时程分析所用地震加速度时程的最大值

单位：cm/s²

地震影响	6 度	7 度	8 度	9 度
多遇地震	18	35(55)	70(110)	140
罕遇地震	125	220(310)	400(510)	620

注：括号外、括号内数值分别用于设计基本地震加速度为 0.15g 和 0.30g 的地区。

根据该水工钢混复合办公楼工程所处场地现场情况（500 m/s＞剪切波速＞250 m/s），场地类别为Ⅱ类场地，其特征周期为 $T_g=0.40$ s，型钢混凝土组合结构的阻尼比 $\zeta=0.04$，选取 6 度多遇地震和 6 度罕遇地震作为输入参数，分别从 x 向、y 向输入模型，形成 4 种工况，见表 5.22。

表 5.22　工况组合情况一览表

组合情况	工况 1	工况 2	工况 3	工况 4
输入模型方向	x 方向	y 方向	x 方向	y 方向
抗震设防烈度	6 度多遇	6 度多遇	6 度罕遇	6 度罕遇
水平地震影响系数最大值	0.04	0.04	0.28	0.28
加速度时程的最大值	18 cm/s²	18 cm/s²	125 cm/s²	125 cm/s²
特征周期	0.40 s	0.40 s	0.40 s	0.40 s
阻尼比	0.04	0.04	0.04	0.04

水工钢混复合办公楼由 15 层钢-混凝土复合框架结构体系组成。该框架结构采用矩形钢管混凝土柱，截面边长 0.60 m，钢管壁厚 0.02 m，采用焊接单箱钢梁，所有楼层的钢箱梁截面为 0.60 m×0.50 m×0.02 m×0.02 m。钢材强度等级 Q345，柱混凝土强度等级 C60。水工钢混复合办公楼计算模型如图 5.20 所示。

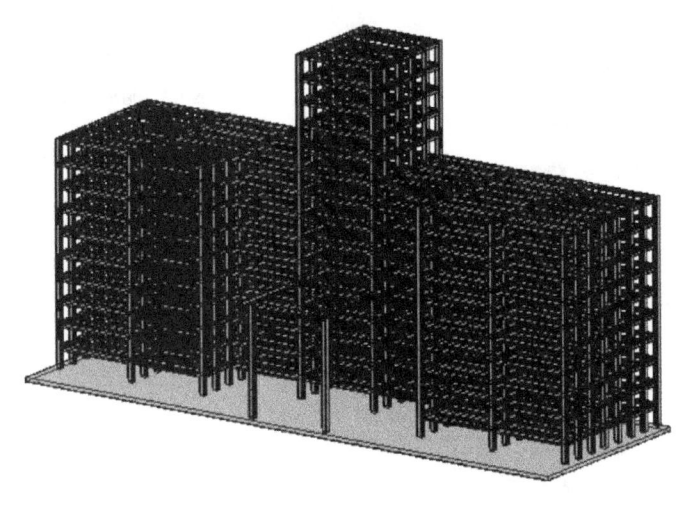

图 5.20　水工钢混复合办公楼计算模型

第 5 章 水工钢混复合框架结构服役韧性提升应用研究

水工钢混复合办公楼钢-混凝土复合柱编号如图 5.21 所示,分别为 CZ11～CZ18、CZ21～CZ28、CZ31～CZ38、CZ41～CZ47、CZ51～CZ57、CZ61～CZ68、CZ71～CZ78、CZ81～CZ88,合计共 62 根复合柱,由于该组合框架结构为轴对称布置,取一半进行研究。

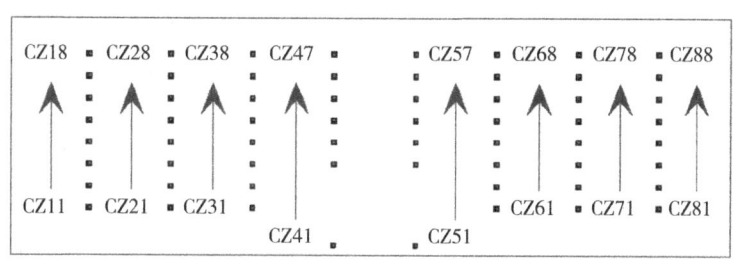

图 5.21 水工钢混复合办公楼复合柱平面布置及编号图

抗震动力性能分析采用开发的人工地震波生成程序,持续时长取值 30 s,根据表 5.22 中预设工况,分别进行讨论。依次输入阻尼比(0.04)、特征周期(0.4 s)、水平地震影响系数最大值(0.04)、时程分析地震加速度时程最大值(18 cm/s²),得到 6 度多遇条件下人工地震波加速度历时数据和历时曲线,如图 5.22 所示;同理,依次输入阻尼比(0.04)、特征周期(0.4 s)、水平地震影响系数最大值(0.28)、时程分析地震加速度时程最大值(125 cm/s²),得到 6 度罕遇条件下人工地震波加速度历时数据和历时曲线,如图 5.23 所示。

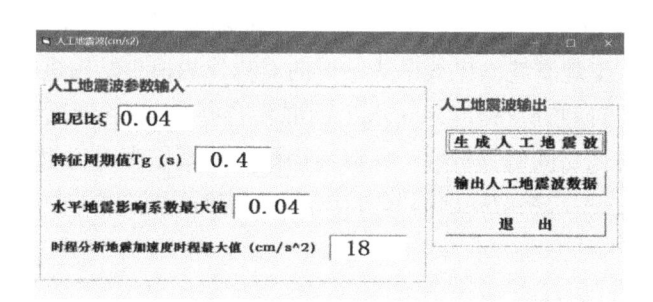

(a) 6 度多遇程序运行界面

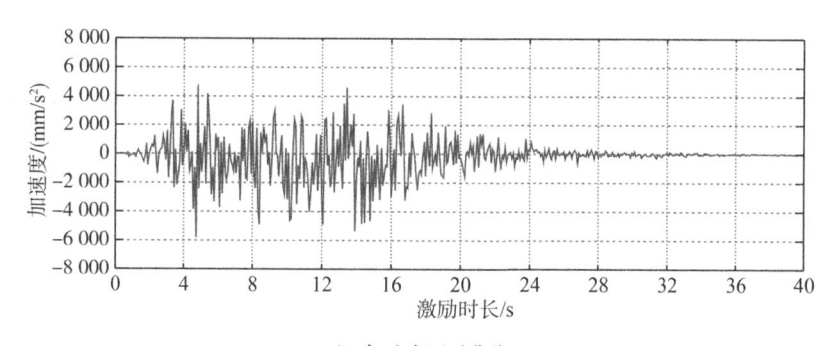

(b) 加速度历时曲线

图 5.22 6 度多遇激励源模式

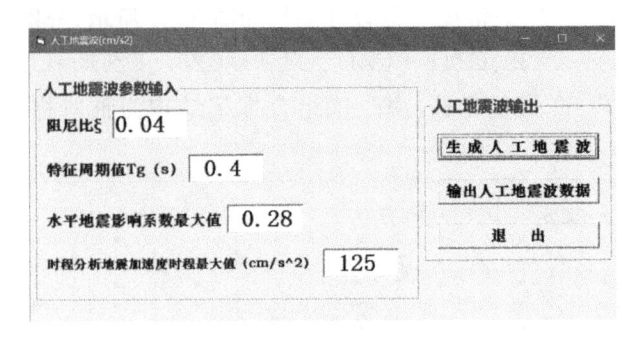

(a) 6度罕遇程序运行界面

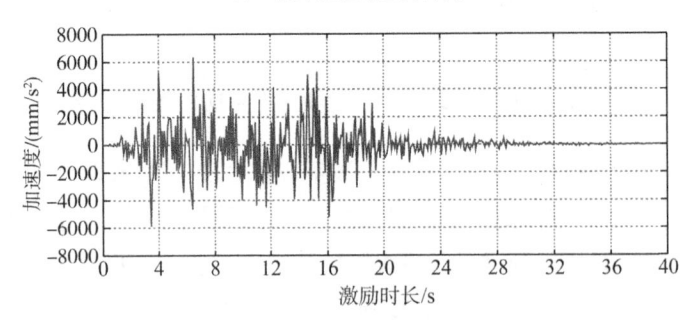

(b) 加速度历时曲线

图 5.23 6度罕遇激励源模式

1. 6度多遇风险下水工钢混复合办公楼 x 方向韧性特性安全分析

以图 5.19 中人工地震波输出数据从 x 方向对构建的模型结构进行输入，计算其在 6 度多遇条件下的 x 方向响应特性，探讨水工钢混复合办公楼钢-混凝土复合柱的 x 方向位移响应，以及 x 方向层间侧移响应。并以纯钢框架模型作为对比组，得到图 5.24 所示的 31 根不同位置处、不同类型柱顶部 x 方向位移响应时程曲线的对比情况。

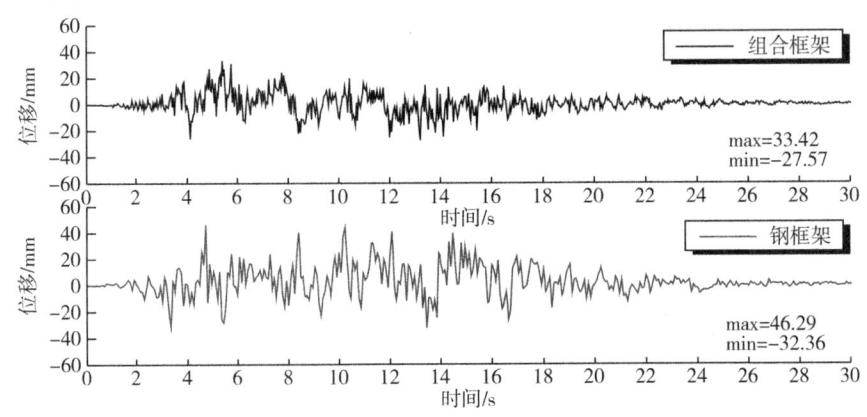

(a) CZ11 顶部 x 方向位移（标高：40 m）

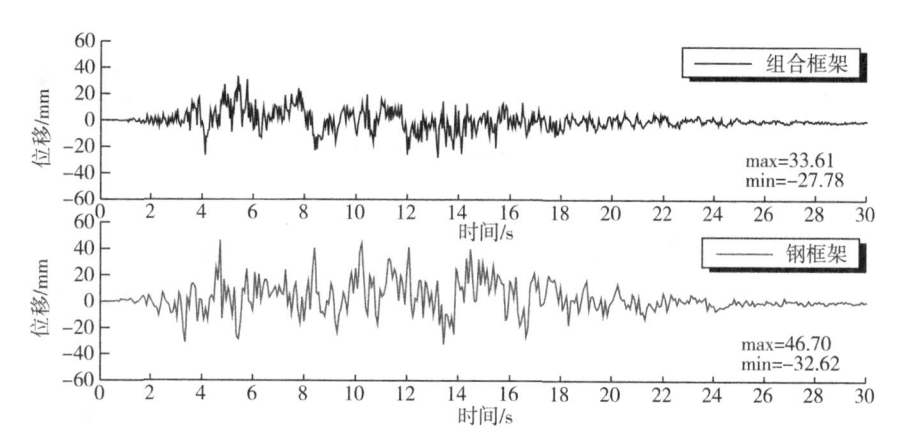

(b) CZ12 顶部 x 方向位移（标高：40 m）

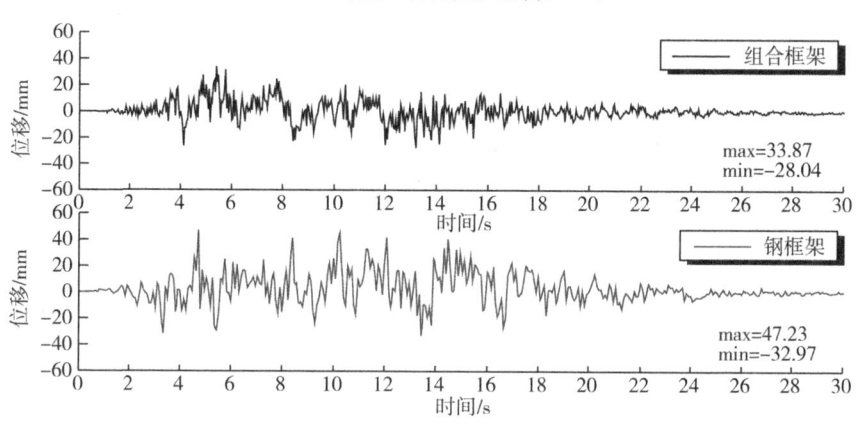

(c) CZ13 顶部 x 方向位移（标高：40 m）

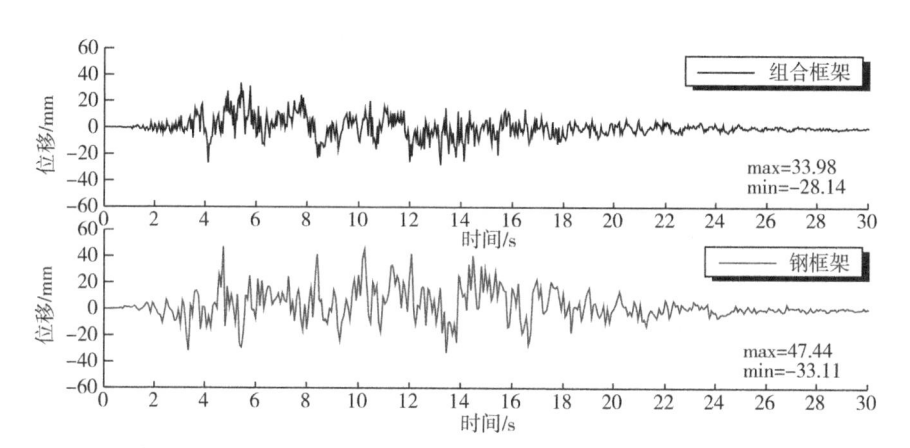

(d) CZ14 顶部 x 方向位移（标高：40 m）

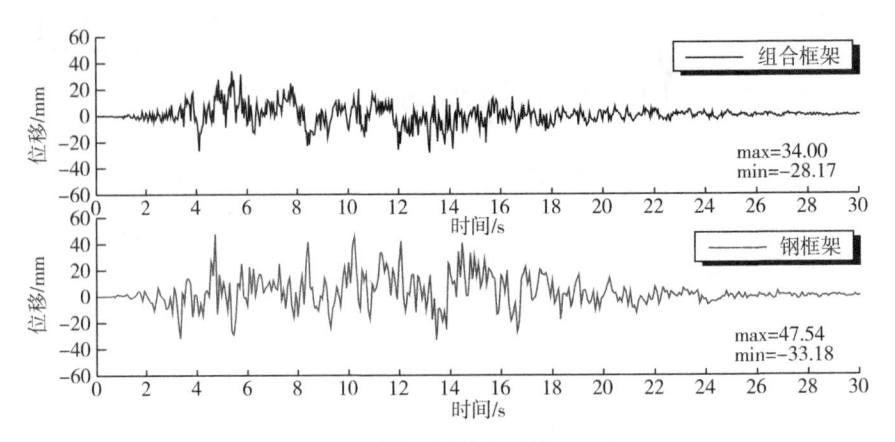

(e) CZ15 顶部 x 方向位移(标高:40 m)

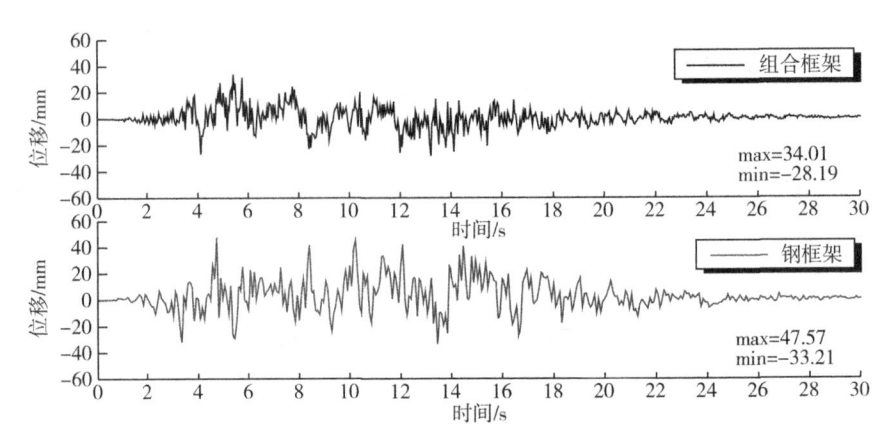

(f) CZ16 顶部 x 方向位移(标高:40 m)

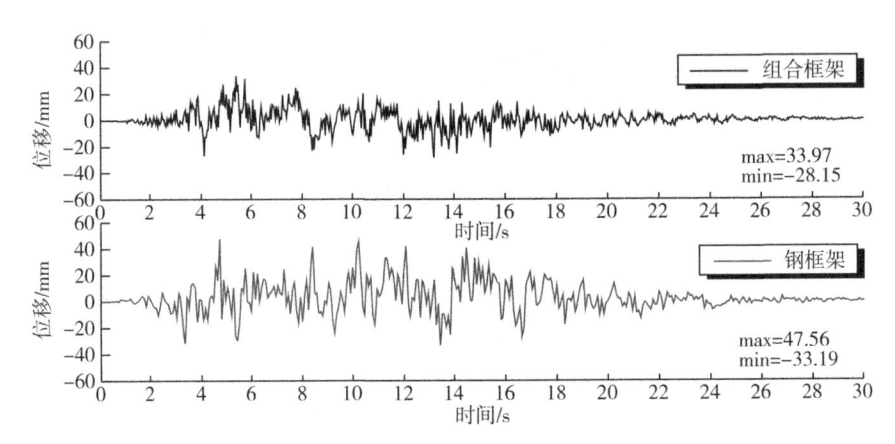

(g) CZ17 顶部 x 方向位移(标高:40 m)

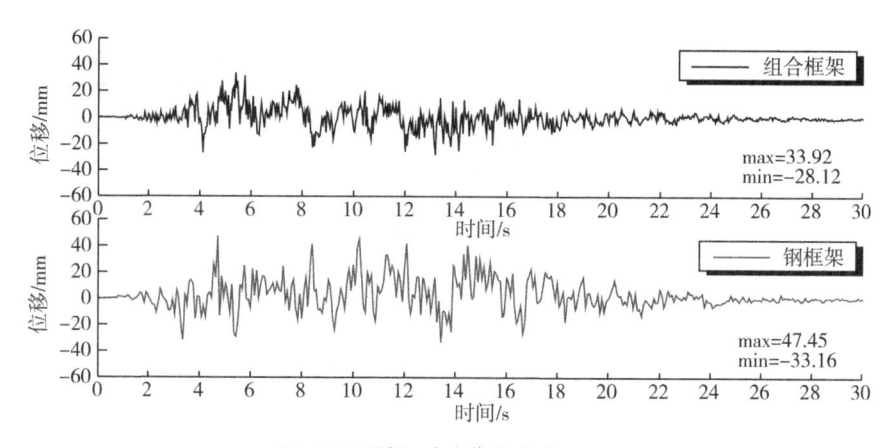

(h) CZ18 顶部 x 方向位移（标高：40 m）

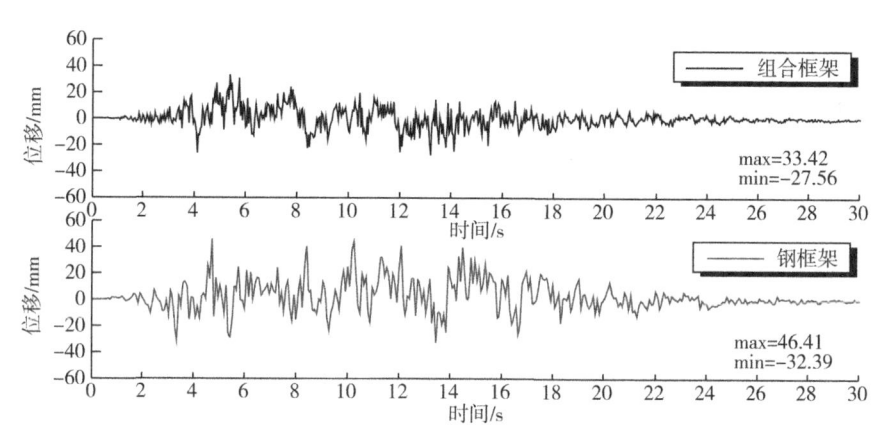

(i) CZ21 顶部 x 方向位移（标高：40 m）

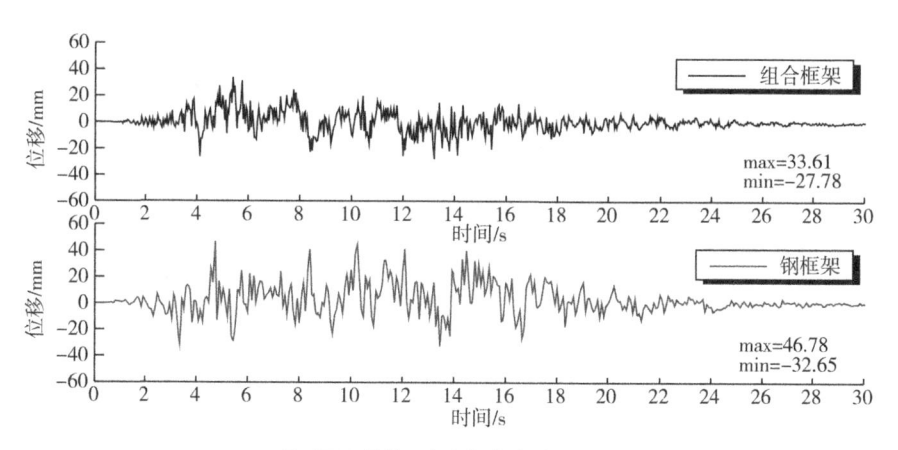

(j) CZ22 顶部 x 方向位移（标高：40 m）

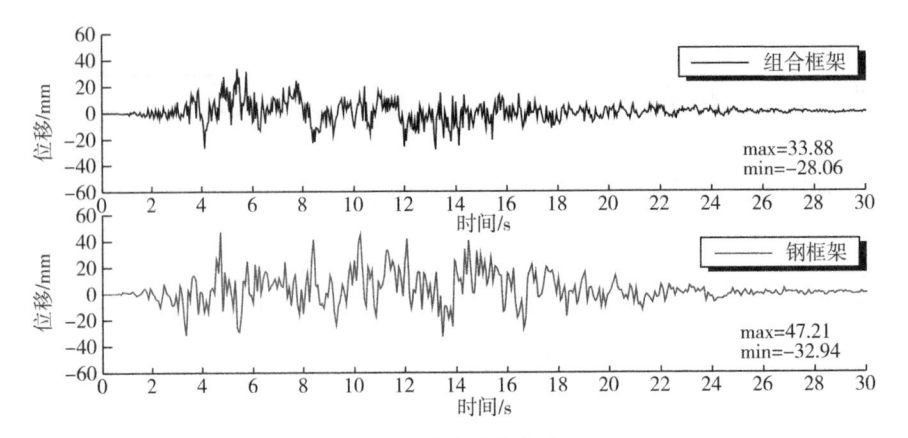

(k) CZ23 顶部 x 方向位移（标高：40 m）

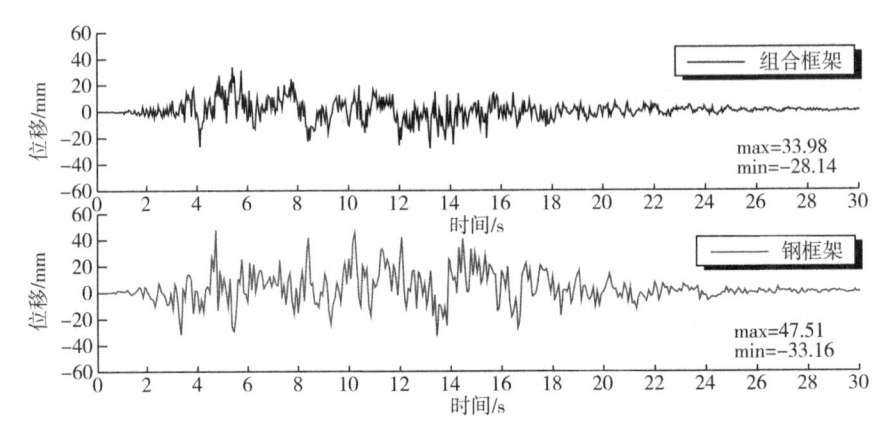

(l) CZ24 顶部 x 方向位移（标高：40 m）

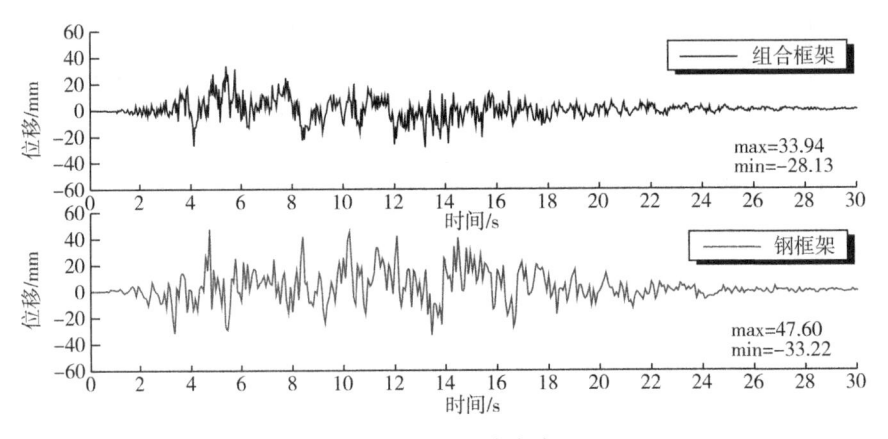

(m) CZ25 顶部 x 方向位移（标高：40 m）

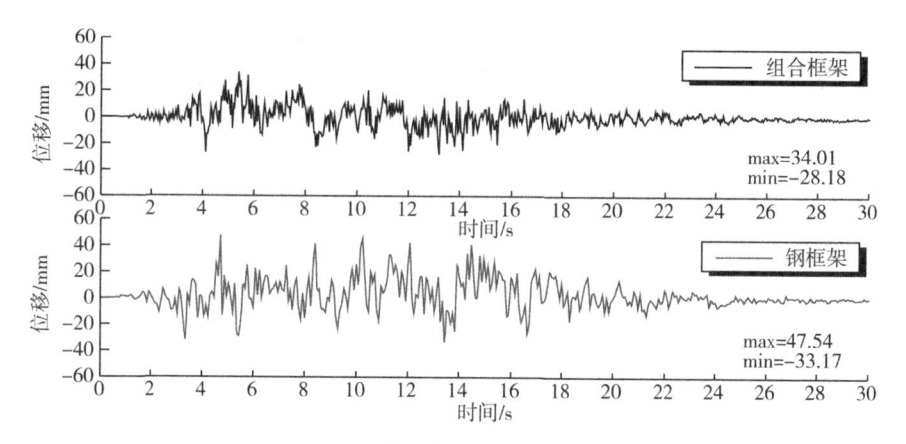

(n) CZ26 顶部 x 方向位移(标高：40 m)

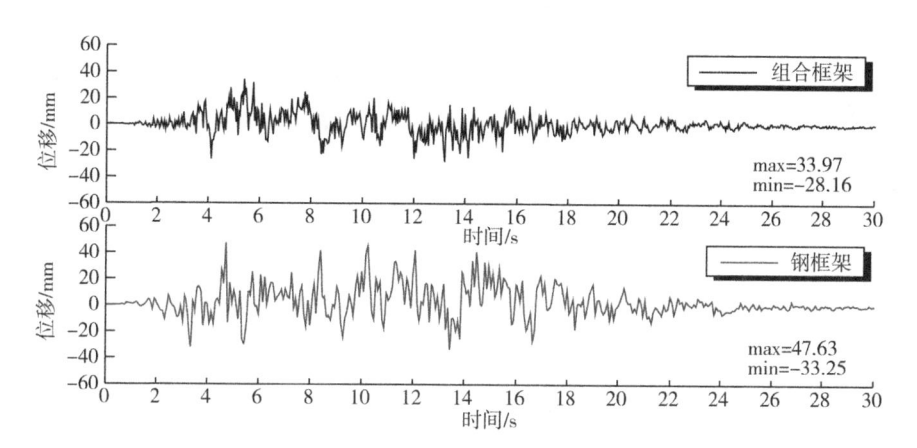

(o) CZ27 顶部 x 方向位移(标高：40 m)

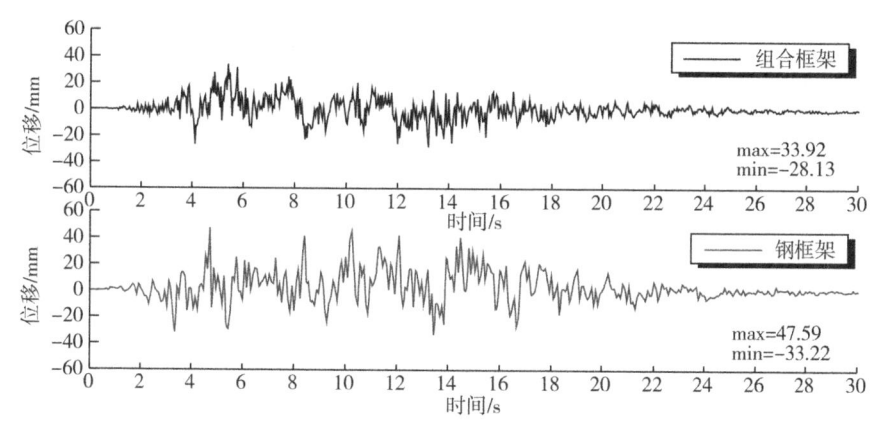

(p) CZ28 顶部 x 方向位移(标高：40 m)

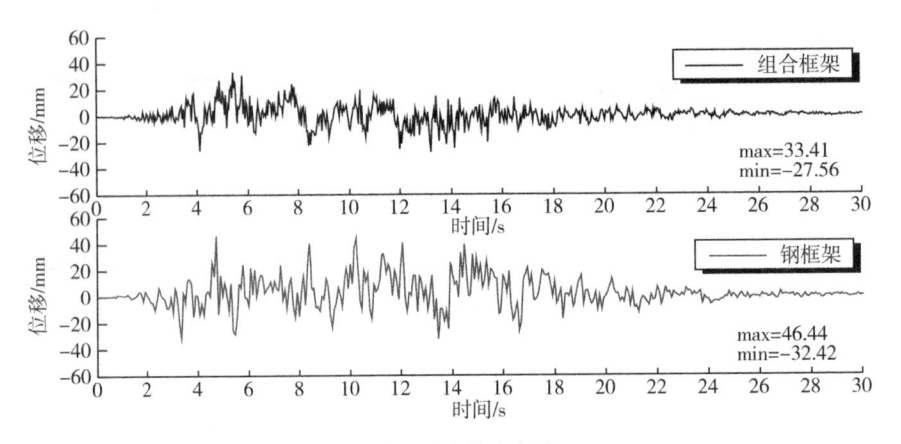

(q) CZ31顶部x方向位移(标高:40 m)

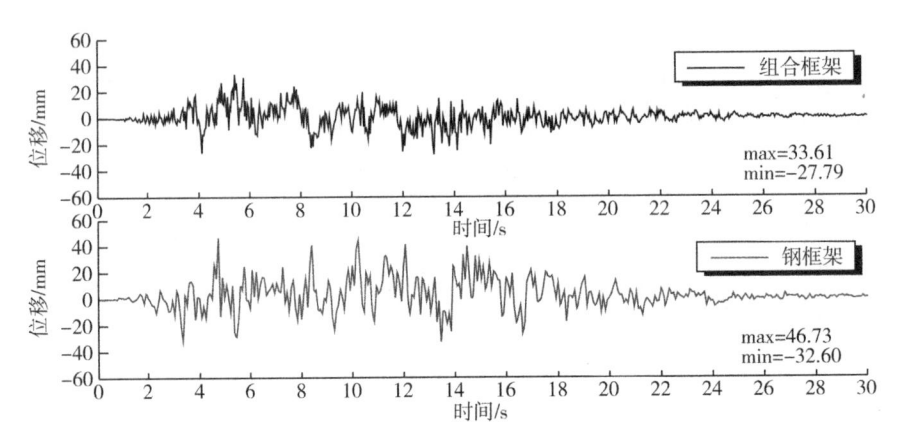

(r) CZ32顶部x方向位移(标高:40 m)

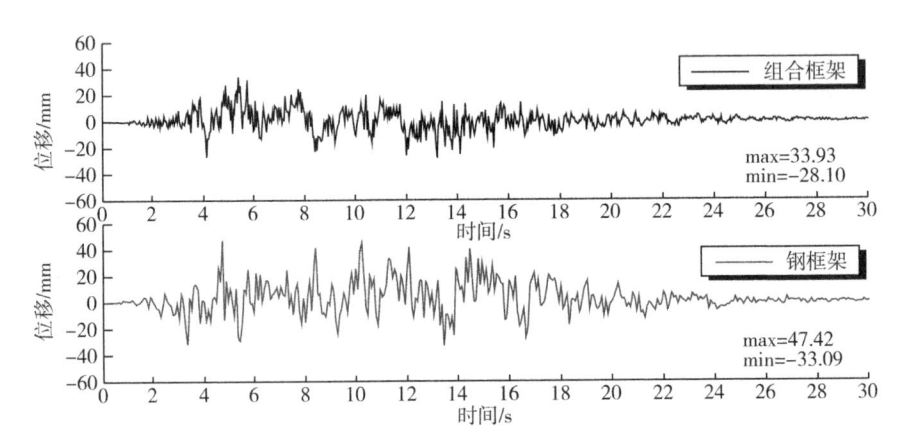

(s) CZ33顶部x方向位移(标高:40 m)

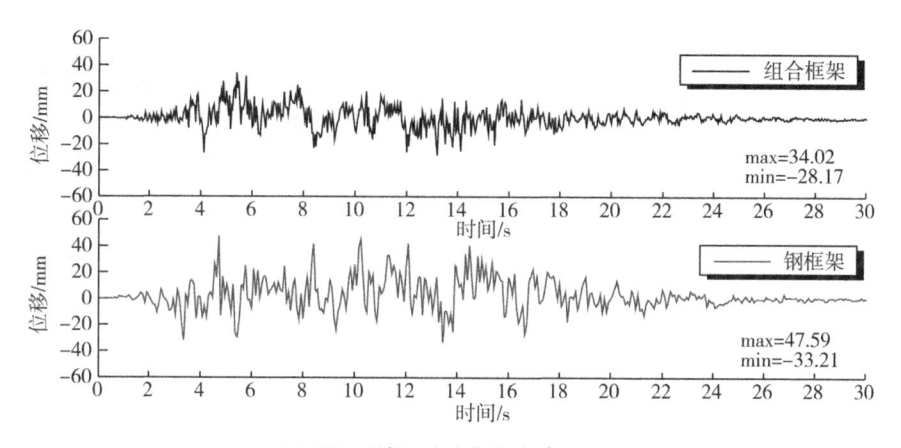

(t) CZ34 顶部 x 方向位移(标高：40 m)

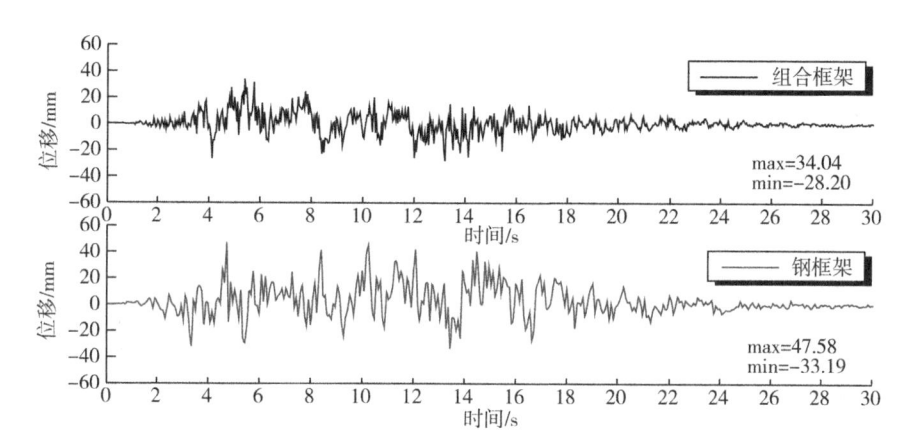

(u) CZ35 顶部 x 方向位移(标高：40 m)

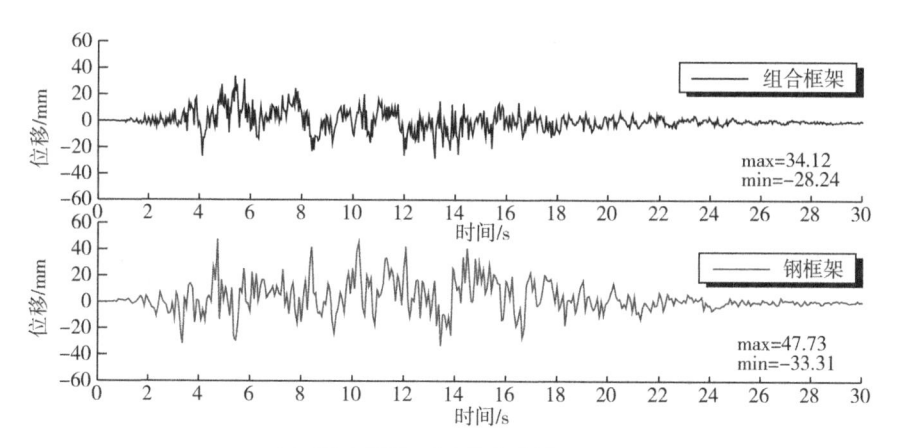

(v) CZ36 顶部 x 方向位移(标高：40 m)

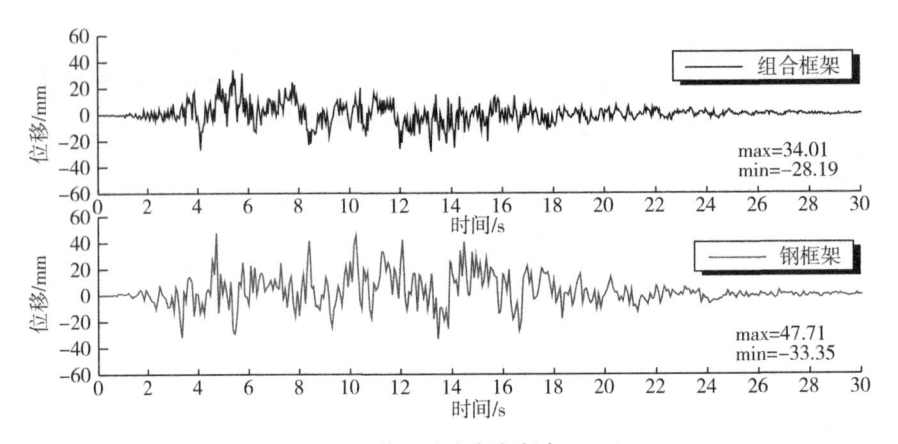

(w) CZ37 顶部 x 方向位移（标高：40 m）

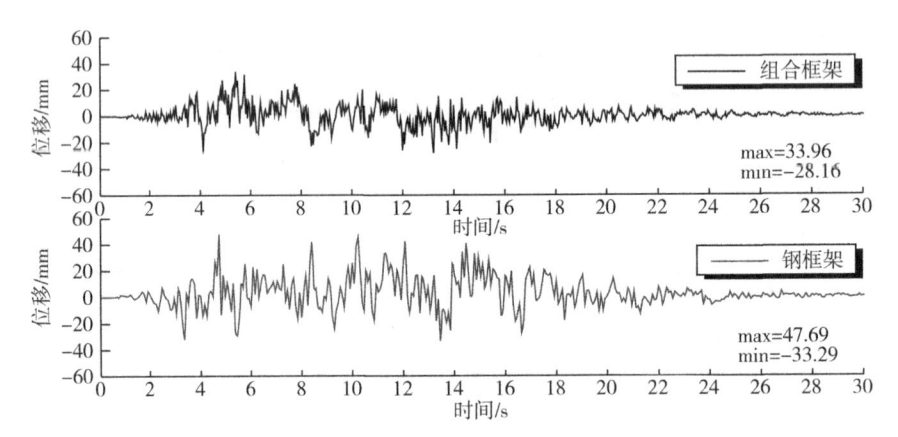

(x) CZ38 顶部 x 方向位移（标高：40 m）

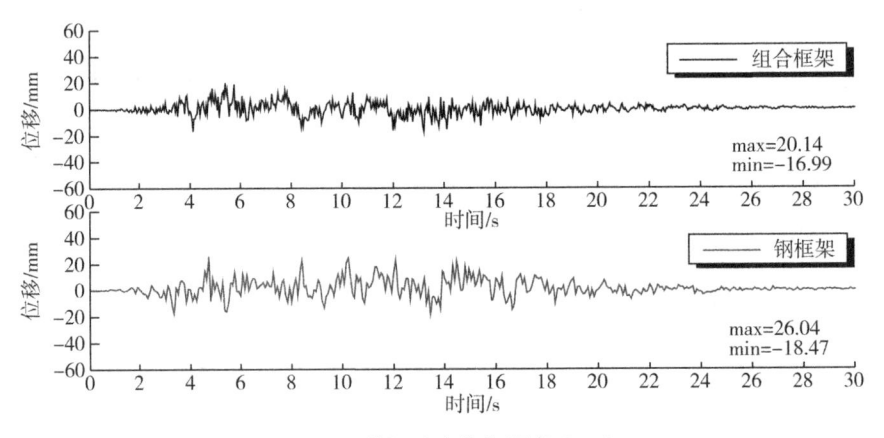

(y) CZ41 顶部 x 方向位移（标高：20 m）

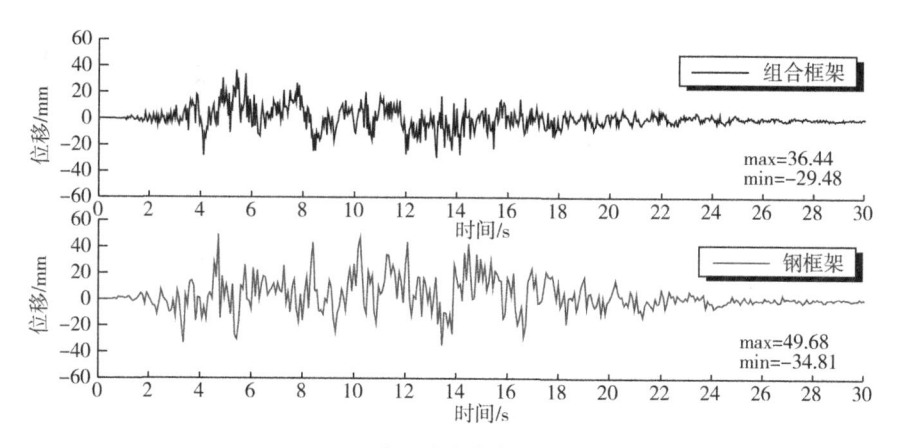

(z) CZ42 顶部 x 方向位移（标高：60 m）

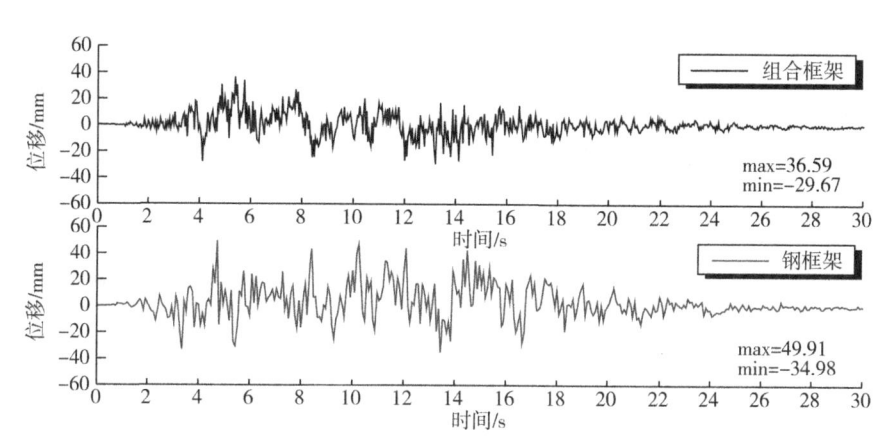

(aa) CZ43 顶部 x 方向位移（标高：60 m）

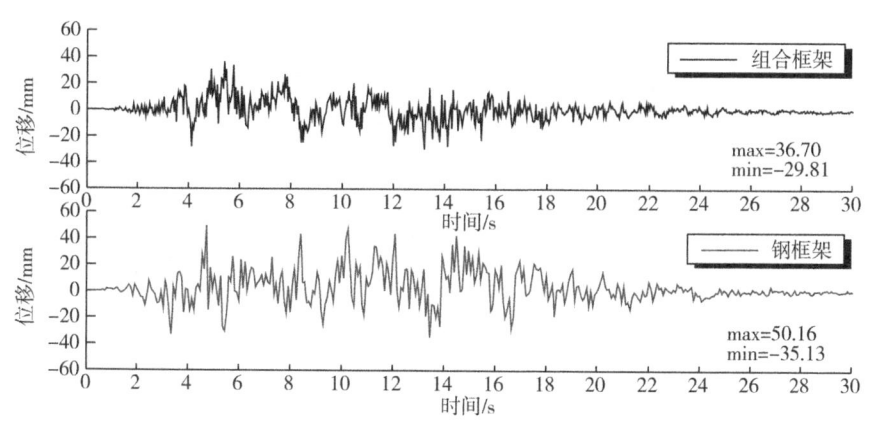

(ab) CZ44 顶部 x 方向位移（标高：60 m）

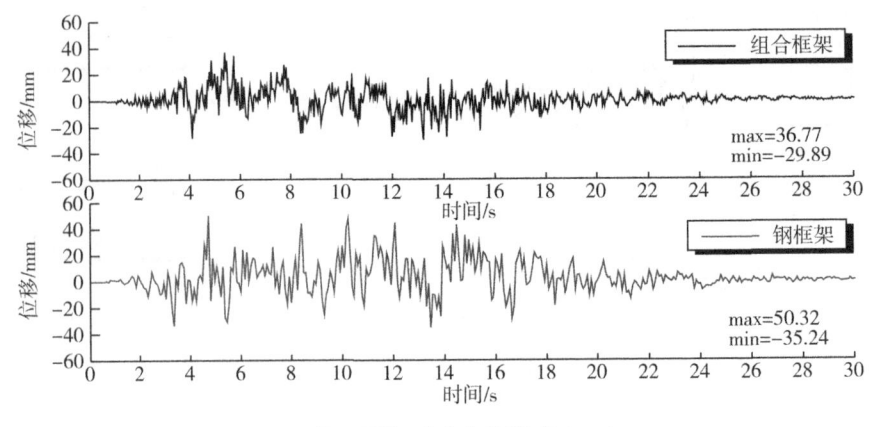

(ac) CZ45顶部 x 方向位移(标高:60 m)

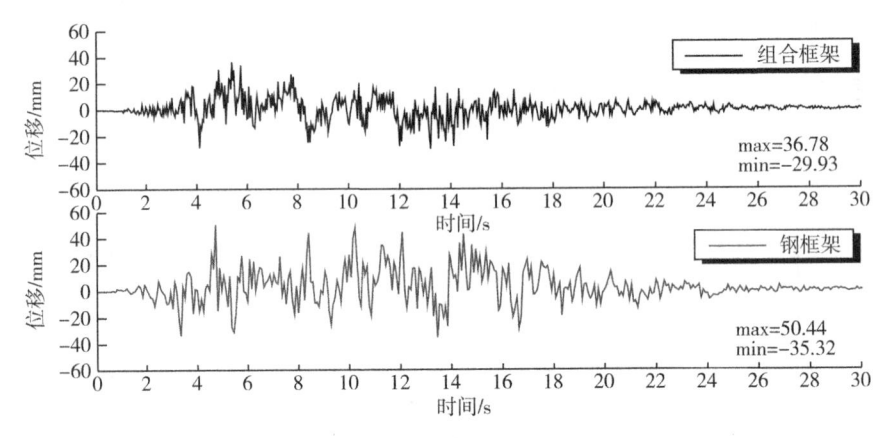

(ad) CZ46顶部 x 方向位移(标高:60 m)

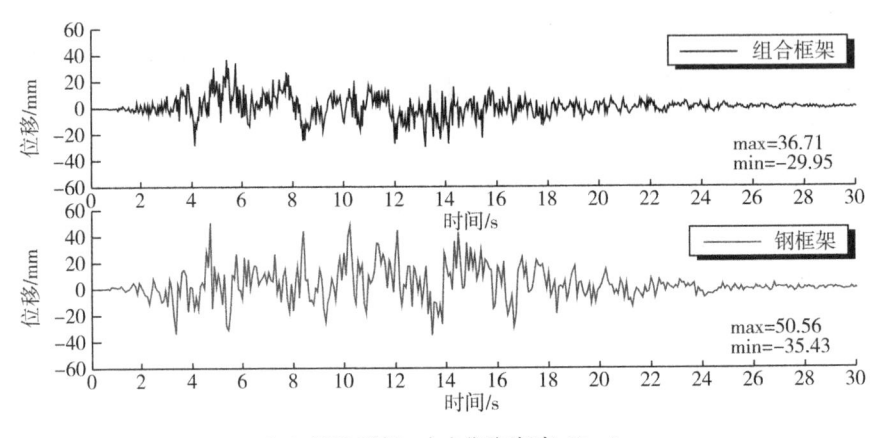

(ae) CZ47顶部 x 方向位移(标高:60 m)

图 5.24　6 度多遇状况下水工钢混复合办公楼钢混复合柱顶部 x 方向位移对比分析

由图 5.24 分析表明,在 6 度多遇人工地震波作用下,一方面钢与混凝土的组合作用

使得模型的整体 x 方向抗侧刚度显著增加,另一方面这种组合效应也使得结构周期变短,整体协调能力变强,进而使得抵抗地震作用能力变强。通过图 5.24(a)~(h)、图 5.24(i)~(p)、图 5.24(q)~(x)分析,对于该大型组合框架而言,与钢框架模型相比,地震波作用导致钢-混凝土复合柱的顶部 x 方向最大位移相较于空心钢管柱的顶部 x 方向最大位移显著减小,采用复合柱替换空心钢管柱,提高了动力安全保障系数。进一步表明,忽略钢与混凝土的组合作用会低估柱结构顶部的 x 方向最大位移响应。对上述结果进行综合分析,从工程角度来讲,关于导致设计偏于不安全的因素均应考虑在内,因此,将钢-混凝土组合作用替换空心钢管柱作用考虑在内的设计思路将十分必要。

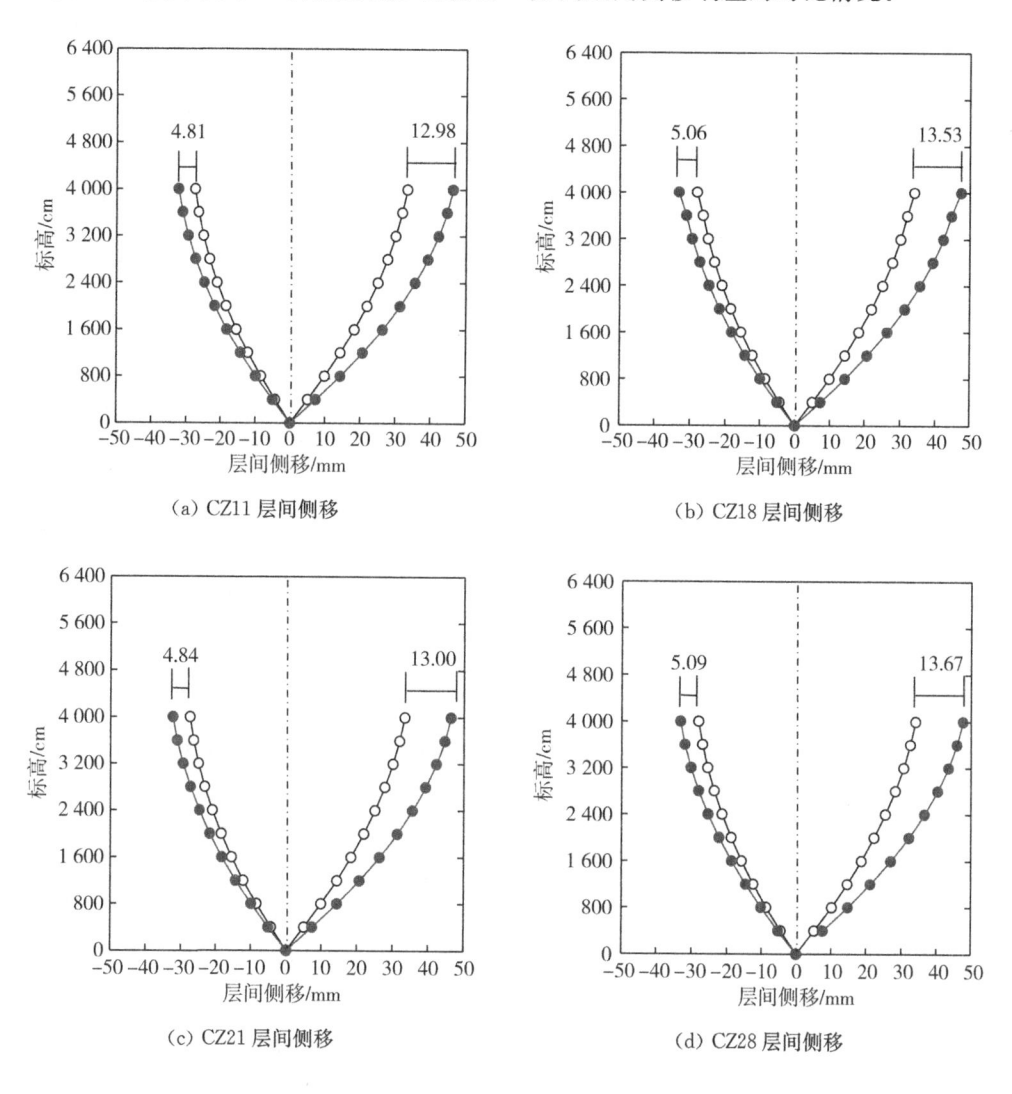

图 5.25 所示为水工钢混复合办公楼的 x 方向层间侧移响应的对比情况。

(a) CZ11 层间侧移

(b) CZ18 层间侧移

(c) CZ21 层间侧移

(d) CZ28 层间侧移

(e) CZ31 层间侧移

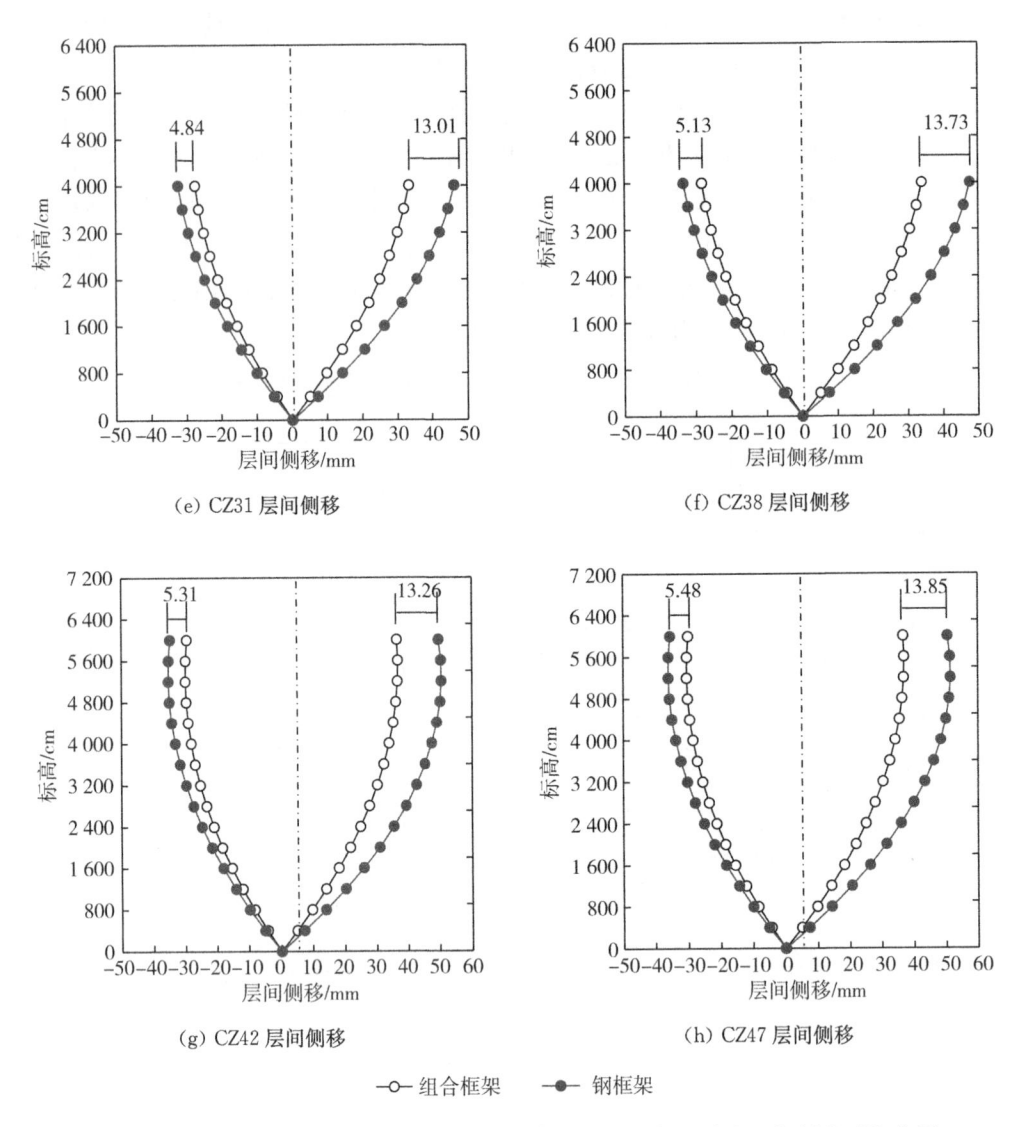

(f) CZ38 层间侧移

(g) CZ42 层间侧移

(h) CZ47 层间侧移

—○— 组合框架　—●— 钢框架

图 5.25　6 度多遇状况下水工钢混复合办公楼钢混复合柱 x 方向层间侧移对比分析

由图 5.25 可知,对于 6 度多遇风险而言,采用钢管混凝土复合柱在标高 40 m 位置处的 x 方向层间侧移最大值与 x 方向层间侧移最小值较相同条件、相同标高位置下钢管柱分别减小 12.98～13.73 mm 与 4.81～5.13 mm,采用钢管混凝土复合柱在标高 60 m 位置处的 x 方向层间侧移最大值与 x 方向层间侧移最小值较相同条件、相同标高位置下钢管柱分别减小 13.26～13.85 mm 与 5.31～5.48 mm。进一步分析表明,是否考虑柱中钢与混凝土组合作用对 x 方向层间侧移时程响应结果影响显著,不同类型柱对应的每一层 x 方向层间侧移响应到达其幅值均有区别,且组合框架架前与架后的 x 方向层间侧移响应度均不同。层间侧移量是反映结构抗震设计方法的一个关键性能指标,忽略其影响将对设计产生较大误差,应当予以重视。

此外，通过进一步对比分析表明，忽略这两种组合效应的影响，对于大型组合框架楼层而言，将低估其最大层间侧移量，也就是说会使得组合框架的薄弱层下移，这对于结构的安全性来说十分不利。因此，在进行抗震动力性能时程分析中合理考虑这种组合效应的影响，其意义不仅在于使分析结果接近于实际工程情形，更在于可以避免分析结果偏于不安全。

2. 6度多遇风险下水工钢混复合办公楼 y 方向韧性特性安全分析

以图 5.19 中人工地震波输出数据从 y 方向对构建的模型结构进行输入，计算其在 6 度多遇条件下的 y 方向响应特性，探讨水工钢混复合办公楼钢-混凝土复合柱的 y 方向位移响应，以及 y 方向层间侧移响应，并以纯钢框架模型作为对比组，得到图 5.26 所示的 31 根不同位置处、不同类型柱顶部 y 方向位移响应时程曲线的对比情况。

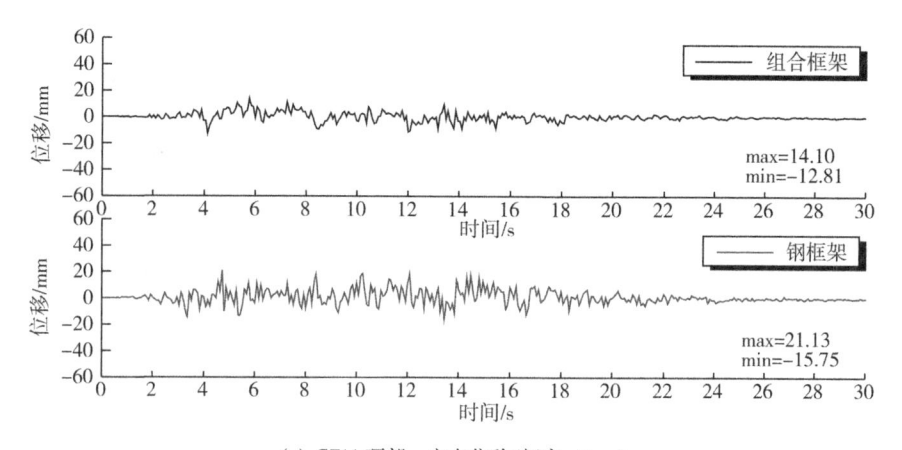

(a) CZ11 顶部 y 方向位移（标高：40 m）

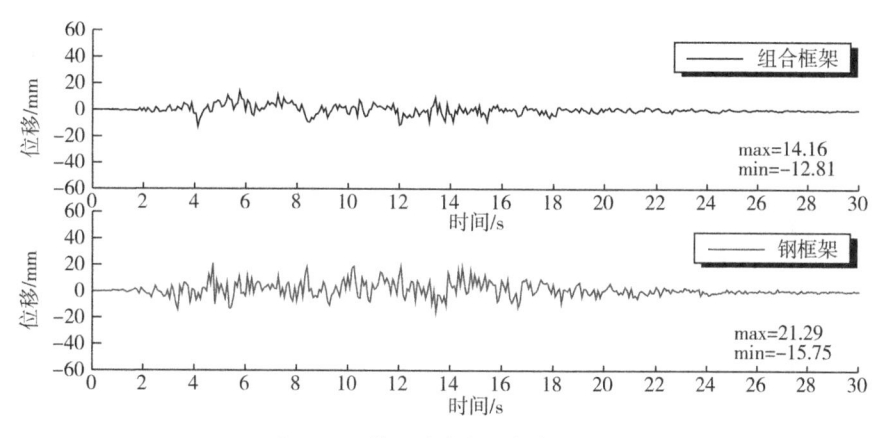

(b) CZ12 顶部 y 方向位移（标高：40 m）

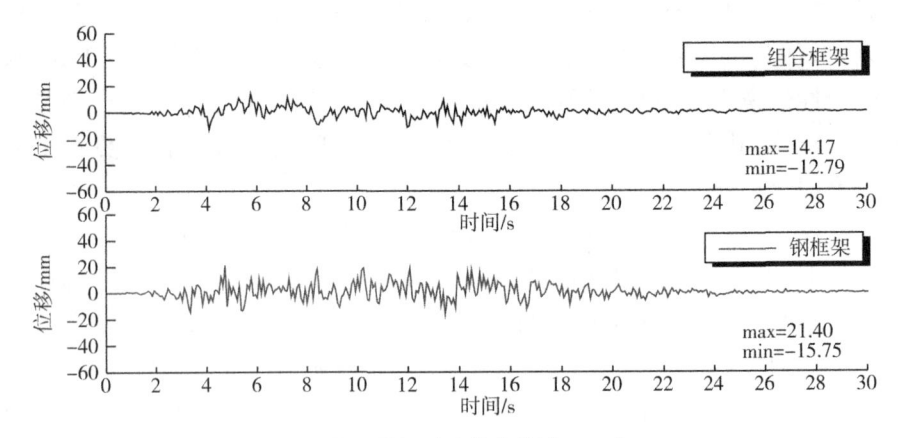

(c) CZ13 顶部 y 方向位移(标高:40 m)

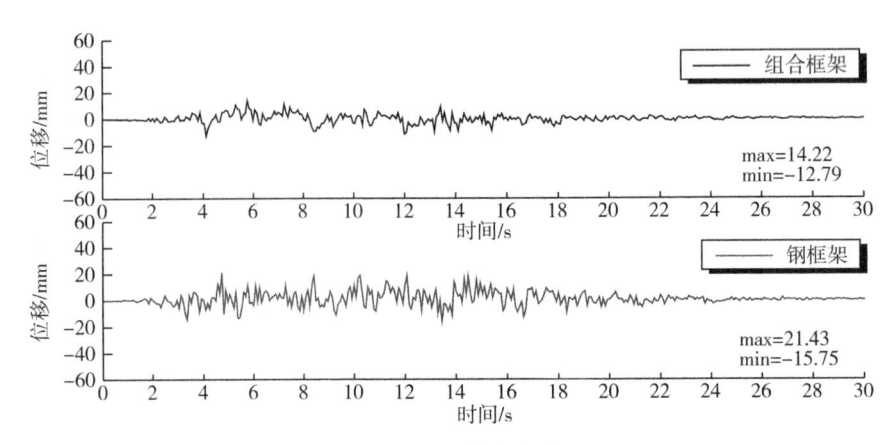

(d) CZ14 顶部 y 方向位移(标高:40 m)

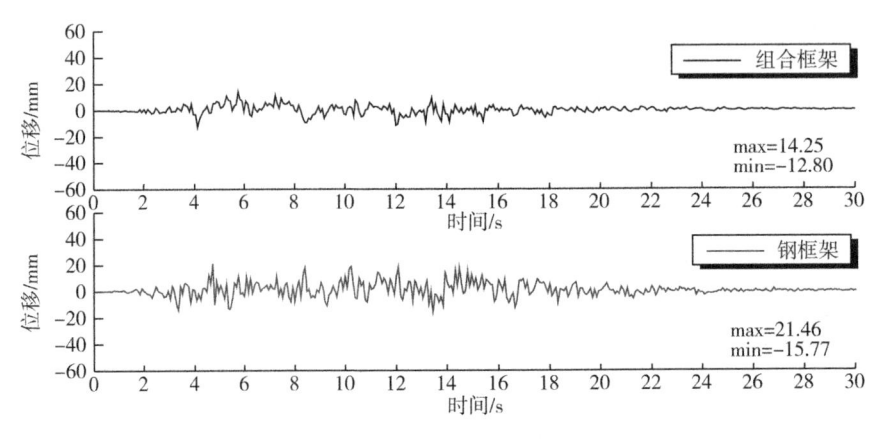

(e) CZ15 顶部 y 方向位移(标高:40 m)

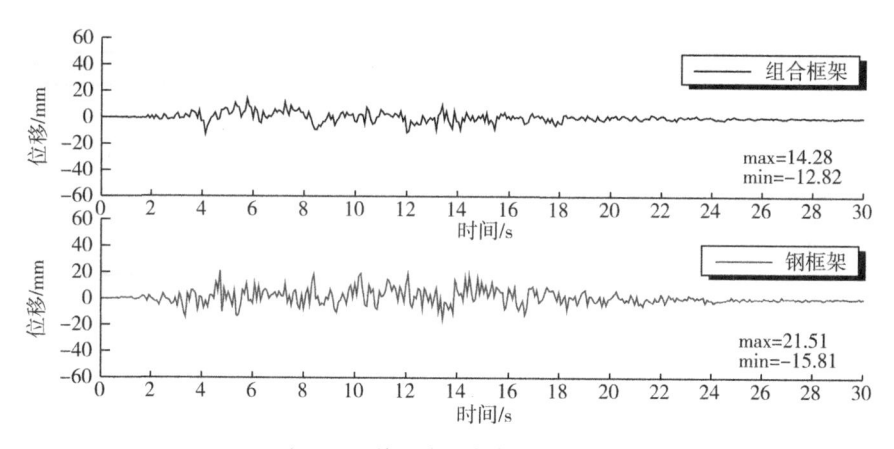

(f) CZ16 顶部 y 方向位移（标高：40 m）

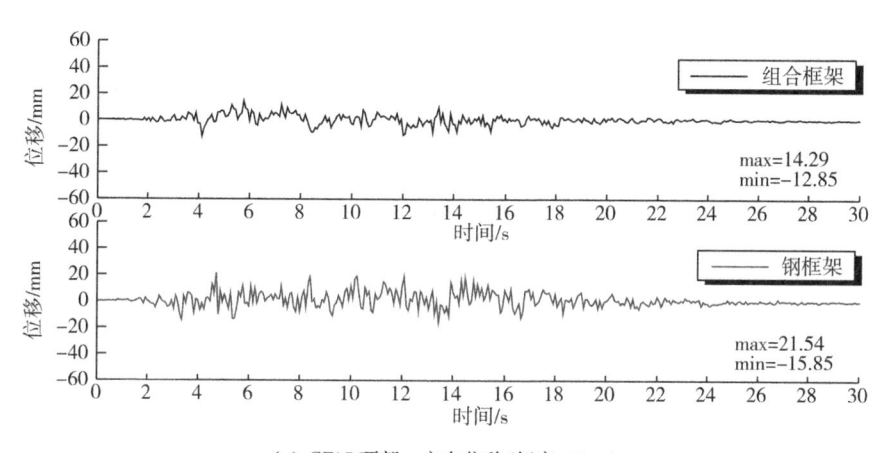

(g) CZ17 顶部 y 方向位移（标高：40 m）

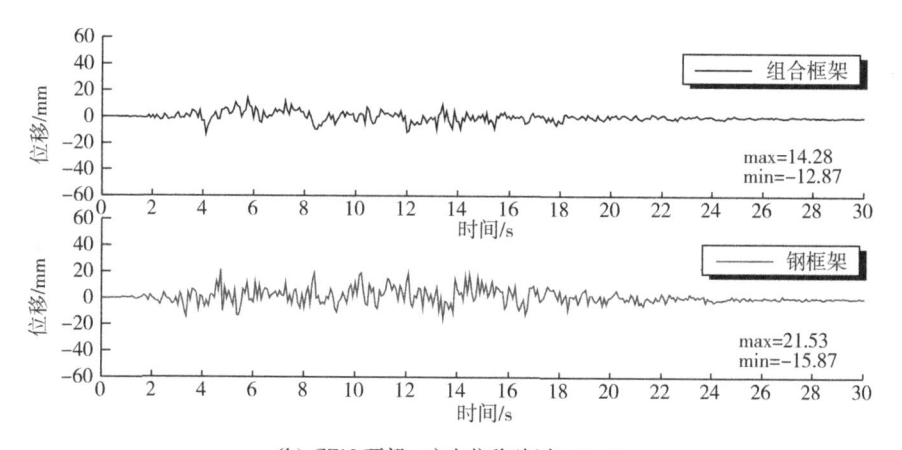

(h) CZ18 顶部 y 方向位移（标高：40 m）

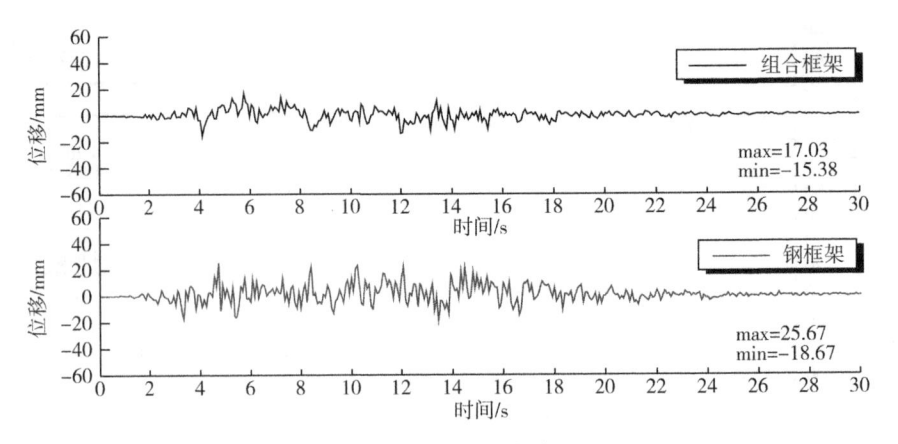

(i) CZ21顶部 y 方向位移(标高:40 m)

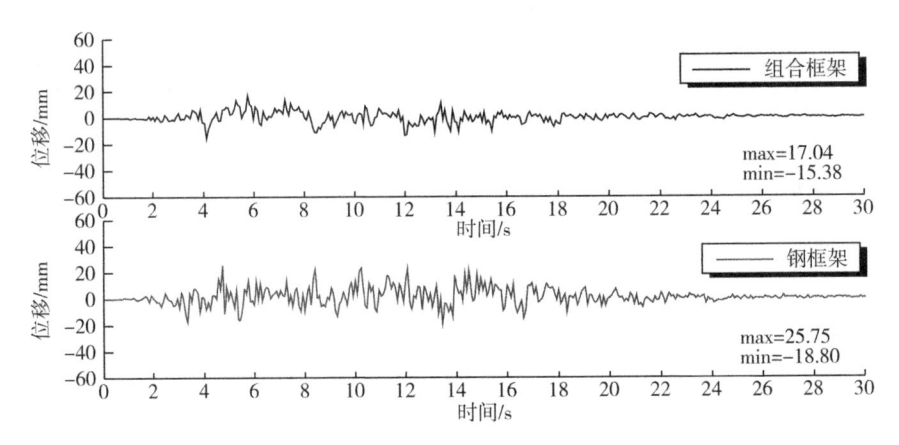

(j) CZ22顶部 y 方向位移(标高:40 m)

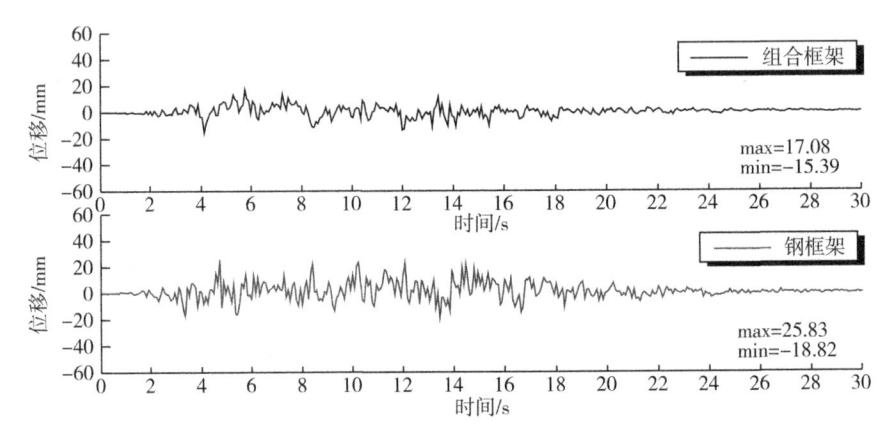

(k) CZ23顶部 y 方向位移(标高:40 m)

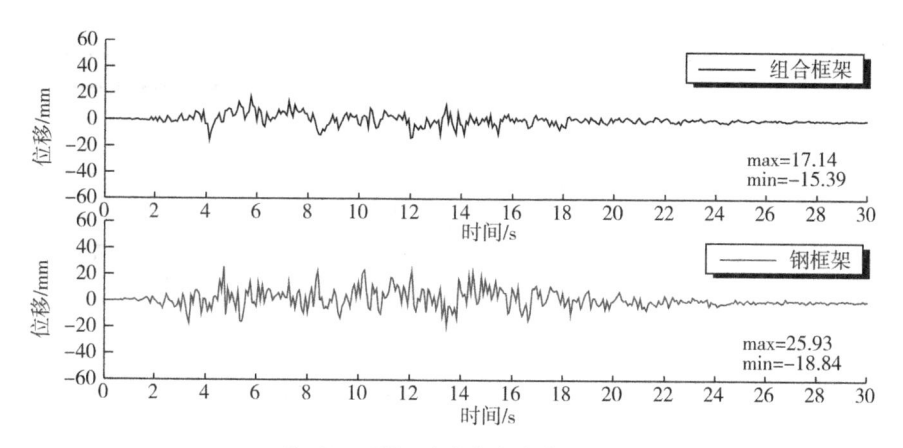

(l) CZ24 顶部 y 方向位移（标高：40 m）

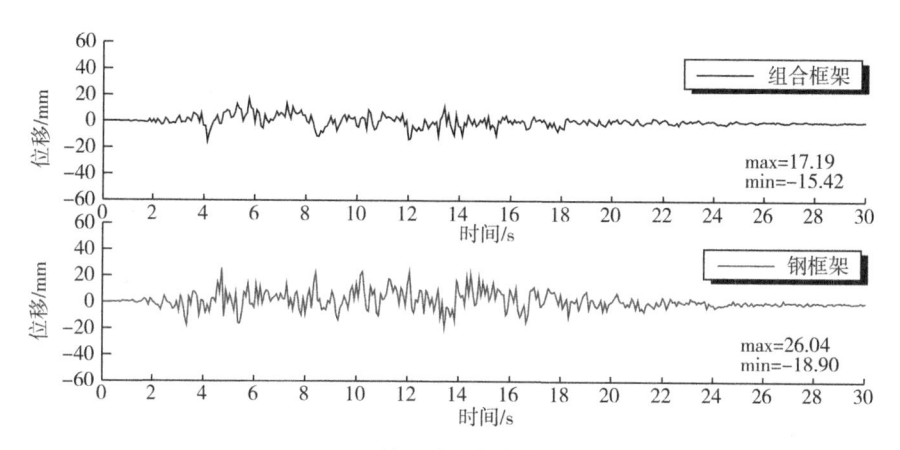

(m) CZ25 顶部 y 方向位移（标高：40 m）

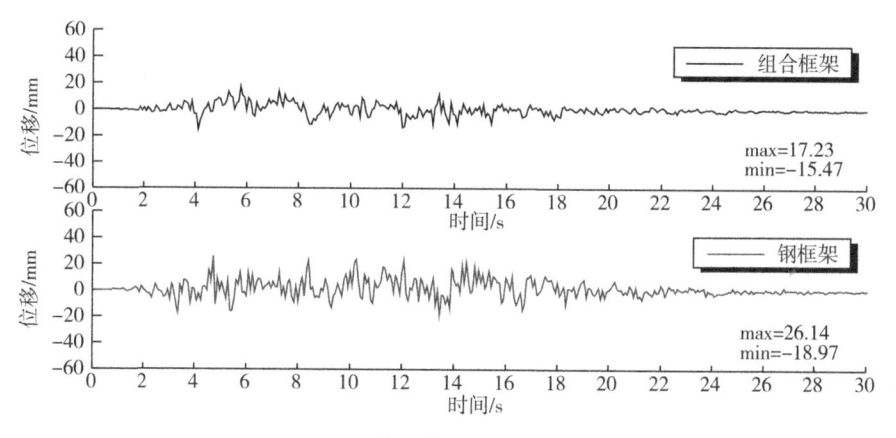

(n) CZ26 顶部 y 方向位移（标高：40 m）

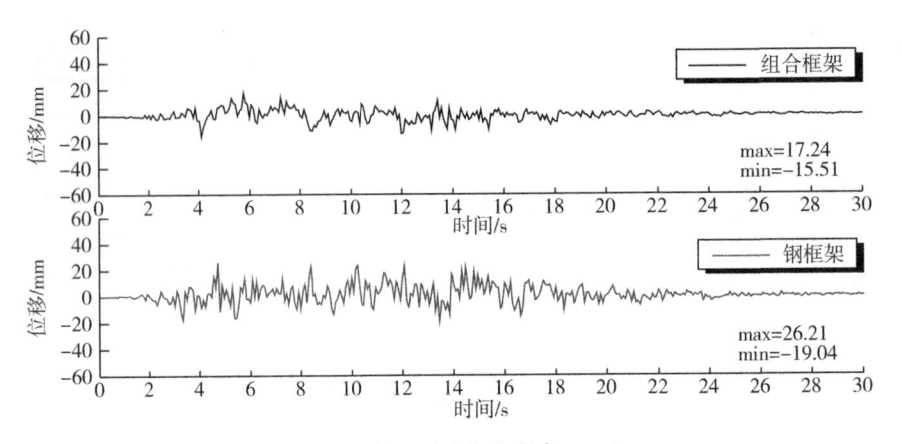

(o) CZ27 顶部 y 方向位移（标高：40 m）

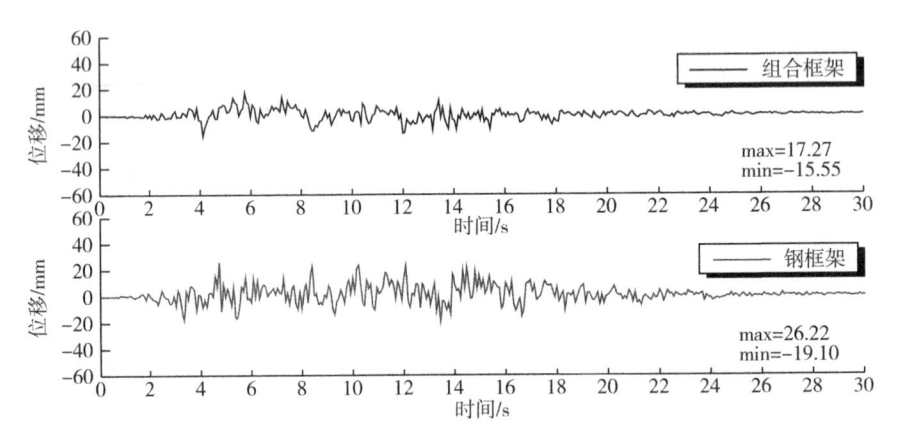

(p) CZ28 顶部 y 方向位移（标高：40 m）

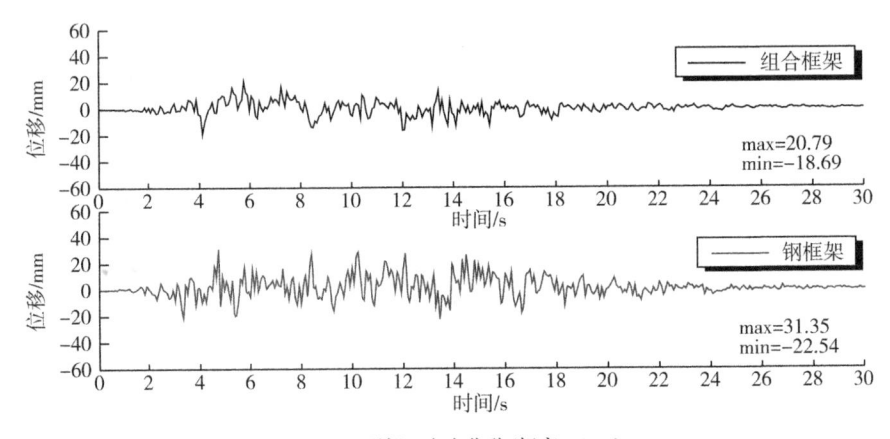

(q) CZ31 顶部 y 方向位移（标高：40 m）

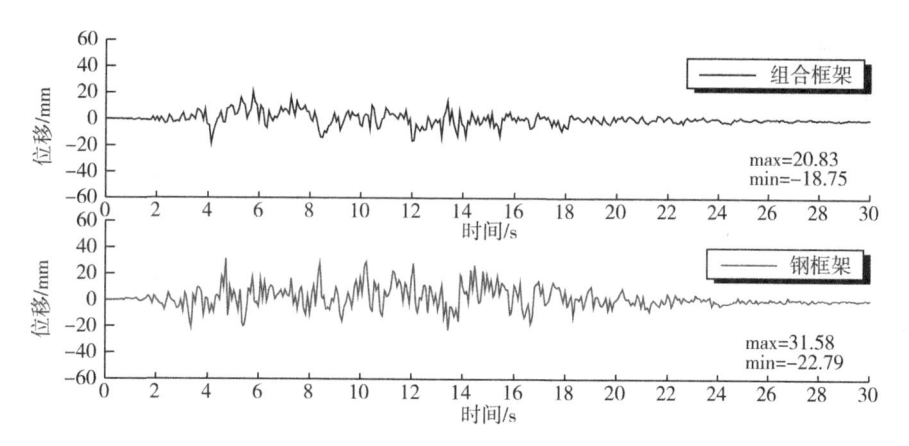

(r) CZ32 顶部 y 方向位移（标高：40 m）

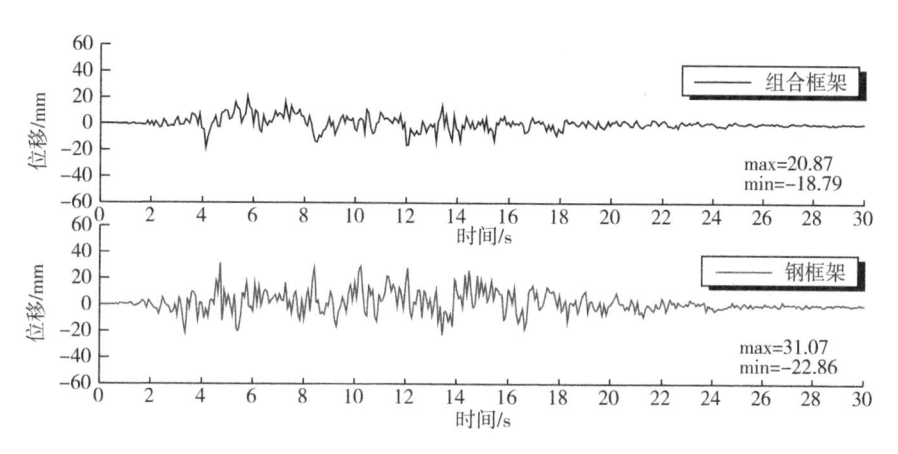

(s) CZ33 顶部 y 方向位移（标高：40 m）

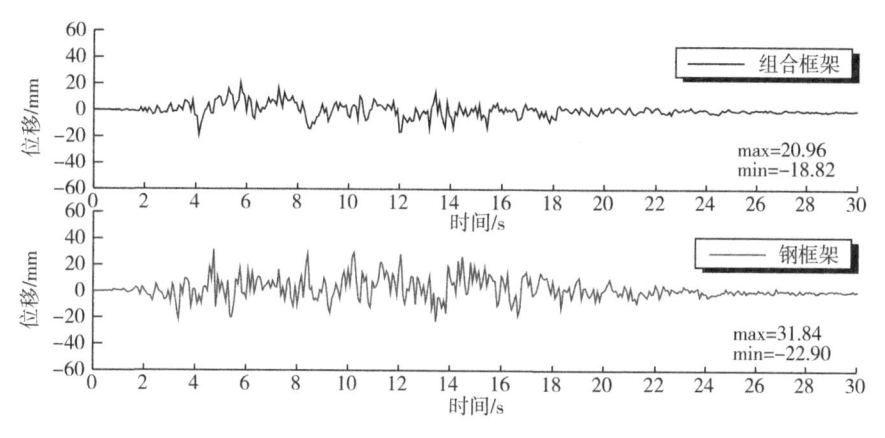

(t) CZ34 顶部 y 方向位移（标高：40 m）

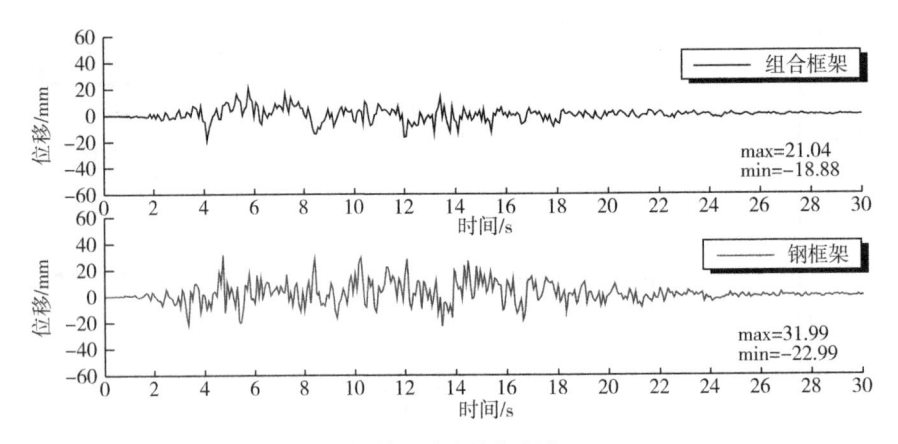

(u) CZ35 顶部 y 方向位移(标高:40 m)

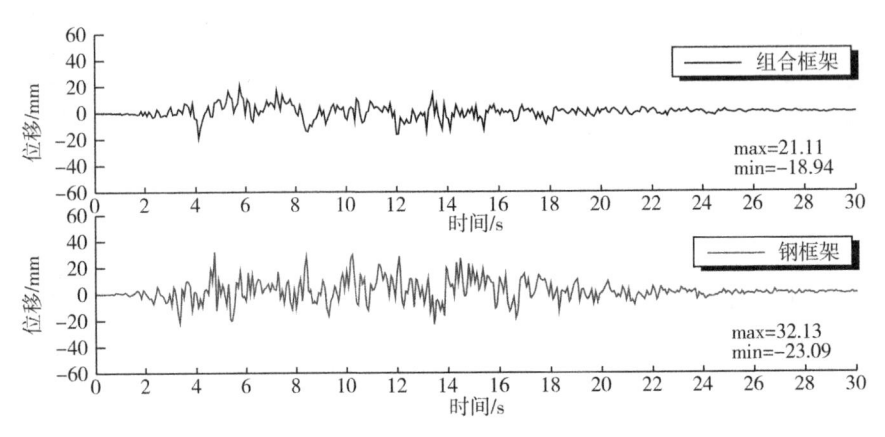

(v) CZ36 顶部 y 方向位移(标高:40 m)

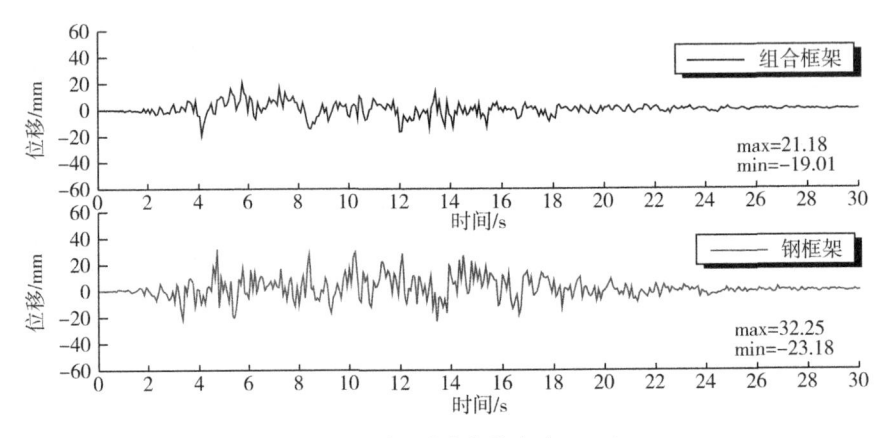

(w) CZ37 顶部 y 方向位移(标高:40 m)

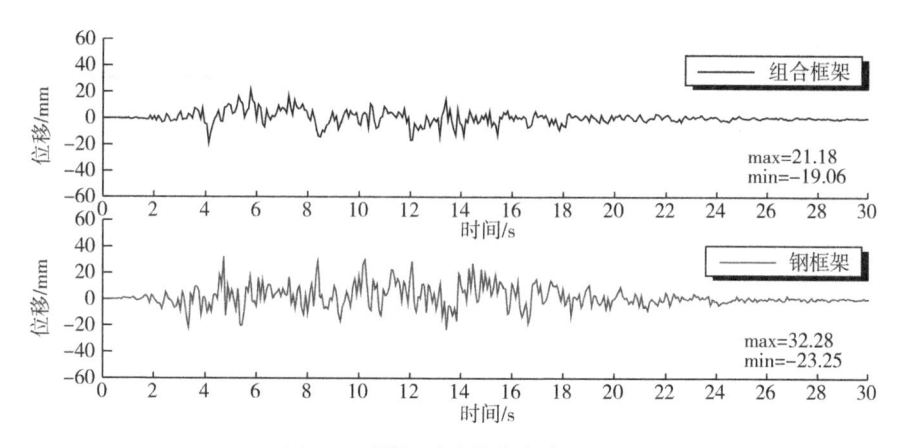

(x) CZ38 顶部 y 方向位移（标高：40 m）

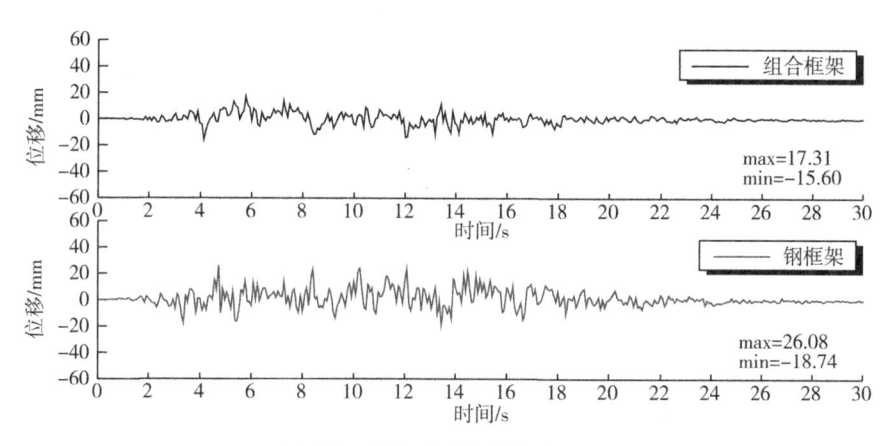

(y) CZ41 顶部 y 方向位移（标高：20 m）

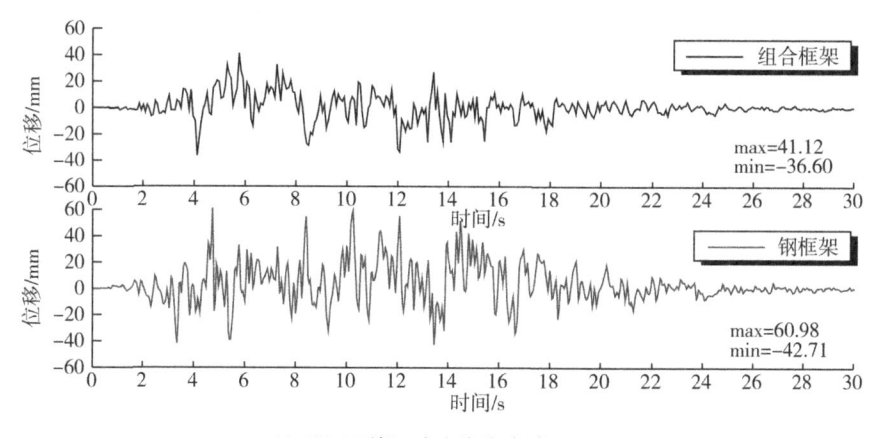

(z) CZ42 顶部 y 方向位移（标高：60 m）

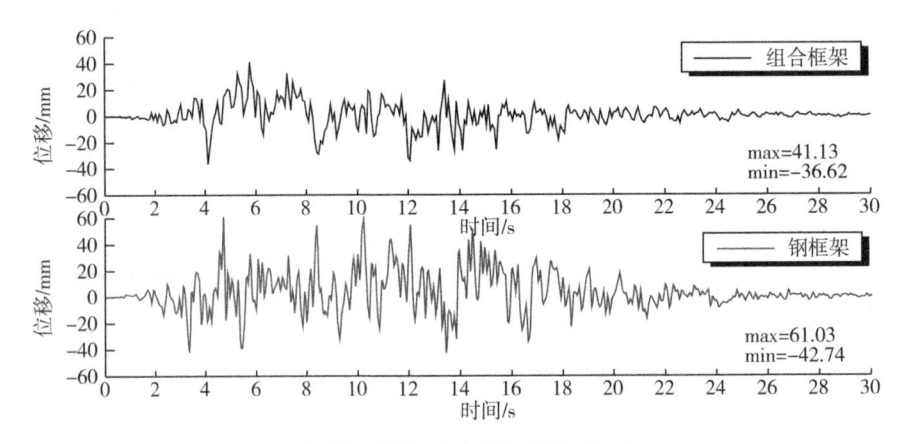

(aa) CZ43 顶部 y 方向位移（标高：60 m）

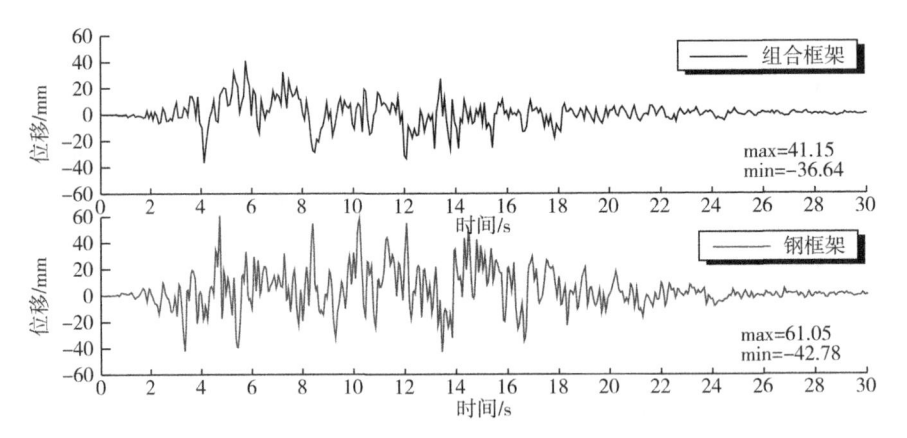

(ab) CZ44 顶部 y 方向位移（标高：60 m）

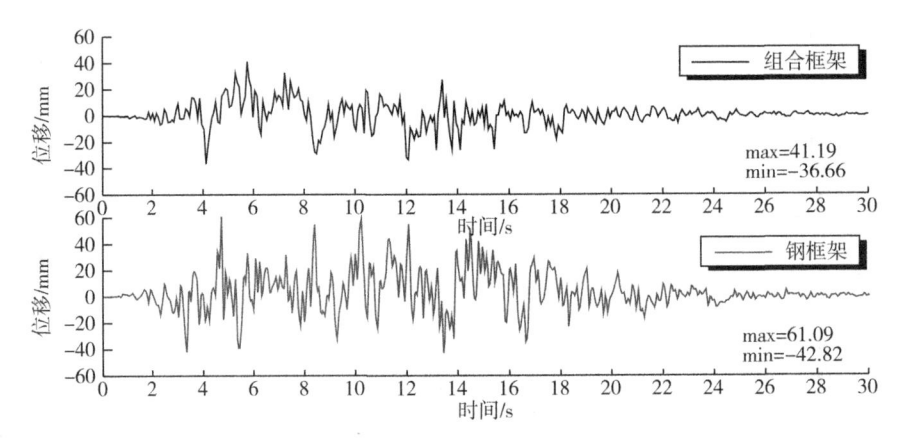

(ac) CZ45 顶部 y 方向位移（标高：60 m）

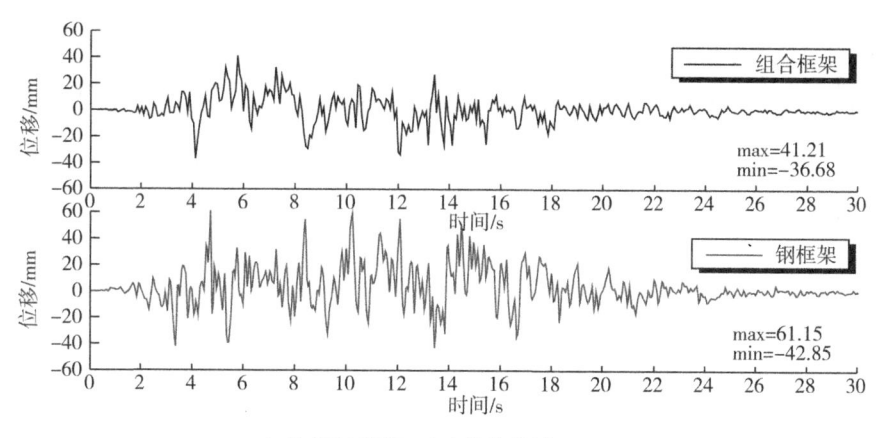

(ad) CZ46 顶部 y 方向位移(标高：60 m)

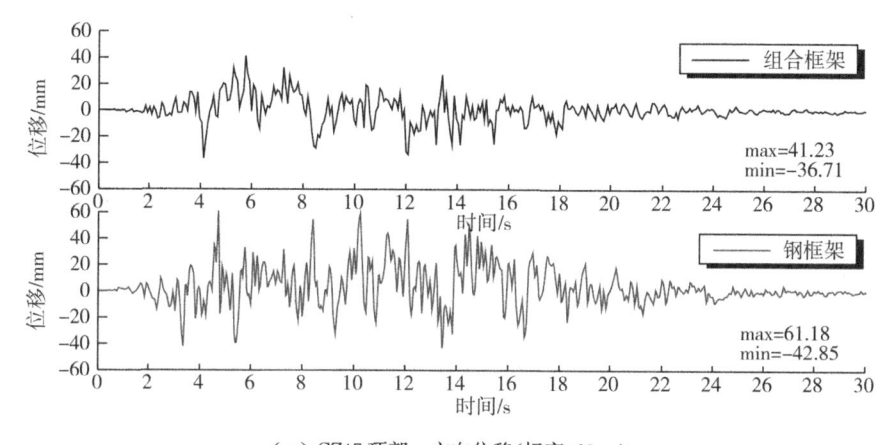

(ae) CZ47 顶部 y 方向位移(标高：60 m)

图 5.26　6 度多遇状况下水工钢混复合办公楼钢混复合柱顶部 y 方向位移对比分析

由图 5.26 分析表明，在 6 度多遇人工地震波作用下，一方面钢与混凝土的组合作用使得模型的整体 y 方向抗侧刚度显著增加，另一方面这种组合效应也使得结构周期变短，整体协调能力变强，进而使得抵抗地震作用能力变强。通过图 5.26(a)～(h)、图 5.26(i)～(p)、图 5.26(q)～(x)分析，对于该大型组合框架而言，与钢框架模型相比，地震波作用导致钢-混凝土复合柱的顶部 y 方向最大位移相较于空心钢管柱的顶部 y 方向最大位移显著减小，采用复合柱替换空心钢管柱，提高了动力安全保障系数。进一步表明，忽略钢与混凝土的组合作用同样会低估柱结构顶部的 y 方向最大位移响应。

图 5.27 所示为水工钢混复合办公楼的 y 方向层间侧移响应的对比情况。

(a) CZ11 层间侧移

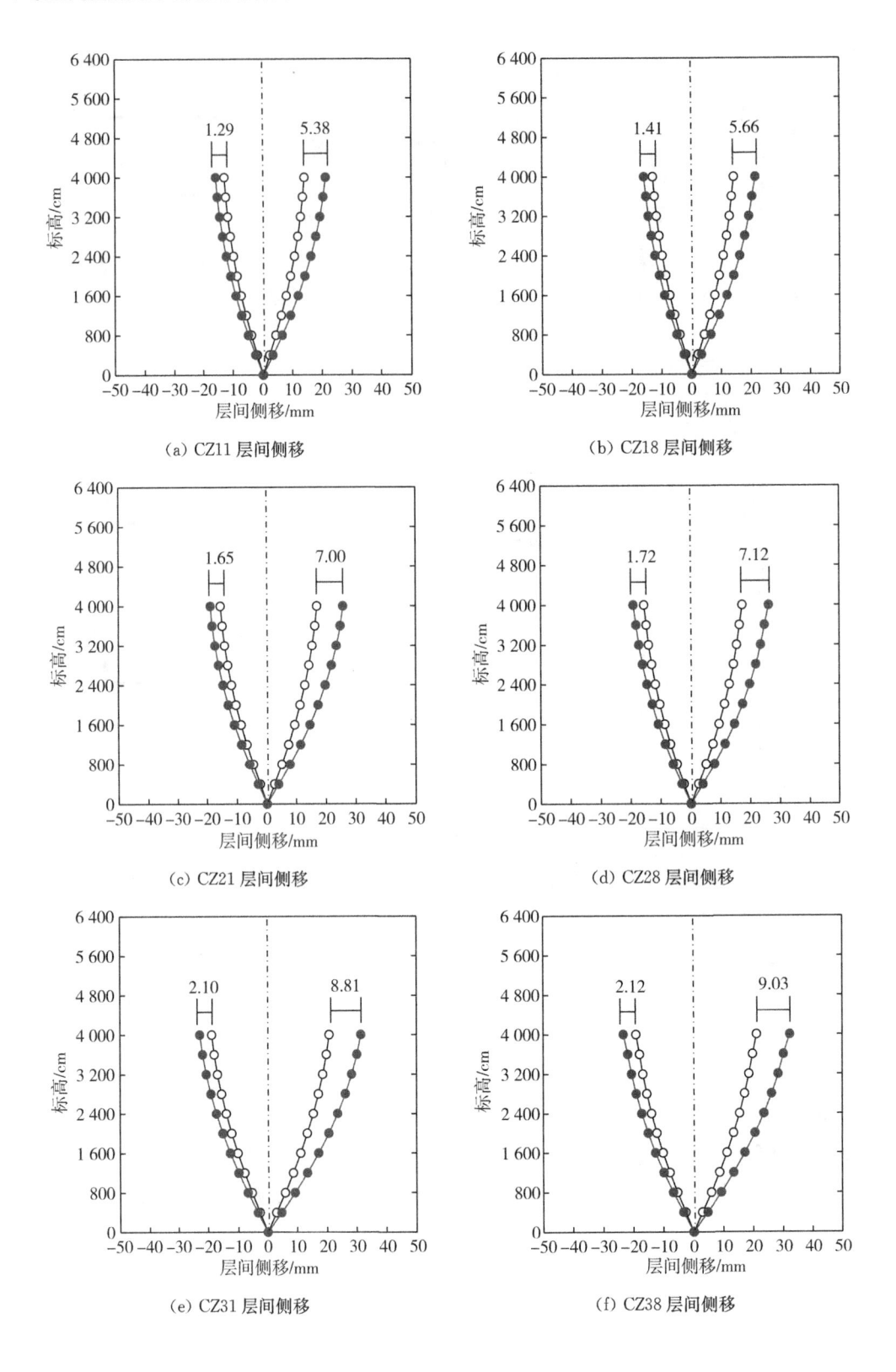

(b) CZ18 层间侧移

(c) CZ21 层间侧移

(d) CZ28 层间侧移

(e) CZ31 层间侧移

(f) CZ38 层间侧移

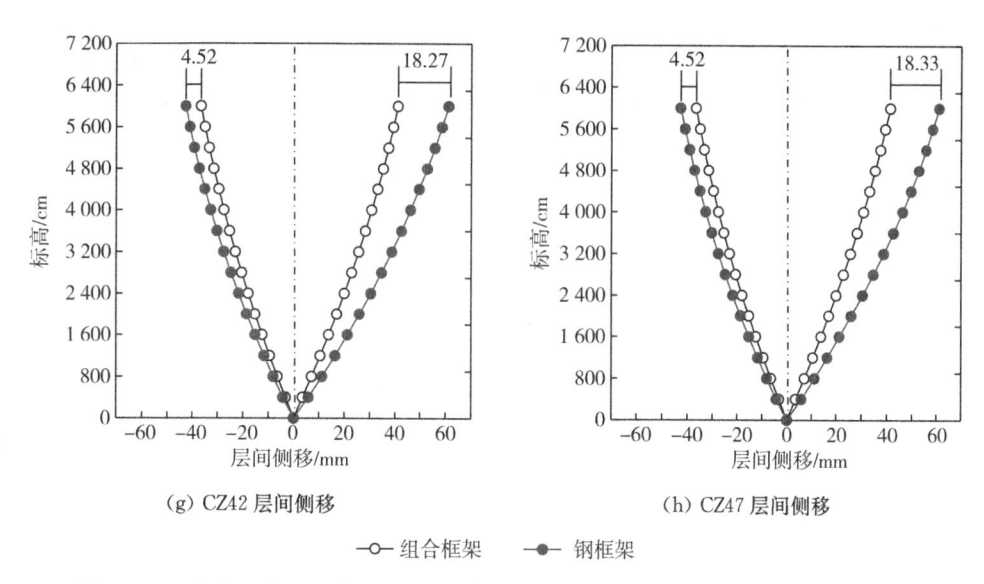

(g) CZ42 层间侧移　　　　　　　　(h) CZ47 层间侧移

—○— 组合框架　　—●— 钢框架

图 5.27　6 度多遇状况下水工钢混复合办公楼钢混复合柱 y 方向层间侧移对比分析

由图 5.27 分析表明,对于 6 度多遇风险而言,采用钢管混凝土复合柱在标高 40 m 位置处的 y 方向层间侧移最大值与 y 方向层间侧移最小值较相同条件、相同标高位置下钢管柱分别减小 5.38～9.03 mm 与 1.29～2.12 mm,采用钢管混凝土复合柱在标高 60 m 位置处的 y 方向层间侧移最大值与 y 方向层间侧移最小值较相同条件、相同标高位置下钢管柱分别减小 18.27～18.33 mm 与 4.52 mm。进一步分析表明,是否考虑柱中钢与混凝土组合作用和楼板组合效应对 y 方向层间侧移时程响应结果影响同样十分显著。因此,y 方向层间侧移量作为结构抗震设计方法的一个关键性能指标,也不能完全忽略其影响。通过进一步对比分析表明,与钢框架模型相比,人工地震波作用对于下层的最大层间侧移影响很小,而对于上层的最大层间侧移在一定范围内有显著影响,也同样使得组合框架的薄弱层下移,对于结构设计仍然是不利因素。

3. 6 度罕遇风险下水工钢混复合办公楼 x 方向韧性特性安全分析

以图 5.19 中人工地震波输出数据从 x 方向对构建的模型结构进行输入,计算其在 6 度罕遇条件下的 x 方向响应特性,探讨水工钢混复合办公楼钢-混凝土复合柱的 x 方向位移响应,以及 x 方向层间侧移响应。并以纯钢框架模型作为对比组,得到图 5.28 所示的 31 根不同位置处、不同类型柱顶部 x 方向位移响应时程曲线的对比情况。

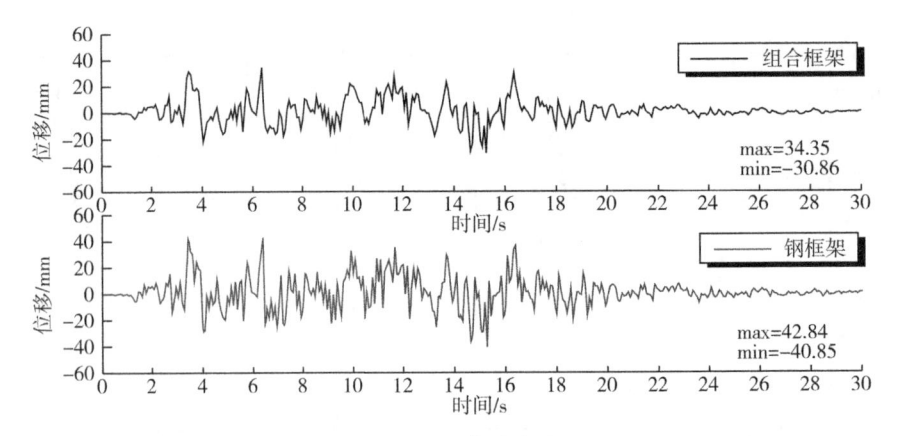

(a) CZ11顶部 x 方向位移(标高:40 m)

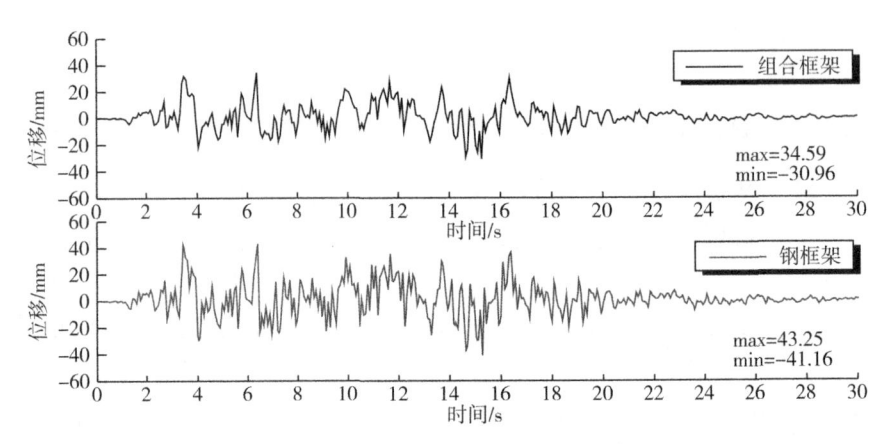

(b) CZ12顶部 x 方向位移(标高:40 m)

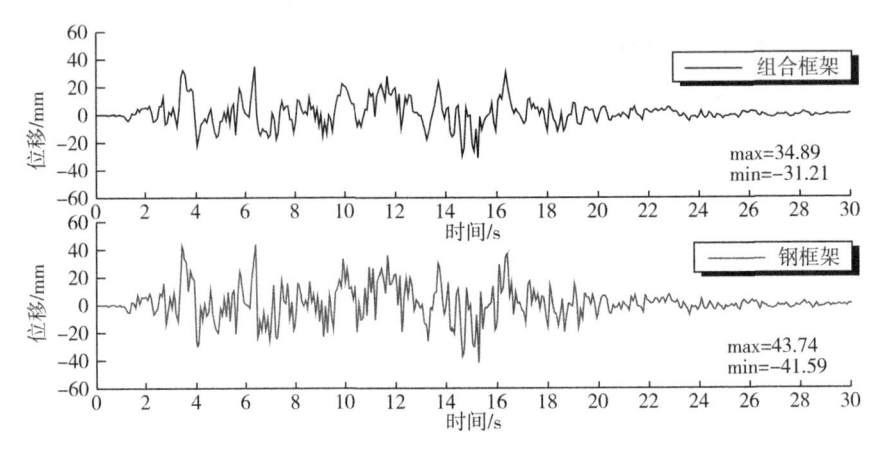

(c) CZ13顶部 x 方向位移(标高:40 m)

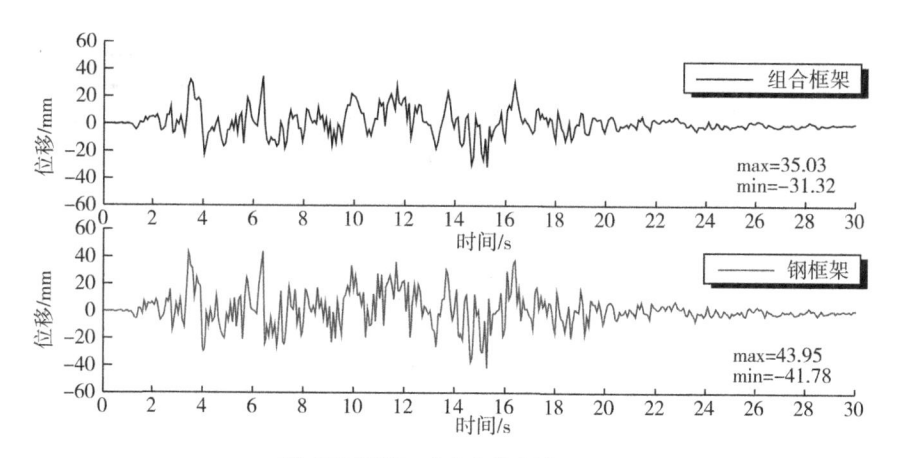

(d) CZ14 顶部 x 方向位移（标高：40 m）

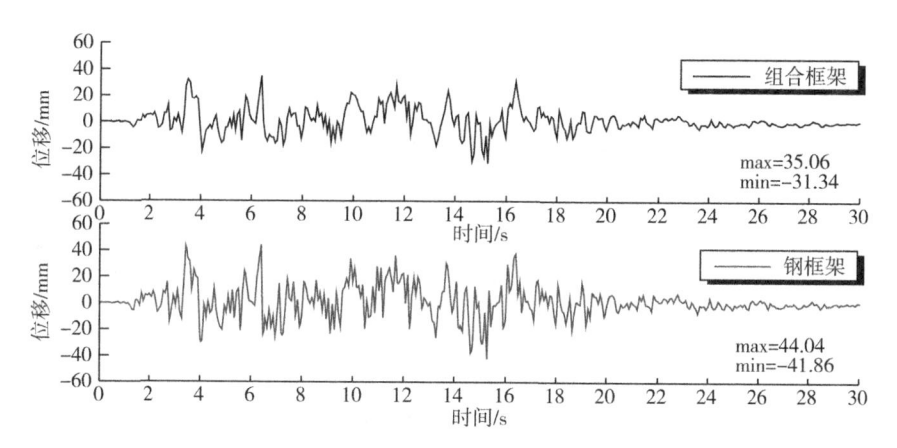

(e) CZ15 顶部 x 方向位移（标高：40 m）

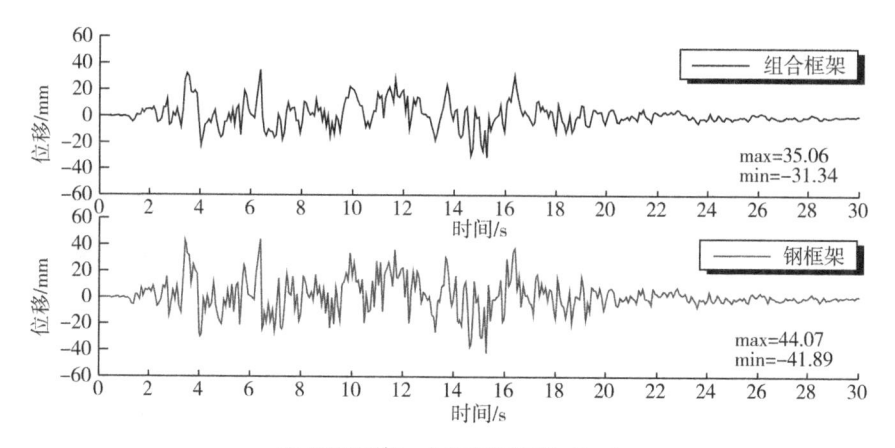

(f) CZ16 顶部 x 方向位移（标高：40 m）

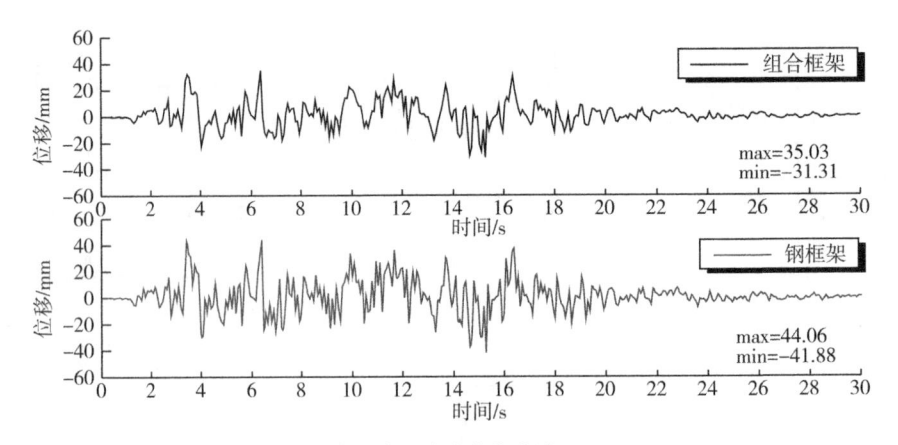

(g) CZ17顶部x方向位移(标高:40 m)

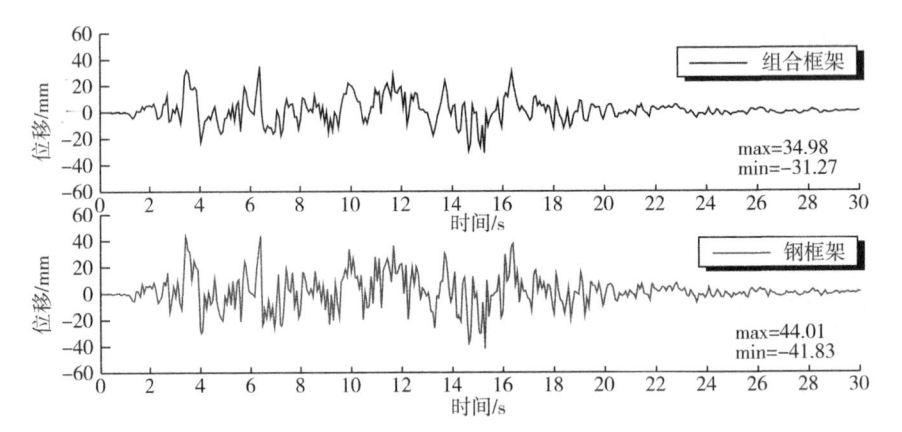

(h) CZ18顶部x方向位移(标高:40 m)

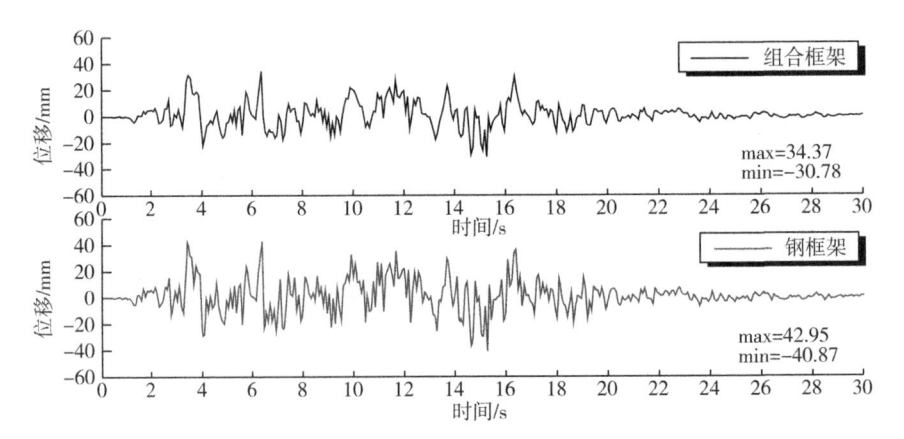

(i) CZ21顶部x方向位移(标高:40 m)

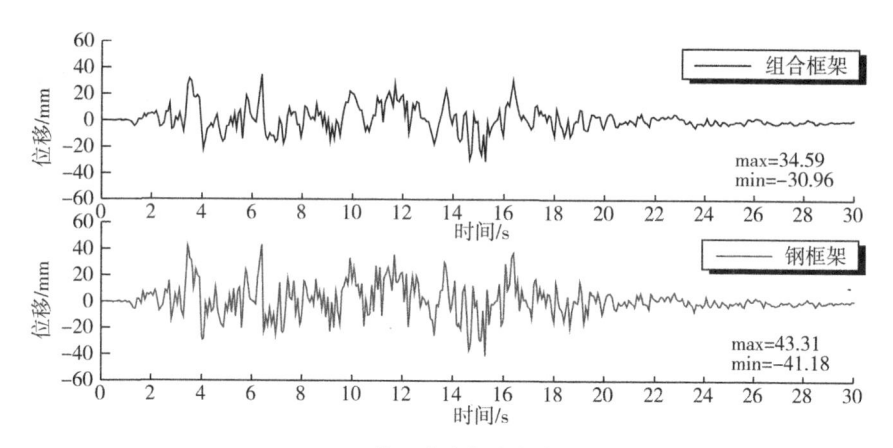

(j) CZ22 顶部 x 方向位移（标高：40 m）

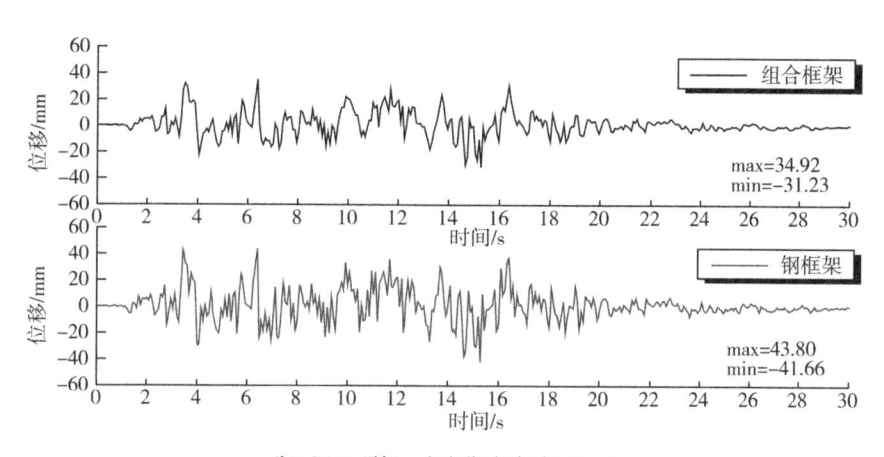

(k) CZ23 顶部 x 方向位移（标高：40 m）

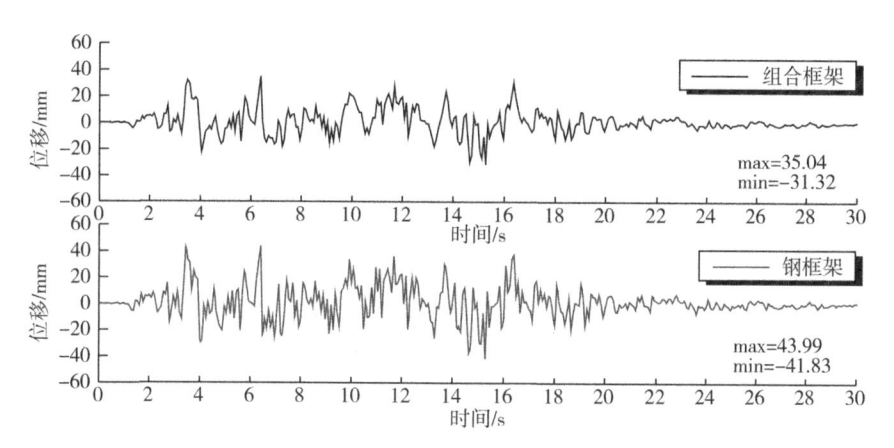

(l) CZ24 顶部 x 方向位移（标高：40 m）

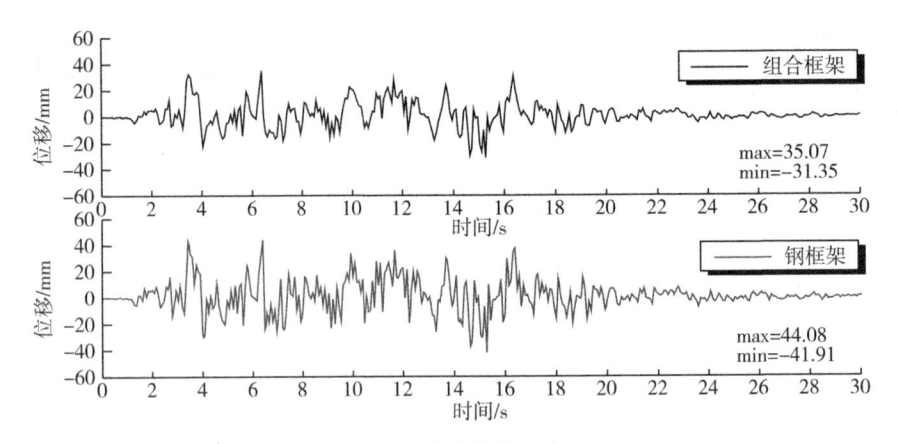

(m) CZ25 顶部 x 方向位移(标高:40 m)

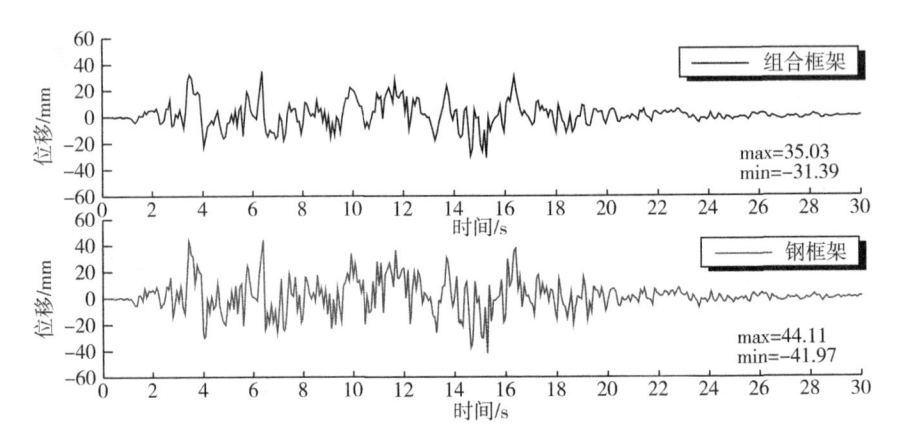

(n) CZ26 顶部 x 方向位移(标高:40 m)

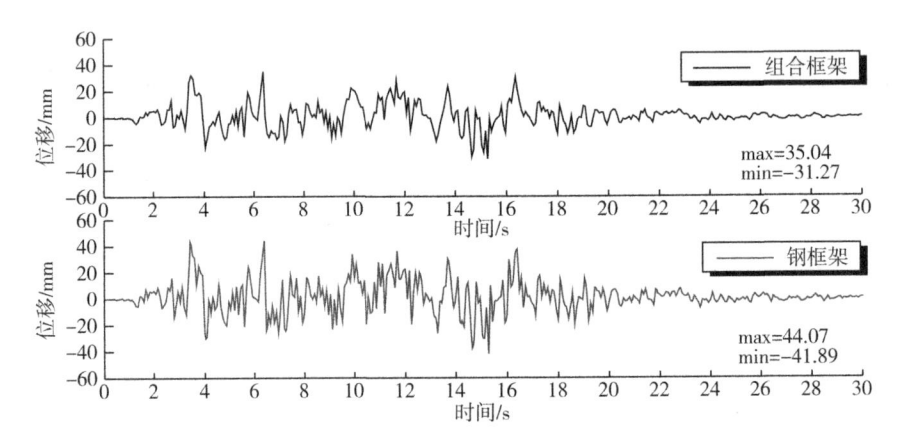

(o) CZ27 顶部 x 方向位移(标高:40 m)

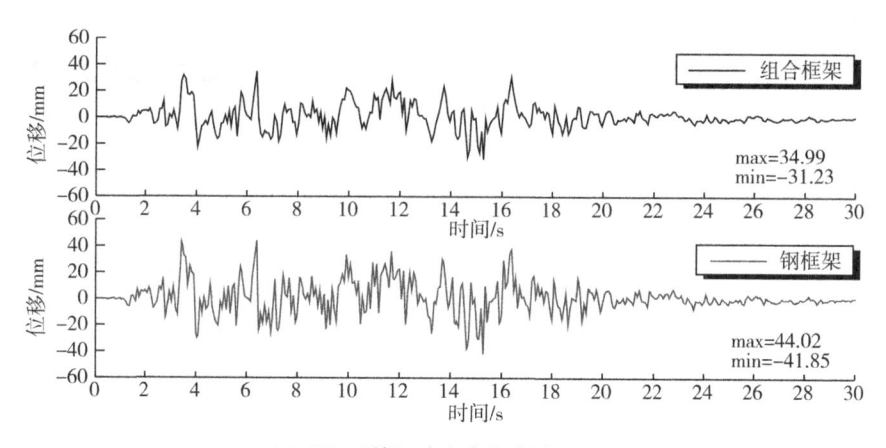

(p) CZ28 顶部 x 方向位移(标高:40 m)

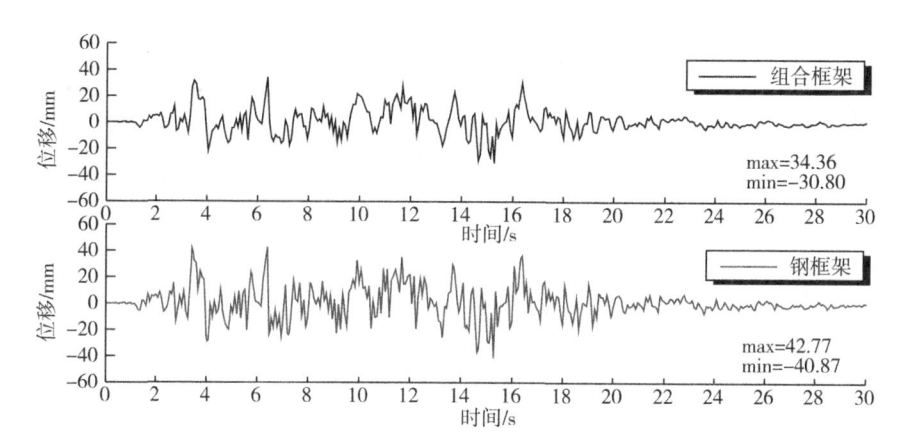

(q) CZ31 顶部 x 方向位移(标高:40 m)

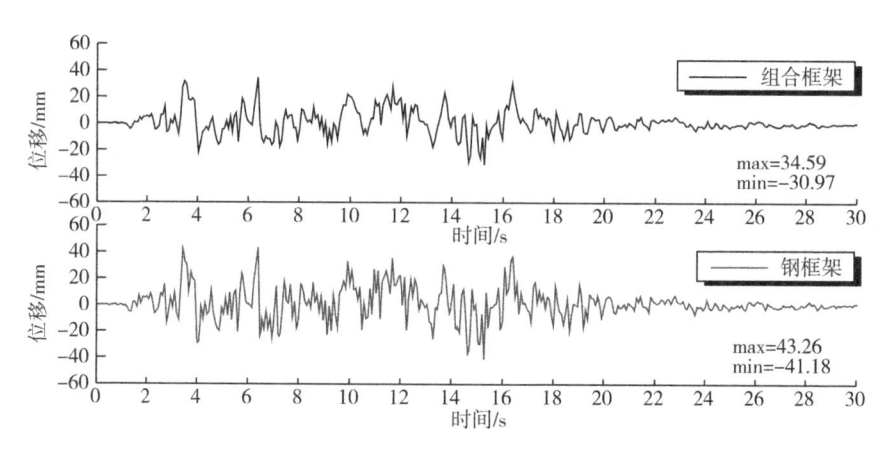

(r) CZ32 顶部 x 方向位移(标高:40 m)

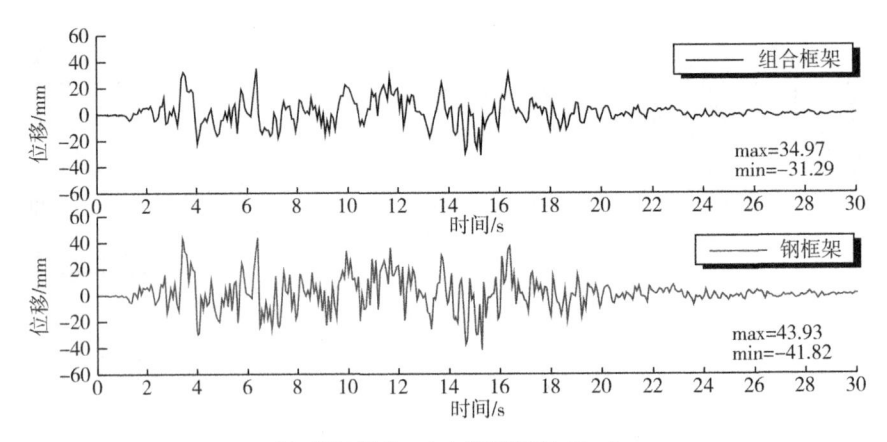

(s) CZ33顶部 x 方向位移(标高:40 m)

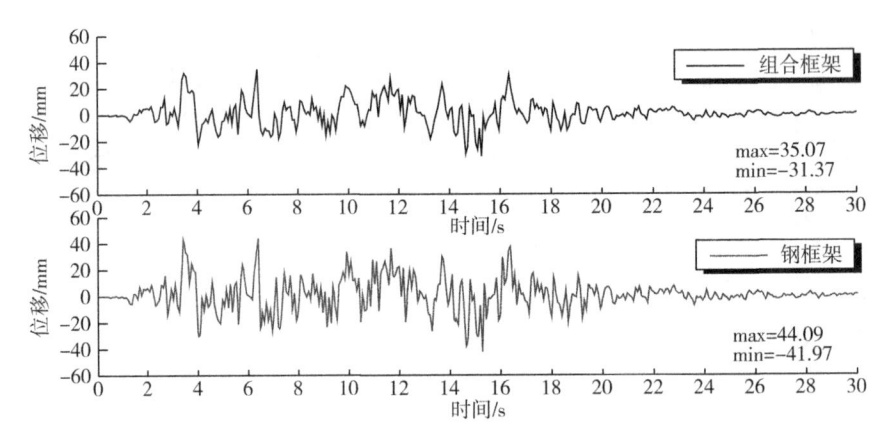

(t) CZ34顶部 x 方向位移(标高:40 m)

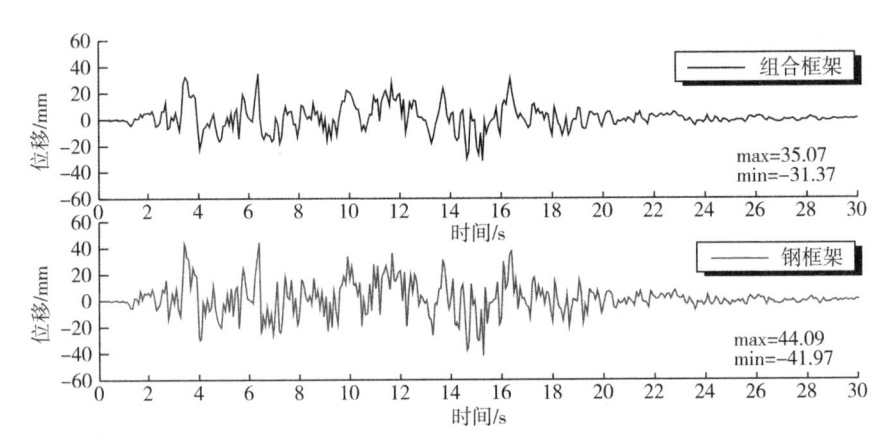

(u) CZ35顶部 x 方向位移(标高:40 m)

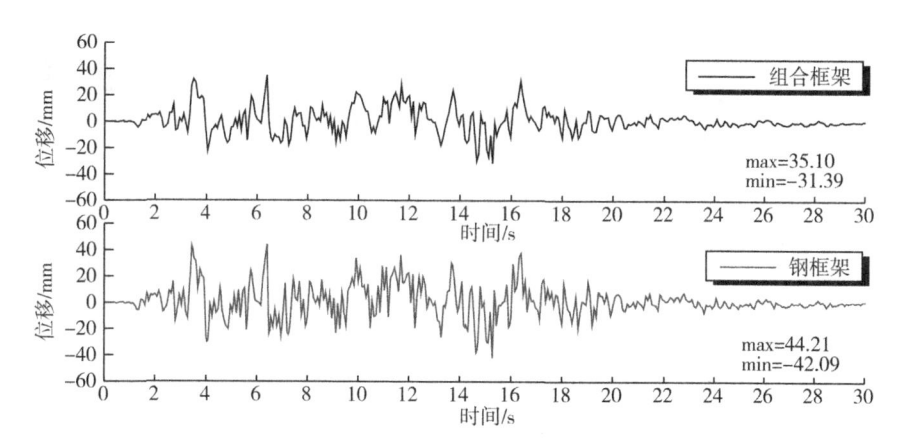

(v) CZ36 顶部 x 方向位移(标高:40 m)

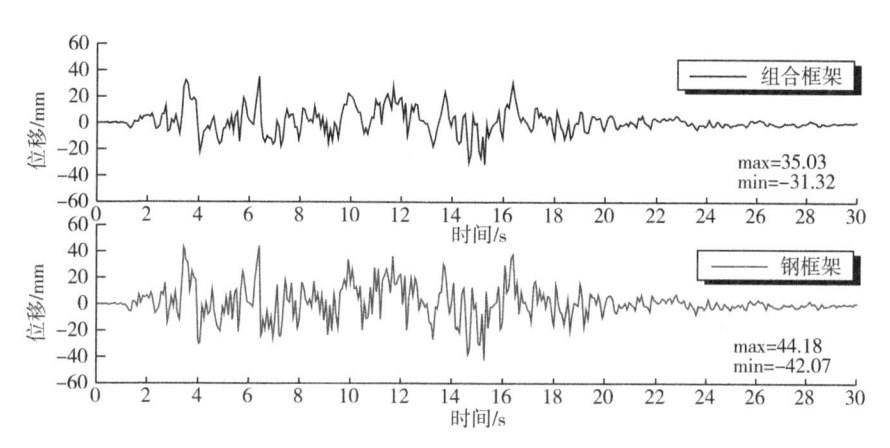

(w) CZ37 顶部 x 方向位移(标高:40 m)

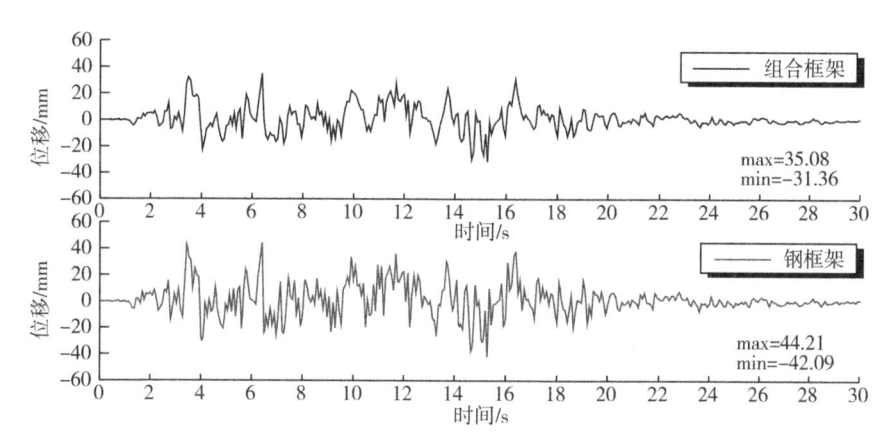

(x) CZ38 顶部 x 方向位移(标高:40 m)

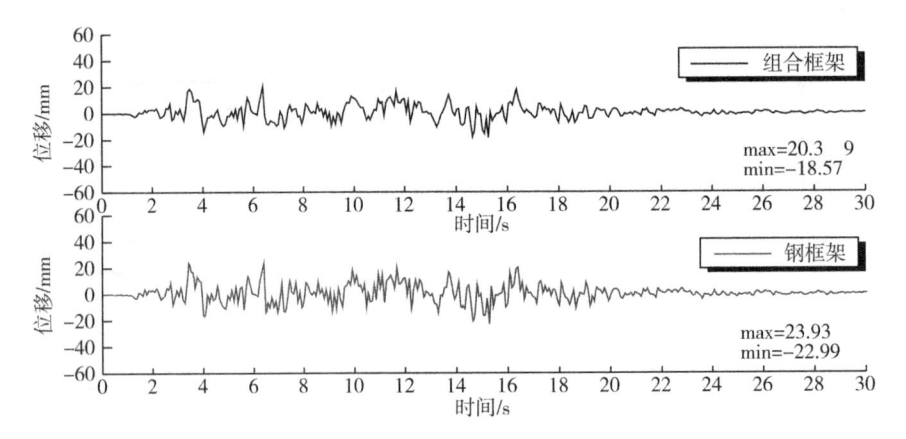

(y) CZ41顶部 x 方向位移（标高：20 m）

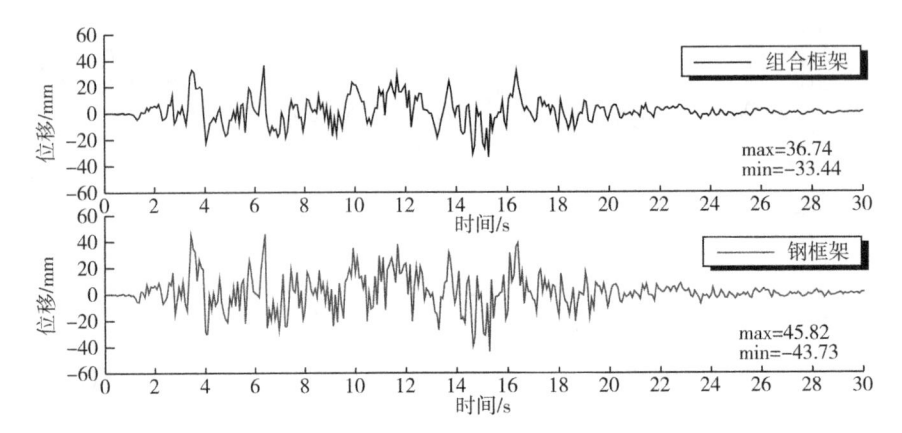

(z) CZ42顶部 x 方向位移（标高：60 m）

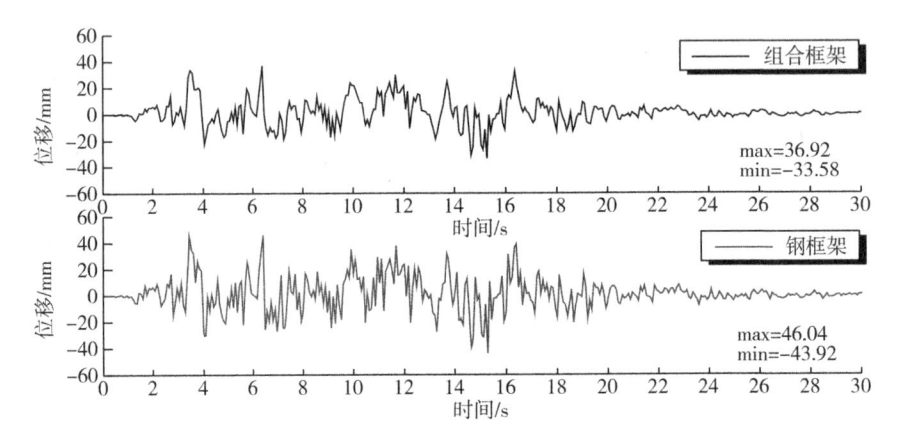

(aa) CZ43顶部 x 方向位移（标高：60 m）

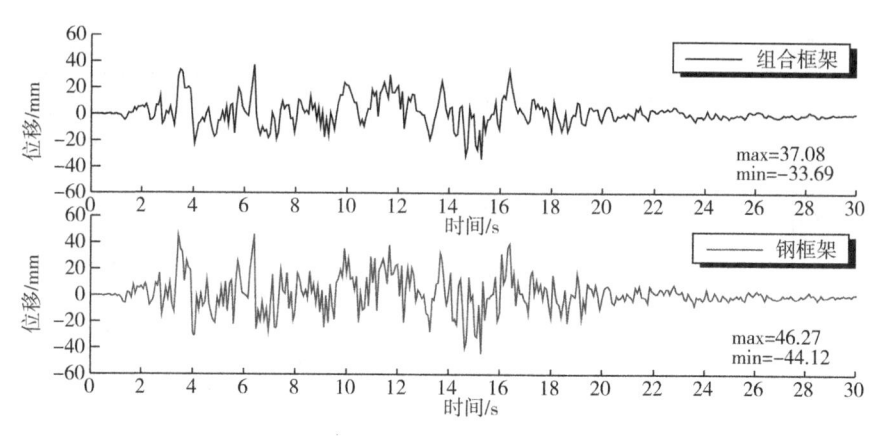

(ab) CZ44 顶部 x 方向位移(标高：60 m)

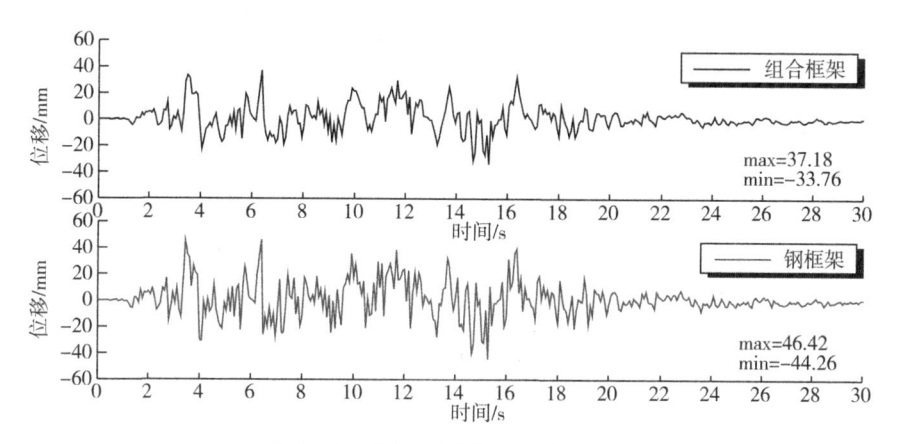

(ac) CZ45 顶部 x 方向位移(标高：60 m)

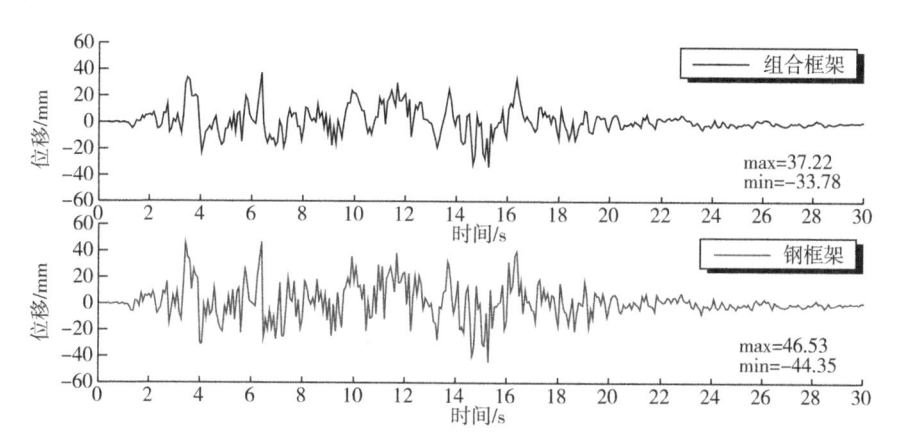

(ad) CZ46 顶部 x 方向位移(标高：60 m)

(ae) CZ47顶部 x 方向位移（标高：60 m）

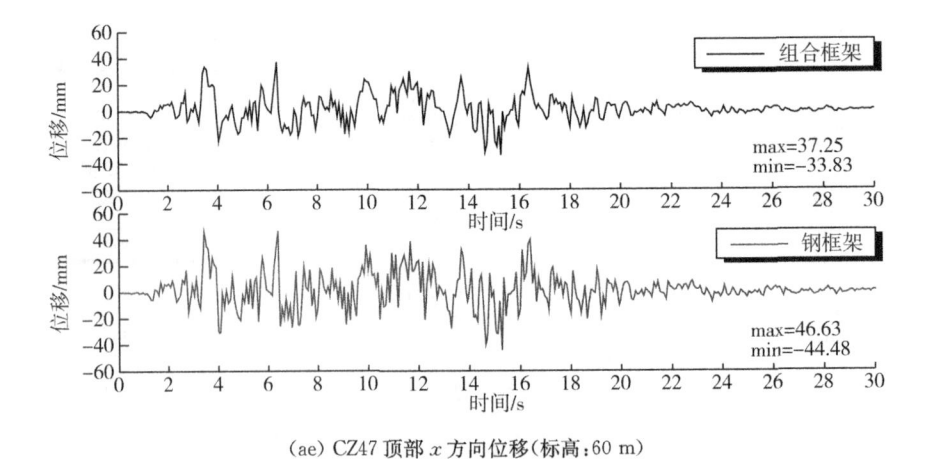

图 5.28　6 度罕遇状况下水工钢混复合办公楼钢混复合柱顶部 x 方向位移对比分析

由图 5.28 分析表明，在 6 度罕遇人工地震波作用下，一方面钢与混凝土的组合作用使得模型的整体 x 方向抗侧刚度显著增加，另一方面这种组合效应使得整体协调能力变强，抵抗地震作用能力变强。通过图 5.28(a)~(h)、图 5.28(i)~(p)、图 5.28(q)~(x)分析，对于该大型组合框架而言，与钢框架模型相比，地震波作用导致钢-混凝土复合柱的顶部 x 方向最大位移相较于空心钢管柱的顶部 x 方向最大位移显著减小，采用复合柱替换空心钢管柱，提高了 6 度罕遇地震动力安全保障系数。进一步表明，忽略钢与混凝土的组合作用会低估柱结构顶部的 x 方向最大位移响应。对上述结果进行综合分析，从工程角度来讲，关于导致设计偏于不安全的因素均应考虑在内，因此，将钢-混凝土组合作用替换空心钢管柱作用考虑在内的设计思路将十分必要。

图 5.29 所示为 6 度罕遇风险下水工钢混复合办公楼的 x 方向层间侧移响应的对比情况。

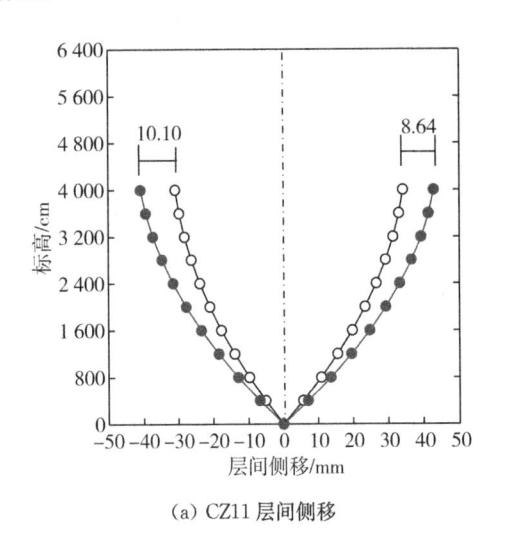

(a) CZ11 层间侧移　　　　　　(b) CZ18 层间侧移

(c) CZ21 层间侧移

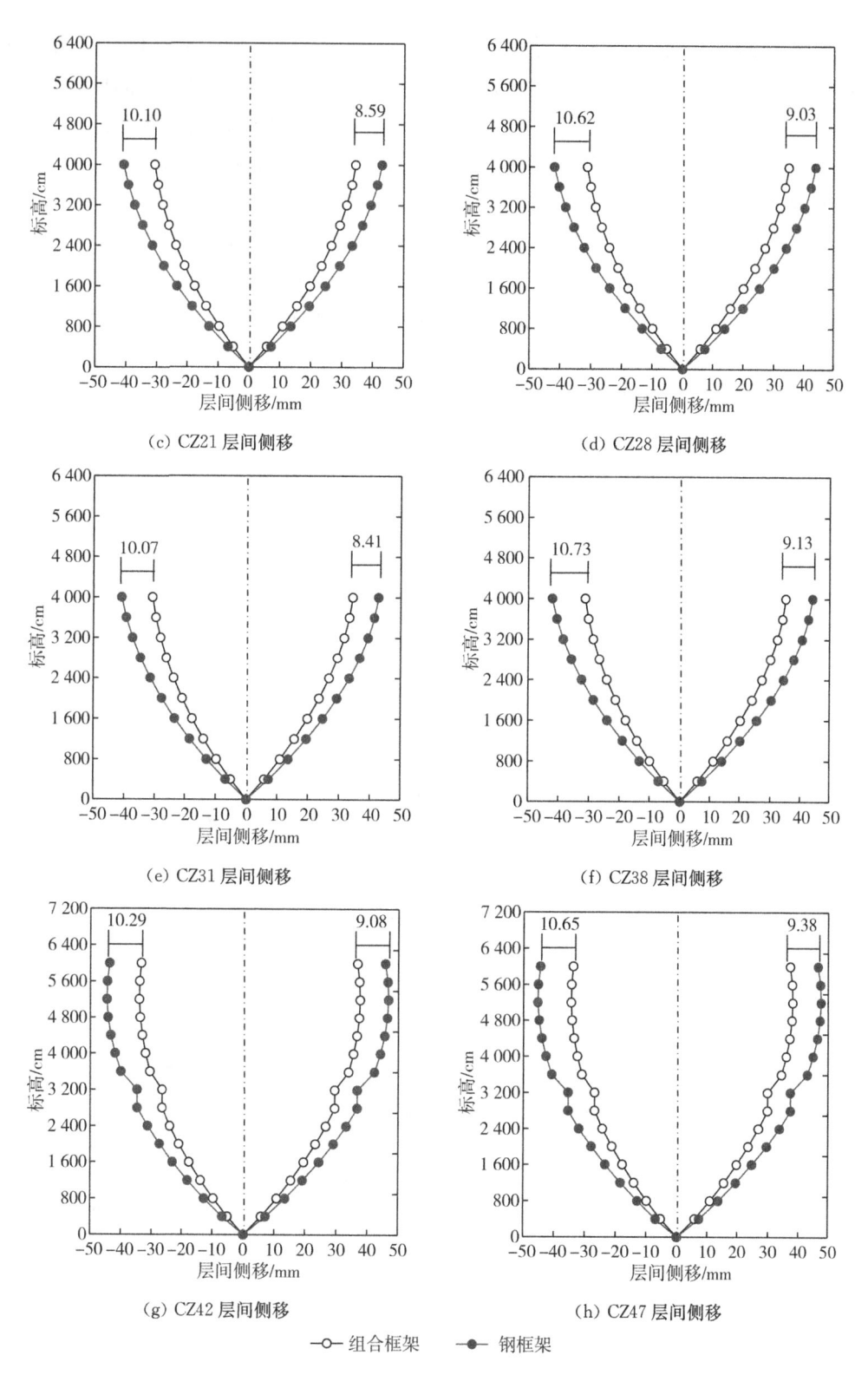

(d) CZ28 层间侧移

(e) CZ31 层间侧移

(f) CZ38 层间侧移

(g) CZ42 层间侧移

(h) CZ47 层间侧移

—○— 组合框架　　—●— 钢框架

图 5.29　6 度罕遇状况下水工钢混复合办公楼钢混复合柱 x 方向层间侧移对比分析

由图 5.29 分析表明,对于 6 度罕遇风险而言,采用钢管混凝土复合柱在标高 40 m 位置处的 x 方向层间侧移最大值与 x 方向层间侧移最小值较相同条件、相同标高位置下钢管柱分别减小 8.41～9.13 mm 与 10.10～10.73 mm,采用钢管混凝土复合柱在标高 60 m 位置处的 x 方向层间侧移最大值与 x 方向层间侧移最小值较相同条件、相同标高位置下钢管柱分别减小 9.08～9.38 mm 与 10.29～10.65 mm。进一步分析表明,是否考虑柱中钢与混凝土组合作用对 x 方向层间侧移时程响应结果影响十分显著。因此,x 方向层间侧移量作为结构抗震设计方法的一个关键性能指标,不能完全忽略其影响。通过进一步对比分析表明,与钢框架模型相比,人工地震波作用对于下层的最大层间侧移影响很小,而对于上层的最大层间侧移在一定范围内具有显著影响,也同样使得组合框架的薄弱层下移,对于结构设计仍然是不利因素。

4. 6 度罕遇风险下水工钢混复合办公楼 y 方向韧性特性安全分析

以图 5.19 中人工地震波输出数据从 y 方向对构建的模型结构进行输入,计算其在 6 度罕遇条件下的 y 方向响应特性,探讨水工钢混复合办公楼钢-混凝土复合柱的 y 方向位移响应,以及 y 方向层间侧移响应。并以纯钢框架模型作为对比组,得到图 5.30 所示的 31 根不同位置处、不同类型柱顶部 y 方向位移响应时程曲线的对比情况。

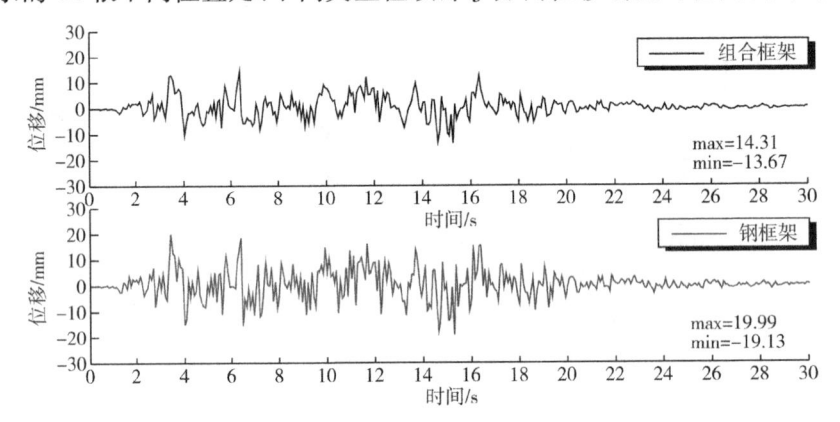

(a) CZ11 顶部 y 方向位移(标高:40 m)

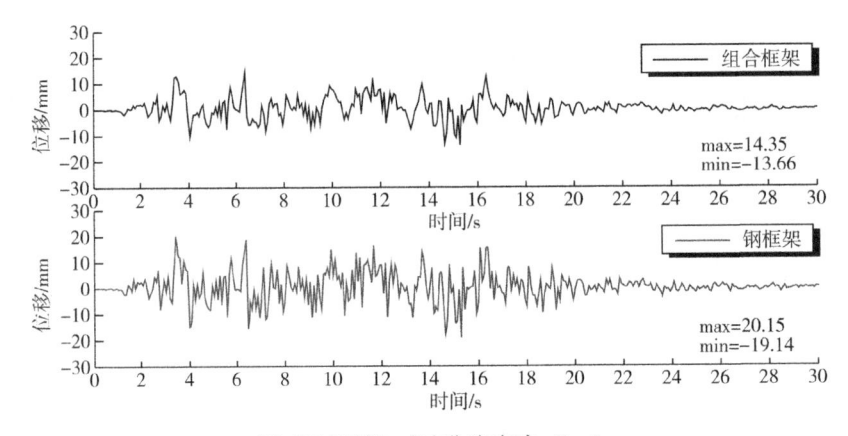

(b) CZ12 顶部 y 方向位移(标高:40 m)

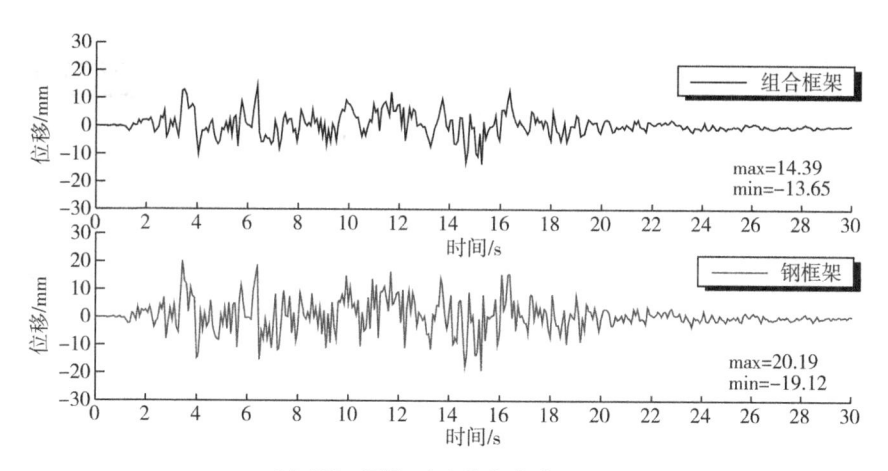

(c) CZ13 顶部 y 方向位移（标高：40 m）

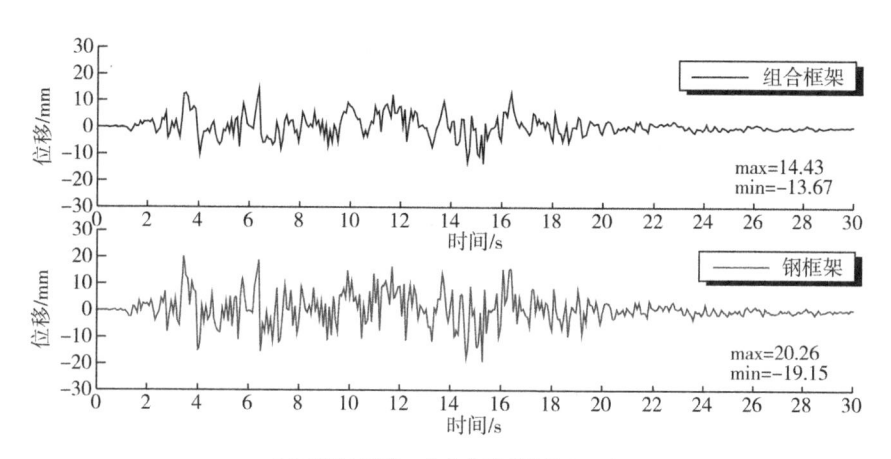

(d) CZ14 顶部 y 方向位移（标高：40 m）

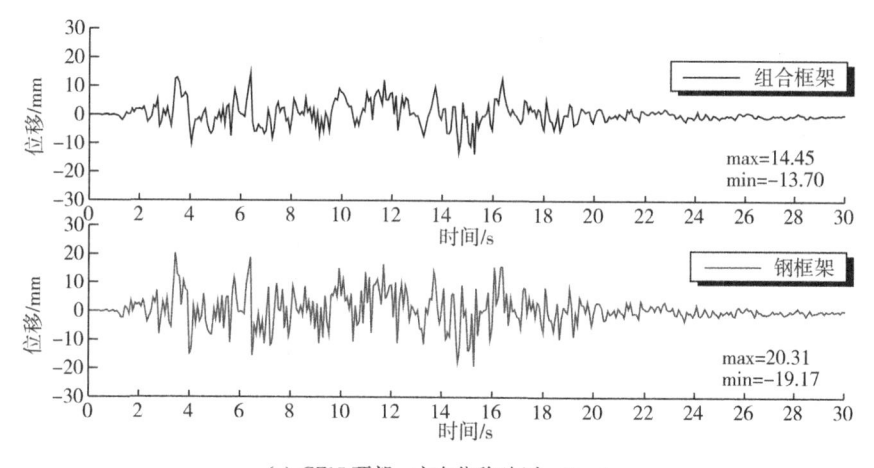

(e) CZ15 顶部 y 方向位移（标高：40 m）

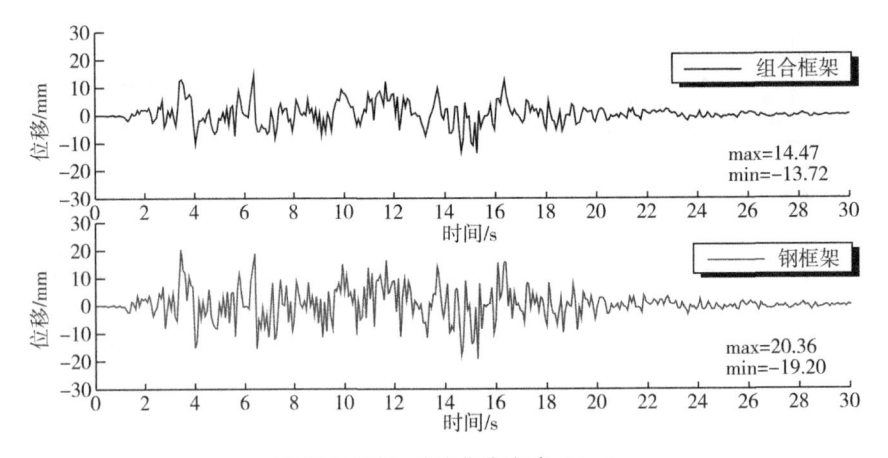

(f) CZ16 顶部 y 方向位移(标高：40 m)

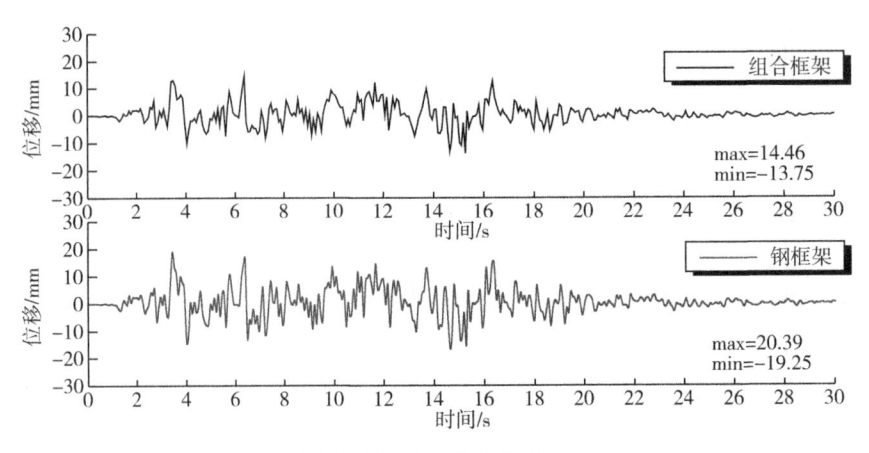

(g) CZ17 顶部 y 方向位移(标高：40 m)

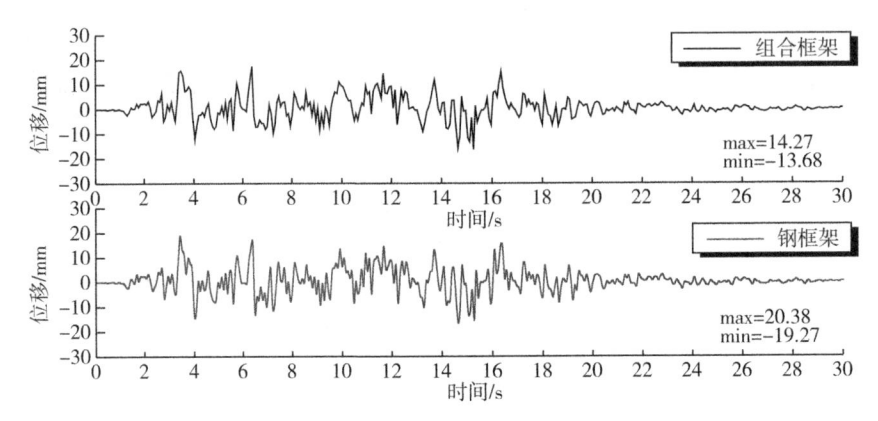

(h) CZ18 顶部 y 方向位移(标高：40 m)

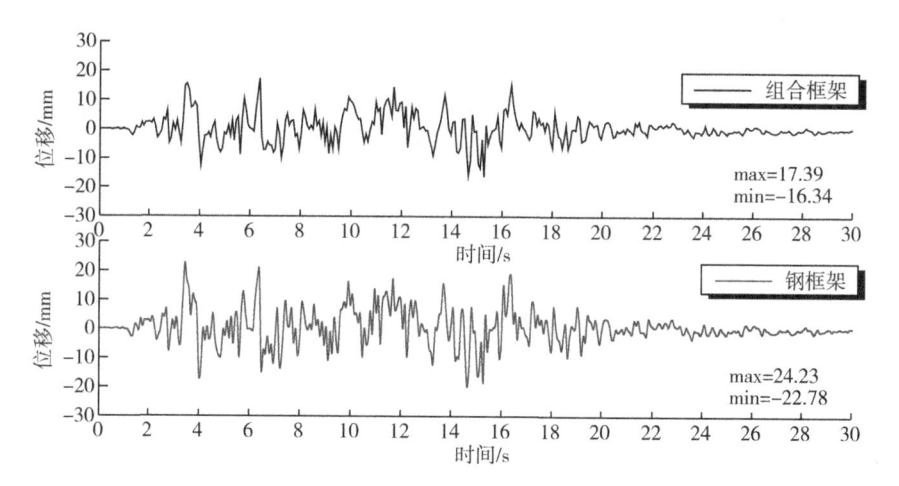

(i) CZ21 顶部 y 方向位移（标高：40 m）

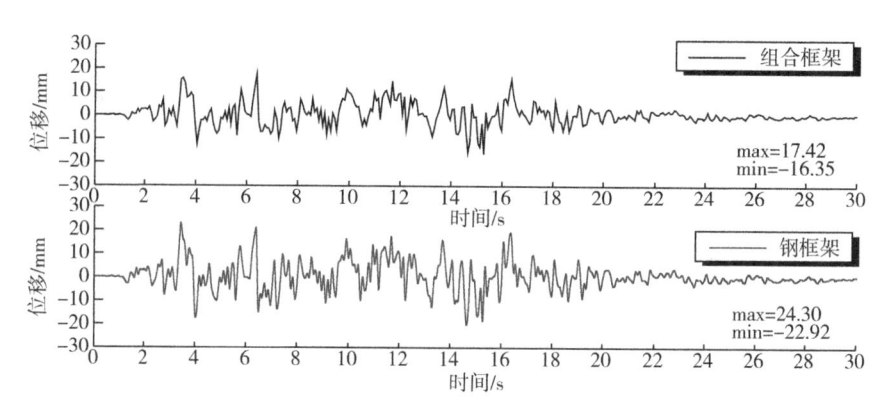

(j) CZ22 顶部 y 方向位移（标高：40 m）

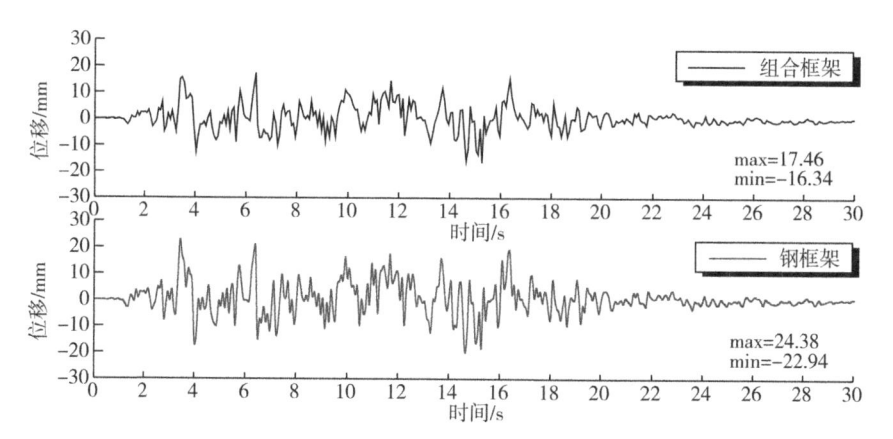

(k) CZ23 顶部 y 方向位移（标高：40 m）

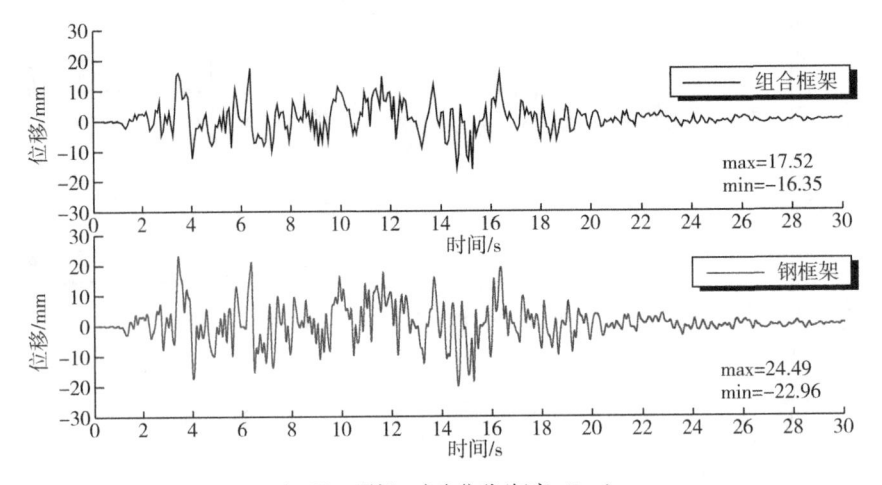

(l) CZ24 顶部 y 方向位移(标高:40 m)

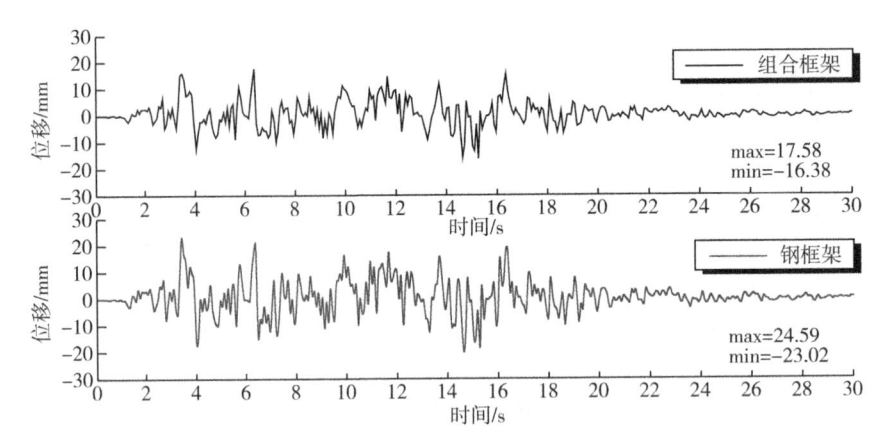

(m) CZ25 顶部 y 方向位移(标高:40 m)

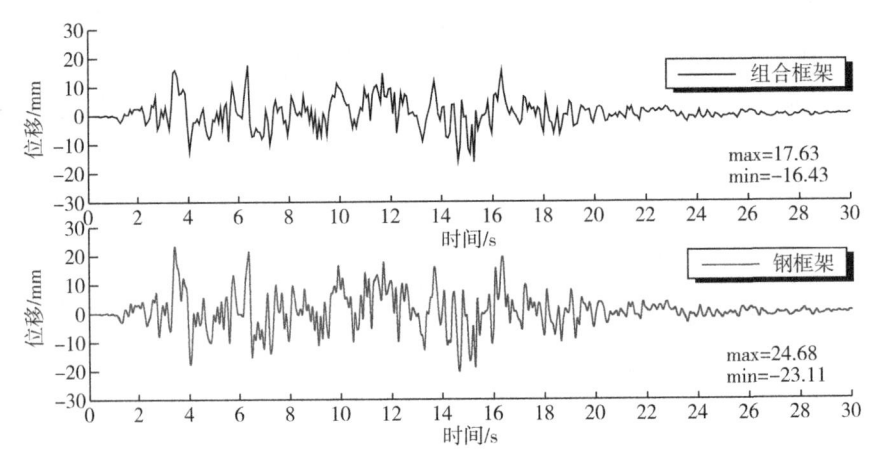

(n) CZ26 顶部 y 方向位移(标高:40 m)

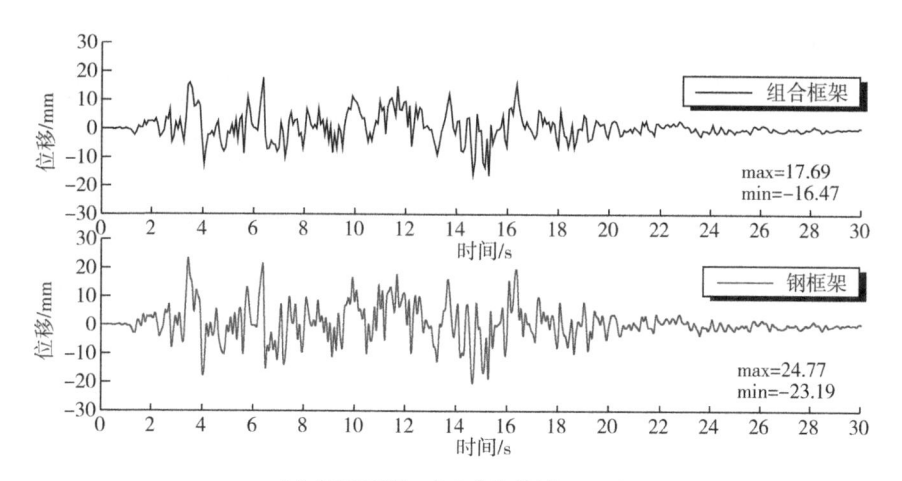

(o) CZ27 顶部 y 方向位移（标高：40 m）

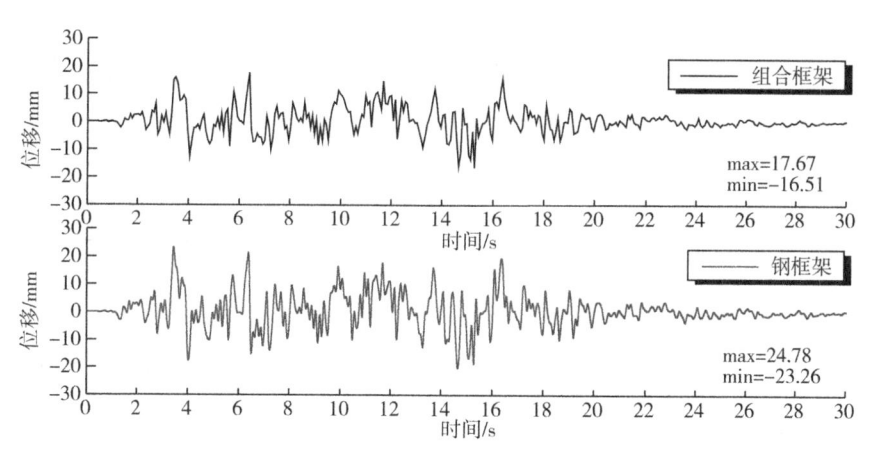

(p) CZ28 顶部 y 方向位移（标高：40 m）

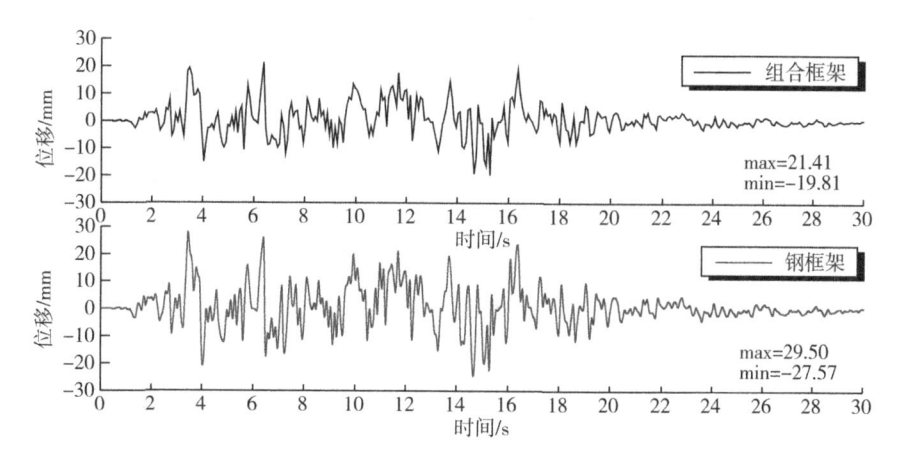

(q) CZ31 顶部 y 方向位移（标高：40 m）

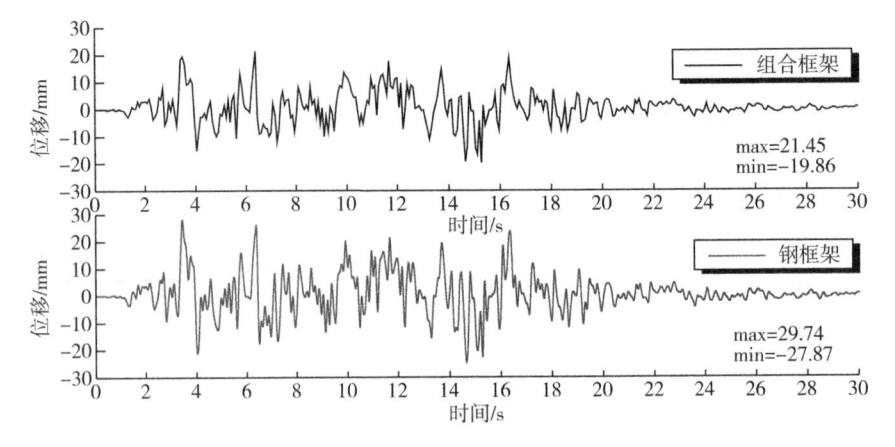

(r) CZ32 顶部 y 方向位移(标高:40 m)

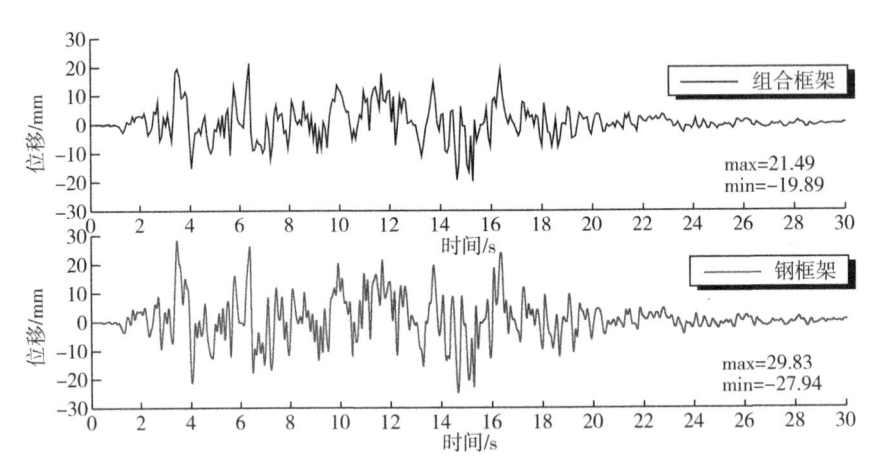

(s) CZ33 顶部 y 方向位移(标高:40 m)

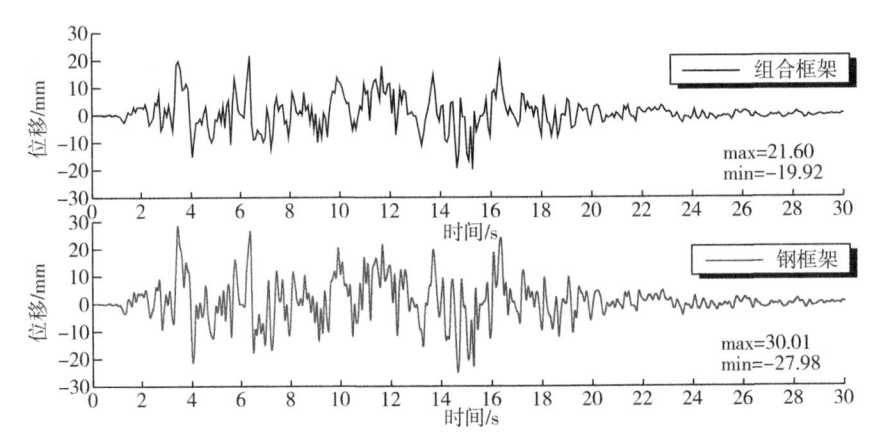

(t) CZ34 顶部 y 方向位移(标高:40 m)

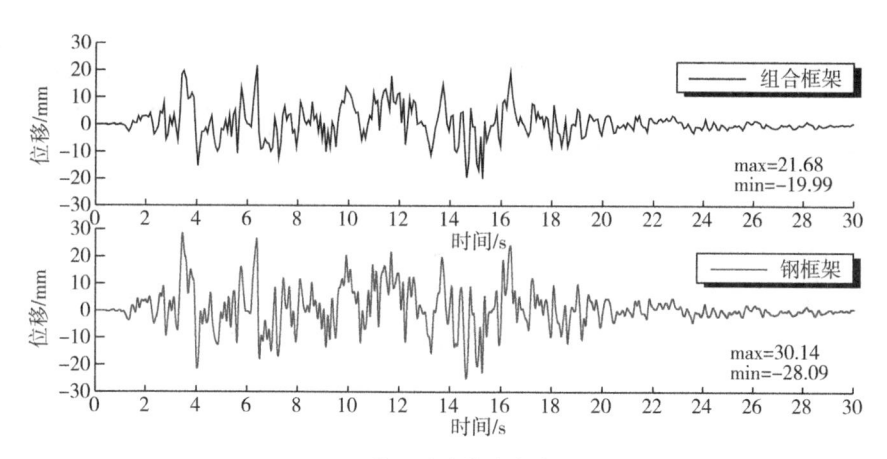

(u) CZ35 顶部 y 方向位移（标高:40 m）

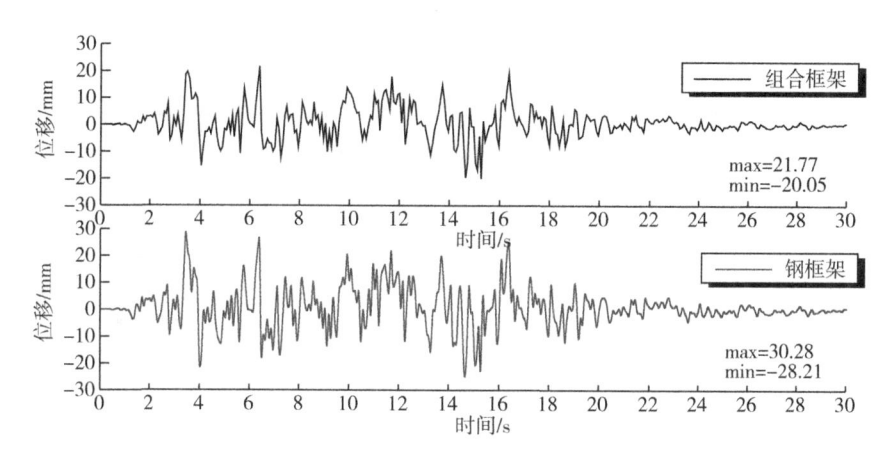

(v) CZ36 顶部 y 方向位移（标高:40 m）

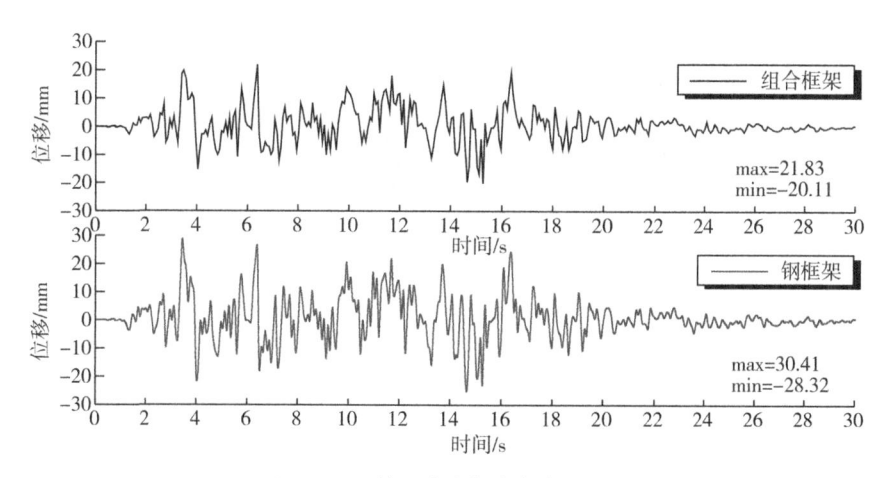

(w) CZ37 顶部 y 方向位移（标高:40 m）

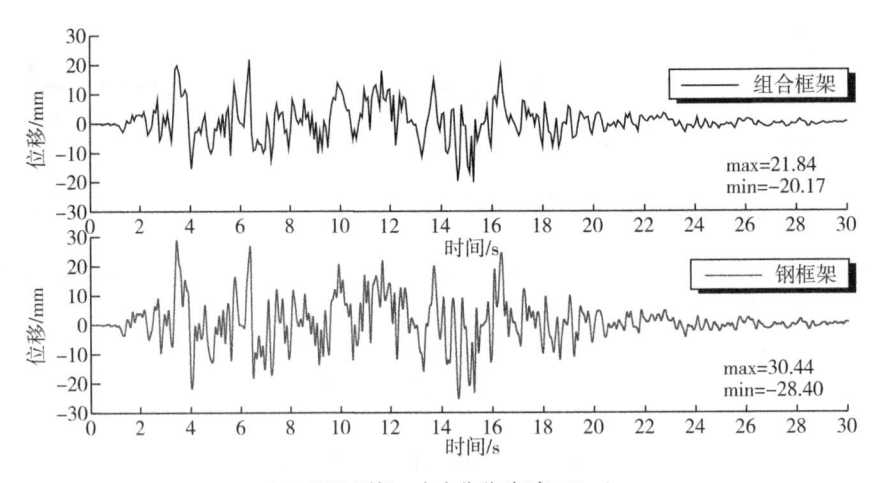

(x) CZ38顶部y方向位移(标高:40 m)

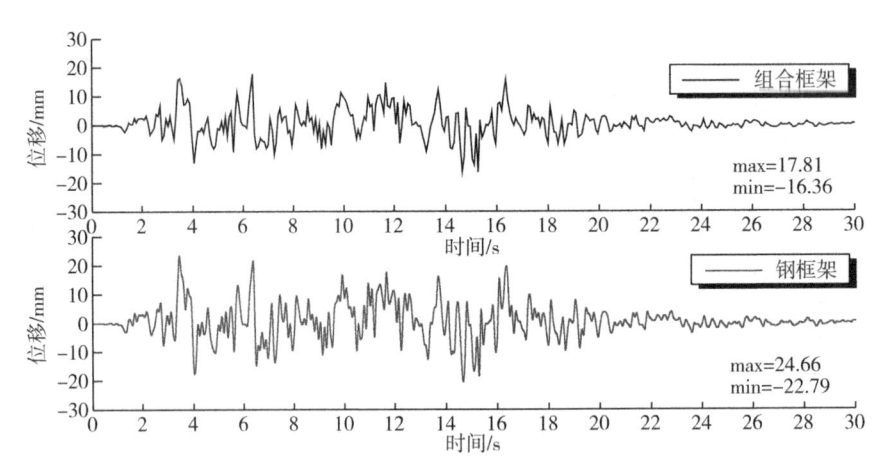

(y) CZ41顶部y方向位移(标高:20 m)

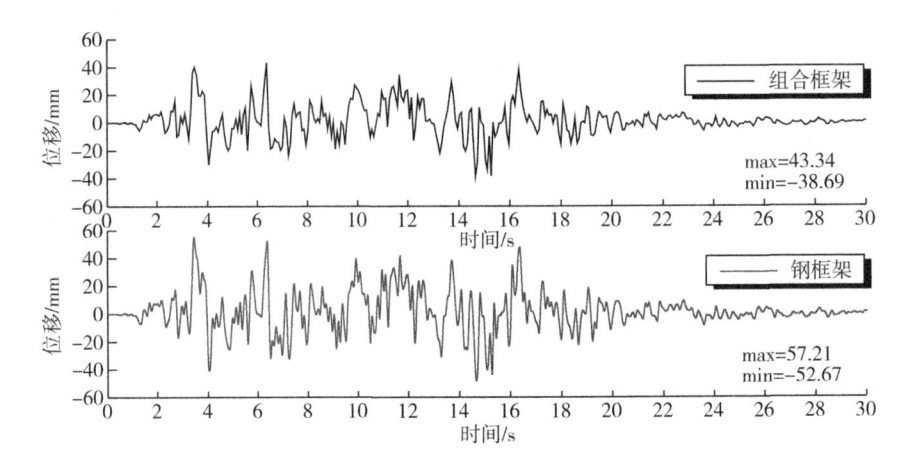

(z) CZ42顶部y方向位移(标高:60 m)

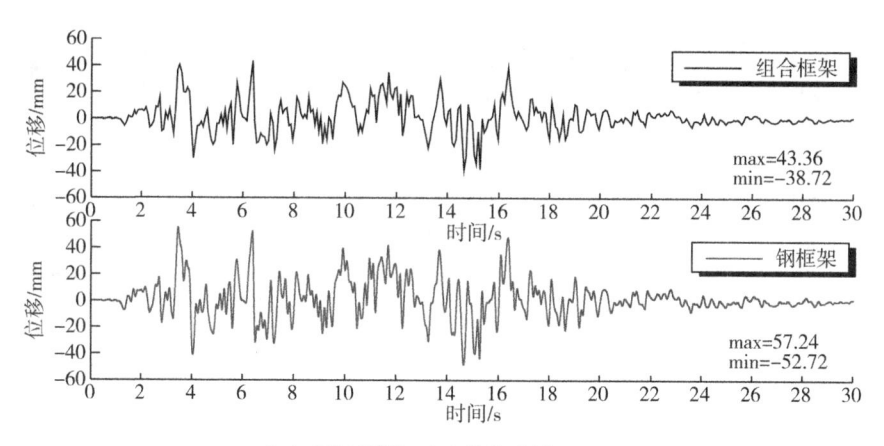

(aa) CZ43 顶部 y 方向位移(标高：60 m)

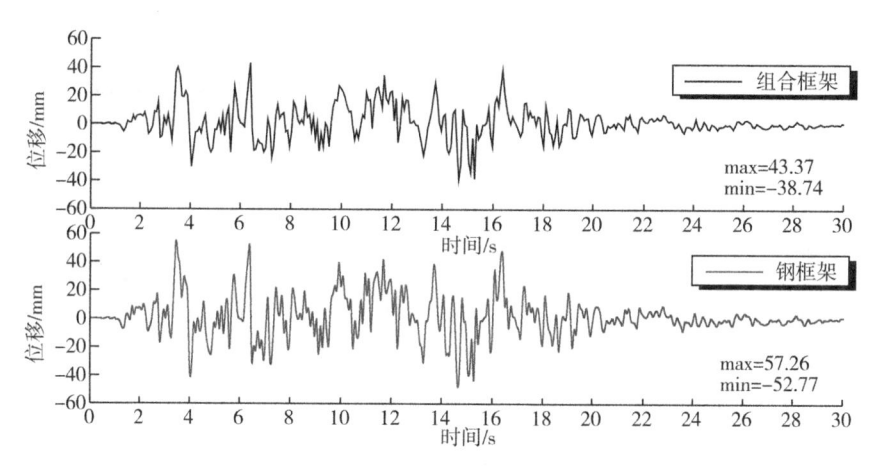

(ab) CZ44 顶部 y 方向位移(标高：60 m)

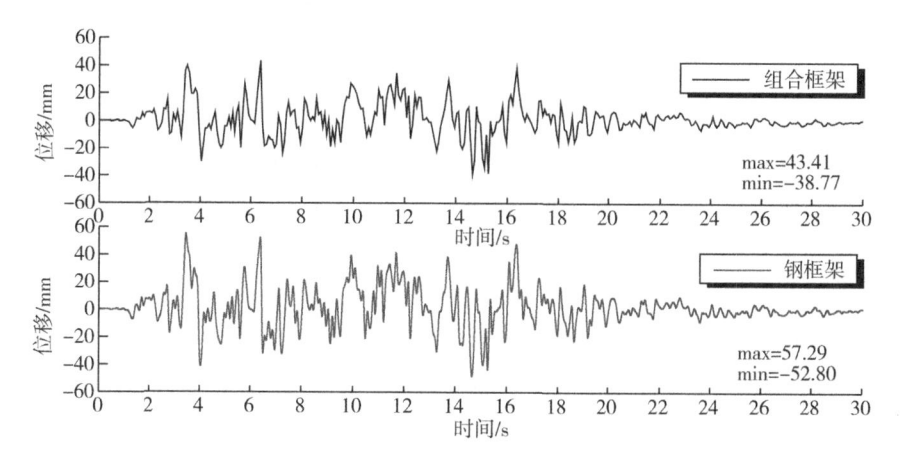

(ac) CZ45 顶部 y 方向位移(标高：60 m)

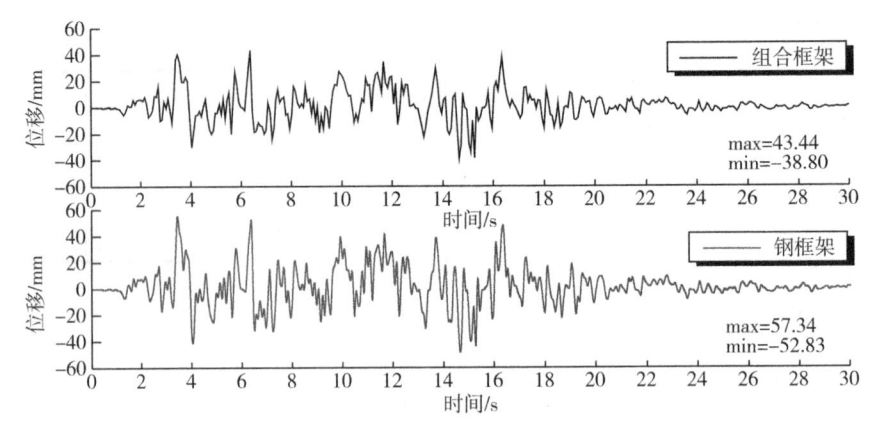

(ad) CZ46顶部 y 方向位移(标高：60 m)

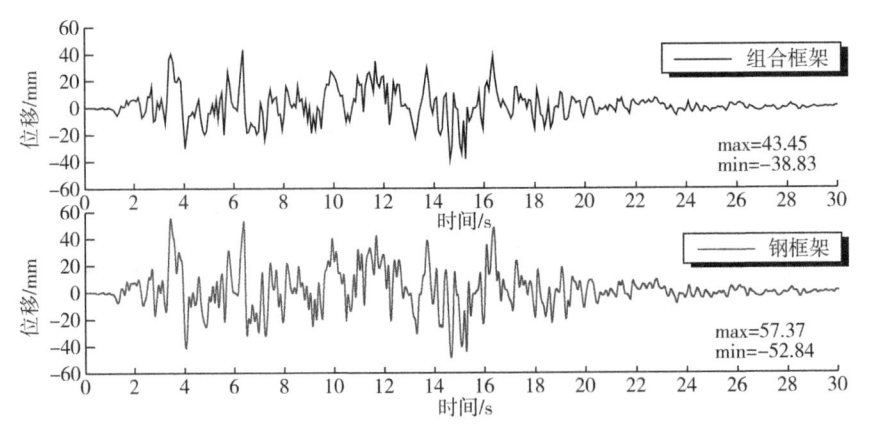

(ae) CZ47顶部 y 方向位移(标高：60 m)

图5.30　6度罕遇状况下水工钢混复合办公楼钢混复合柱顶部 y 方向位移对比分析

由图5.30分析表明，在6度罕遇人工地震波作用下，一方面钢与混凝土的组合作用使得模型的整体 y 方向抗侧刚度显著增加，另一方面这种组合效应也使得整体协调能力变强，抵抗地震作用能力变强。通过图5.30(a)～(h)、图5.30(i)～(p)、图5.30(q)～(x)分析表明，对于该大型组合框架而言，与钢框架模型相比，地震波作用导致钢-混凝土复合柱的顶部 y 方向最大位移相较于空心钢管柱的顶部 y 方向最大位移显著减小，采用复合柱替换空心钢管柱，提高了动力安全保障系数。进一步表明，忽略钢与混凝土的组合作用同样会低估柱结构顶部的 y 方向最大位移响应。

图5.31所示为6度罕遇人工地震波作用下水工钢混复合办公楼的 y 方向层间侧移响应的对比情况。

(a) CZ11 层间侧移

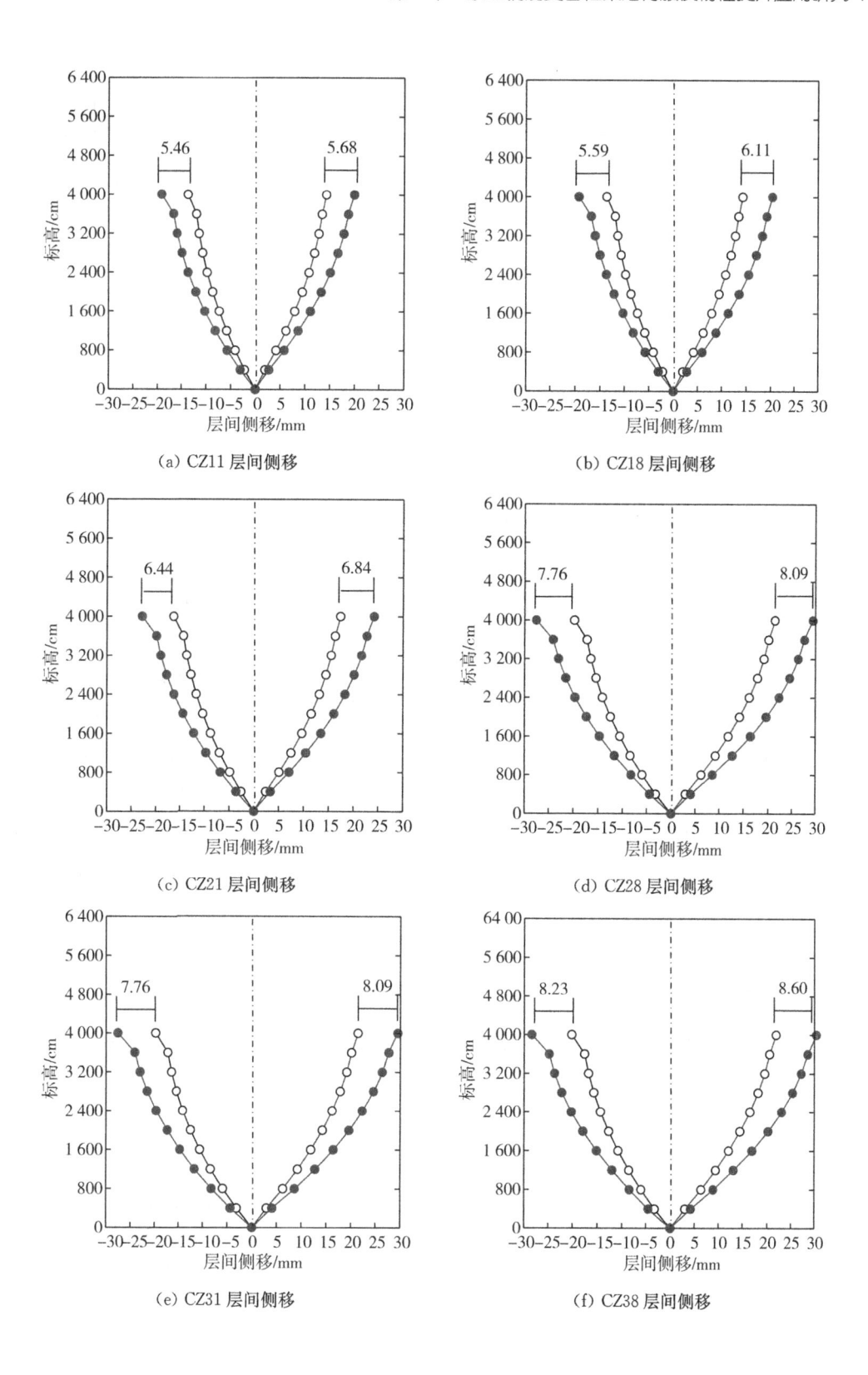

(b) CZ18 层间侧移

(c) CZ21 层间侧移

(d) CZ28 层间侧移

(e) CZ31 层间侧移

(f) CZ38 层间侧移

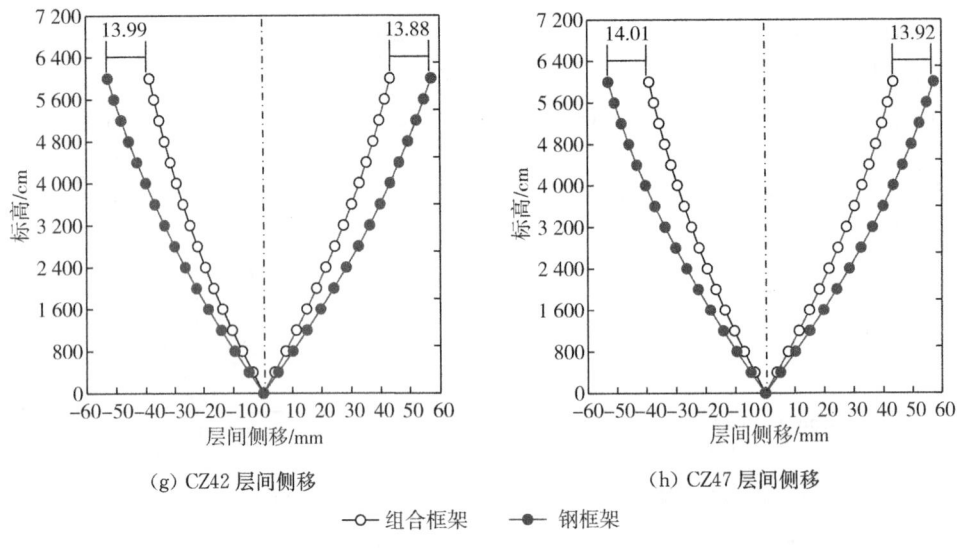

(g) CZ42 层间侧移　　　　　　　　　(h) CZ47 层间侧移

─○─ 组合框架　　─●─ 钢框架

图 5.31　6 度罕遇状况下水工钢混复合办公楼钢混复合柱 y 方向层间侧移对比分析

由图 5.31 分析表明，对于 6 度罕遇风险而言，采用钢管混凝土复合柱在标高 40 m 位置处的 y 方向层间侧移最大值与 y 方向层间侧移最小值较相同条件、相同标高位置下钢管柱分别减小 5.68～8.60 mm 与 5.46～8.23 mm，采用钢管混凝土复合柱在标高 60 m 位置处的 y 方向层间侧移最大值与 y 方向层间侧移最小值较相同条件、相同标高位置下钢管柱分别减小 13.88～13.92 mm 与 13.99～14.01 mm。进一步分析表明，是否考虑柱中钢与混凝土组合作用对 y 方向层间侧移时程响应结果影响同样十分显著。因此，y 方向层间侧移量作为结构抗震设计方法的一个关键性能指标，不能完全忽略其影响。通过进一步对比分析表明，与钢框架模型相比，人工地震波作用对于下层的最大层间侧移影响很小，而对于上层的最大层间侧移在一定范围内具有显著影响，也同样使得组合框架的薄弱层下移，对于结构设计仍然是不利因素。

5.4　本章小结

本章以水工钢混复合框架塔楼结构服役韧性性态响应谱分析和水工钢混复合办公楼韧性特性优化与安全评估分析为工程案例，开展了水工钢混复合框架塔楼结构的钢混复合框架柱优化设计和服役性态响应谱分析，水工钢混复合办公楼的水工钢混复合柱优化设计和韧性特性优化与安全评估分析，得出如下结论：

（1）运用开发的"加速度人工反应谱程序"输出界面，对水工钢混复合框架塔楼结构进行了全面的模态分析（OMA），实现了该类型复合框架全结构前 20 阶振型及自振频率的精确计算，找到了该组合框架塔楼结构模型的最大自振频率（3.831 Hz），为服役性态响应谱动力特性分析提供了参数支持。

（2）通过以 x 向与 y 向服役性态响应谱分析的频率及其对应的加速度等动力参数指

标输入，进行水工钢混复合框架塔楼结构服役性态响应谱综合分析，结果表明：对于该类型水工钢混复合框架塔楼结构，能够有效抵抗7~8级烈度多遇地震的威胁，当面临9级烈度多遇地震的威胁时，该种复合框架塔楼结构的部分材料进入塑性阶段，一定程度上出现塑性损伤；当面临7~9级烈度罕遇地震的威胁时，严重影响到该复合框架塔楼结构的正常使用与安全服役。通过该项目的服役性态响应谱研究为复合框架塔楼结构的关键部位构件的设计与建造提供了有效的安全评估技术与参考价值。

（3）模拟真实环境下（6度多遇地震真实环境、6度罕遇地震真实环境）水工钢混复合办公楼的抗震动力安全保障分析表明：柱中钢与混凝土的组合作用对复合办公楼的抗震性能影响显著。忽略这种组合作用的影响可能导致其自振周期偏大，不论是 x 方向顶部位移响应，还是 y 方向顶部位移响应，其计算值均偏小，"强柱弱梁"的设计理念就难以实现，因此，从工程角度来讲，关于导致设计偏于不安全的因素均应考虑在内，将钢-混凝土组合作用考虑在内的设计思路十分必要。

（4）进行真实环境下水工钢混复合办公楼的抗震动力性能行为分析，进一步表明：是否考虑柱中钢与混凝土组合作用效应对复合办公楼层间侧移的影响显著。忽略其影响对结构不同性质侧移响应的判断将出现较大偏差，进而导致计算结果偏于不安全。因此，在进行抗震动力性能时程分析时，必须合理考虑其对结构抗震性能的影响。

参考文献

[1] 中华人民共和国住房和城乡建设部. 混凝土结构设计规范：GB 50010—2010[S]. 北京：中国建筑工业出版社，2010.

[2] HERRMANN W. Constitutive equation for the dynamic compaction of ductile porous materials[J]. Journal of Applied Physics，1969，40(6)：2490-2499.

[3] WILLAM K J，WARNKE E P. Constitutive model for the triaxial behavior of concrete[J]. International Association for Bridge and Structural Engineering ISMES，1974(19)：1-31.

[4] MALVAR L J，CRAWFORD J E，WESEVICH J W，et al. A plasticity concrete material model for DYNA3D[J]. International Journal of Impact Engineering，1997，19(9)：847-873.

[5] WARREN T L，FOSSUM A F，FREW D J. Penetration into low-strength (23MPa) concrete：target characterization and simulations[J]. International Journal of Impact Engineering，2004，30(5)：477-503.

[6] HARTMANN T，PIETZSCH A，GEBBEKEN N. A hydrocode material model for concrete[J]. International Journal of Protective Structures，2010，1(4)：443-468.

[7] Comite Euro-International du Beton. CEB-FIP model code 1990[S]. Lodon：Thomas Telford Ltd.，1993.

[8] GEBBEKEN N, GREULICH S. A new material model for SFRC under high dynamic loadings[C]// Proceedings of the 11th international symposium on interaction of the effects of munitions with structures (ISIEMS), Mannheim, Germany, 2003.

[9] TEDESCO J W, POWELL J C, ROSS C A, et al. A strain-rate-dependent concrete material model for ADINA[J]. Computers and Structures, 1997, 64(5): 1053-1067.

[10] TEDESCO J W, ROSS C A. Strain-rate-dependent constitutive equations for concrete[J]. Journal of Pressure Vessel Technology, 1998, 120(4): 398-405.

[11] 王光远. 建筑结构的振动[M]. 北京:科学出版社,1978.

[12] 黄宗明. 结构地震反应时程分析中的阻尼研究[D]. 重庆:重大建筑大学,1995.

[13] 李田. 结构时程动力分析中的阻尼取值研究[J]. 土木工程报,1997,30(3):68-73.

[14] 中华人民共和国建设部. 型钢混凝土组合结构技术规程:JGJ 138—2001[S]. 北京:中国建筑工业出版社,2001.

[15] 傅志方,华宏星. 模态分析理论与应用[M]. 上海:上海交通大学出版社,2000.

[16] 李德葆,陆秋海. 实验模态分析及其应用[M]. 北京:科学出版社,2001.

[17] 郭永刚,张祁汉. 三峡水电站厂房结构自振特性研究[J]. 水力发电,2002(1):13-15+22.

[18] 许念勇. 框架结构模态分析与损伤识别[D]. 青岛:山东大学,2012.

[19] 中华人民共和国住房和城乡建设部. 建筑抗震设计规范:GB 50011—2010[S]. 北京:中国建筑工业出版社,2010.